自然图像抠图算法及其应用

冯夫健　梁椅辉　王　林　黄　翰　著

科 学 出 版 社

北　京

内 容 简 介

本书系统地介绍了自然图像抠图的起源、原理、模型、算法及其应用，为读者展现自然图像抠图领域的近期研究进展。全书共分 9 章，主要包括自然图像抠图的基本概念、评价函数与机制原理，典型自然图像抠图的算法设计与应用，自然图像抠图的研究前沿与展望。本书突出学科交叉，强调应用背景，取材新颖，覆盖面广，深入浅出，系统性强，力求使读者能较快掌握和应用自然图像抠图的方法与关键技术。

本书可作为人工智能、数据科学与大数据、多媒体技术、计算机科学与技术等相关领域科研工作者、工程技术人员、高等院校师生的参考书，也可作为高等院校模式识别、图像处理、智能算法等相关方向研究生的教科书。

图书在版编目（CIP）数据

自然图像抠图算法及其应用 / 冯夫健等著. -- 北京 : 科学出版社, 2025. 6. -- ISBN 978-7-03-079303-4

Ⅰ. TP391.413

中国国家版本馆 CIP 数据核字第 2024FV8165 号

责任编辑：孙 琼 吴超莉 / 责任校对：赵丽杰
责任印制：吕春珉 / 封面设计：东方人华平面设计部

科学出版社 出版
北京东黄城根北街 16 号
邮政编码：100717
http://www.sciencep.com
北京中科印刷有限公司印刷
科学出版社发行 各地新华书店经销
*
2025 年 6 月第 一 版 开本：787×1092 1/16
2025 年 6 月第一次印刷 印张：12
字数：285 000

定价：99.00 元

（如有印装质量问题，我社负责调换）
销售部电话 010-62136230 编辑部电话 010-62139281

前　言

自然图像抠图是计算机视觉领域的一个重要技术，指的是从一幅图像中准确分割出感兴趣的前景对象，从而实现图像合成、编辑、增强、分析等功能。自然图像抠图不仅可用于人像摄影、电影特效、虚拟现实等艺术创作领域，而且可用于目标分类、目标检测等科学研究领域。近年来，4K、8K 等超高清采编录播技术的发展，以及直播相关行业的火热，极大地促进了自然图像抠图技术的进步。

本书是一本关于自然图像抠图的专著，旨在系统地介绍自然图像抠图技术的基本定义、求解方法、评价方法以及主流的自然图像抠图算法的原理、优缺点。本书共分 9 章：第 1 章介绍自然图像抠图的背景、意义及其数学模型，并对比了色键抠图和自然场景下的图像抠图技术；第 2 章介绍自然图像抠图的算法分类、常用数据集以及评价指标；第 3 章介绍基于优化的自然图像抠图所涉及的像素对评价函数的意义与研究现状，并分析两个典型的像素对评价函数；第 4 章到第 6 章分别介绍及分析三个主流的基于优化的自然图像抠图算法的基本原理、具体实现方法以及性能对比；第 7 章详细介绍一个典型的基于深度学习方法的自然图像抠图算法；第 8 章介绍自然图像抠图的代表性应用；第 9 章对自然图像抠图研究的未来发展方向进行展望。

本书是作者多年从事自然图像抠图研究和教学的成果。自 2017 年以来，作者在国家自然科学基金项目（62276103，61263034）、贵州省高等学校智能算法与智能软件协同创新团队项目（QJJ2023061）、贵州省科技计划项目（QKHJCZK2022YB195，QKHJCZK2023YB143）等的支持下，对自然图像抠图的问题模型构建、算法设计、评价方法以及场景应用进行了系统研究，结合了大量的理论分析和实验验证，并提供了丰富的示例和案例，力求具有科学性、系统性和实用性。本书中有些图形对颜色有较高要求，为提高阅读体验，读者可扫描本章小结后的二维码进行查看。

感谢相关同事和国内外同行专家、学者在本书撰写过程中给予的帮助和支持。感谢贵州民族大学智能算法与智能软件协同创新团队全体成员，特别感谢硕士研究生苟洪山、杨圆、张远、汪小梅、叶显泯、张岚岚、罗宇、王家莉等同学的贡献和帮助。

由于作者水平有限，书中难免存在不足之处，恳请广大读者提出宝贵的意见和建议。

目 录

符号说明

符号	定义及说明
I	图像
F	图像的前景
B	图像的背景
I_i	图像 i 处的像素值
F_i	图像 i 处的前景像素值
B_i	图像 i 处的背景像素值
N	未知区域的像素数量
U	未知区域中的未知像素
α	图像中像素的透明度遮罩值
α_i	图像 i 处的透明度遮罩值

第 1 章 绪　论

图像抠图是指从复杂的背景中提取出人们感兴趣的目标，在图像处理和分析中得到了广泛应用，因此受到众多学者的研究关注。为了让更多的人更清楚地了解图像抠图，本章将从图像抠图的基本问题、基本数学原理、核心难点及抠图应用四方面展开介绍。

1.1 图像抠图的背景与意义

图像抠图是图像处理领域的一个重要方面，旨在从图像中准确地提取出感兴趣的目标物体，并将其与其他背景区域分离，如图 1-1 所示。

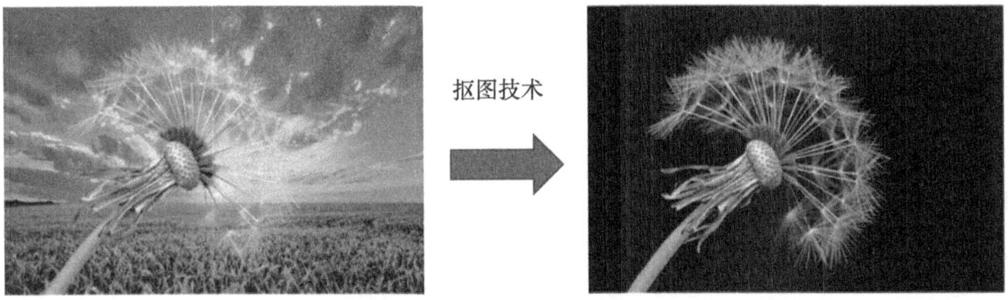

图 1-1 图像抠图的效果

图像抠图的核心在于如何准确地分离目标物体和背景区域。由于目标物体和背景区域在颜色、纹理、形状等方面既可能存在很大的差异，也可能存在一定的相似性，因此为了能准确地分离目标物体和背景区域，图像抠图需要综合考虑多个因素，包括颜色、纹理、形状、光照等，以实现准确的目标物体提取[1]。

在传统的图像抠图方法中，从早期的基于采样和传播的抠图方法，到后来基于采样和传播结合的抠图方法，虽然可以取得较好的效果，但操作烦琐且耗时[2]。

近年来，随着深度学习技术的发展，基于深度学习的图像抠图方法逐渐成为研究热点。基于深度学习的图像抠图方法可分为有监督学习和无监督学习两类。有监督学习方法通常需要大量的标注数据进行训练，而无监督学习方法可以利用无标注数据进行训练。这类方法通常采用卷积神经网络（convolutional neural network，CNN）等深度学习模型，通过大量的训练数据自动学习图像特征，并自动完成目标物体的提取。目前，基于深度学习的图像抠图方法已经取得了很好的效果，但仍存在一些问题和挑战，如模型的泛化能力、对复杂背景和遮挡物的处理等。

除了基于深度学习的图像抠图方法外，还有一些其他的图像抠图方法，如基于演化优化的图像抠图方法、基于代理模型的图像抠图方法等。这些方法各有特点和优势，但在实际应用中需要根据具体问题选择合适的方法[3-4]。

在实际应用中，图像抠图具有广泛的应用前景和重要意义。例如，将抠图应用于目标检测和识别算法中，从而更容易对目标物体进行分析和识别；将抠图应用于图像压缩和传输中，只传输和存储图像中的重要部分，从而减少数据量和提高传输效率；将抠图应用于医学影像中，能精确地将病灶从医学图像中提取出来，对于疾病的早期发现、准确诊断和治疗方案的制定具有重要意义，还能提高医生的诊断准确性和效率。随着计算机视觉技术的不断发展，相信未来会有更多优秀的图像抠图方法涌现，从而为各个领域提供更好的支持和服务。

1.2　图像抠图的数学模型

图像抠图的数学定义最早由国外学者 Porter 和 Duff[5] 于 1984 年提出。他们最先引入透明（alpha）通道的概念用于前景和背景融合时控制前背景色的线性组合比例。其计算公式如下：

$$I = \alpha F + (1-\alpha)B \tag{1-1}$$

式中，I 表示原图像；F 和 B 分别表示图像 I 的前景和背景；α 表示前景对应的透明度遮罩值，$\alpha \in [0,1]$，$\alpha=0$ 表示像素点完全透明，$\alpha=1$ 表示像素点完全不透明。因此，通过此公式来求解 α，能准确地提取感兴趣的目标物体，实现图像抠图。

如图 1-2 所示，对于一幅彩色图像，其像素点的像素值由 RGB 三种颜色组合而成，则式 (1-1) 可以展开为以下方程组：

$$\begin{cases} I^{\mathrm{R}} = \alpha F^{\mathrm{R}} + (1-\alpha)B^{\mathrm{R}} \\ I^{\mathrm{G}} = \alpha F^{\mathrm{G}} + (1-\alpha)B^{\mathrm{G}} \\ I^{\mathrm{B}} = \alpha F^{\mathrm{B}} + (1-\alpha)B^{\mathrm{B}} \end{cases} \tag{1-2}$$

式中，I^{R}、I^{G}、I^{B} 已知，F^{R}、F^{G}、F^{B}、B^{R}、B^{G}、B^{B}、α 未知。在这个待求解的方程组中，3 个变量是已知的，7 个变量是未知的，未知变量个数大于已知变量个数，造

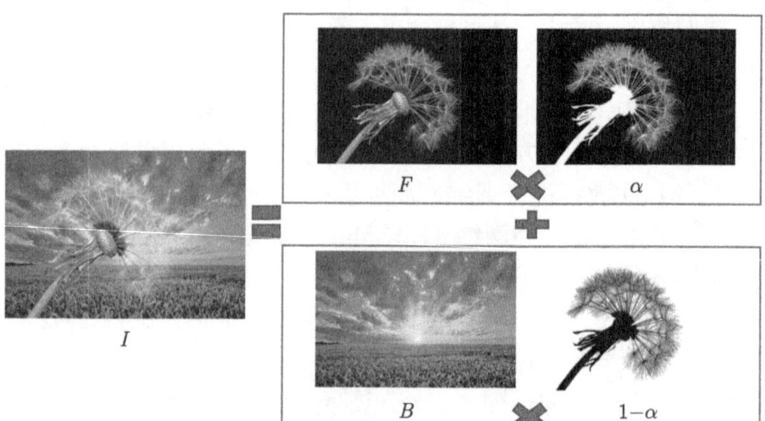

图 1-2　图像抠图的数学模型示意图

成其在数学本质上是约束不足的困难问题。为了解决欠定问题，色键抠图和 Rhemann 等[3] 引入三分图等工具简化了该方程组。

1.3 色键抠图到自然场景下的图像抠图

在过去的几十年中，图像抠图技术得到了较快的发展，从最初简单的色键抠图（图 1-3），到当前自然场景下的图像抠图。这些技术的发展离不开计算机硬件和软件的不断进步，特别是深度学习技术的兴起，进一步推动了图像抠图技术的快速发展。

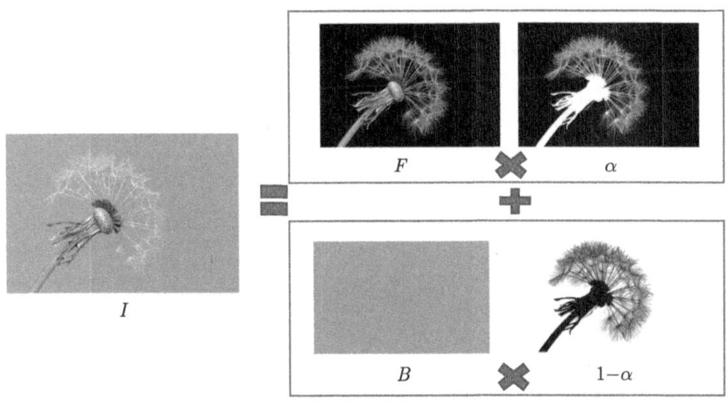

图 1-3　色键抠图示意图

1.3.1 色键抠图

色键抠图的基本原理是利用颜色差异将前景物体与绿色背景（也称为绿幕）分离。由于色键抠图的背景通常是单一颜色，且易于识别和处理，因此被广泛应用于影视制作和特效合成中。色键抠图允许演员或物体在单一颜色的背景前进行表演或拍摄，然后通过后期处理将绿色背景替换为其他背景或特效，因其高效、灵活和易于操作的特点，已经成为电影、电视剧、广告等制作中不可或缺的一部分。

对于在绿色颜色背景前拍摄的图像，其背景像素点的像素值由单一的绿色构成（图 1-3），则式 (1-1) 可以展开为以下方程组：

$$\begin{cases} I^{\mathrm{R}} = \alpha F^{\mathrm{R}} + (1-\alpha)B^{\mathrm{G}} \\ I^{\mathrm{G}} = \alpha F^{\mathrm{G}} + (1-\alpha)B^{\mathrm{G}} \\ I^{\mathrm{B}} = \alpha F^{\mathrm{B}} + (1-\alpha)B^{\mathrm{G}} \end{cases} \tag{1-3}$$

式中，I^{R}、I^{G}、I^{B} 和 B^{G} 的值已知，则式 (1-2) 的未知量由 7 个减少至 4 个。图像抠图问题得到简化，因此，求解式 (1-3) 能获得高质量的 α，从而精确地提取目标对象，实现精确的图像抠图。

1.3.2 自然场景下的图像抠图

目前，随着直播、短视频和线上会议等新媒体行业的不断发展，人们已经不满足单一场景下的影视拍摄，且搭建色键幕布摄影棚需要花费大量的人力、物力。因此，提出了自然场景下的图像抠图技术，该技术能提取自然场景下拍摄的图像中的目标对象且不受拍摄背景的限制，不仅降低了拍摄成本，而且可以制作出无法拍摄的场景素材，实现了艺术创作与实际拍摄的完美结合。

对于一幅自然场景下拍摄的彩色图像，像素点的像素值由 RGB 三种颜色组合而成（图 1-2），在自然场景下拍摄的彩色图像面临的抠图问题仍然是一个约束不足的困难问题，如式 (1-2) 所示。

为了降低方程组的求解难度，Rhemann 等[6] 引入了自然图像对应的三分图，如图 1-4 所示，即将图像划分为已知的前景区域 F、背景区域 B 和待求解的未知区域 U。自然背景下的图像抠图从约束不足的困难问题变成了带约束的困难问题，降低了式 (1-2) 的求解难度。虽然三分图的出现降低了图像抠图的问题难度，但是自然场景下的图像抠图技术仍然面临多种挑战，如光照变化、阴影、背景杂乱、物体边缘模糊等。

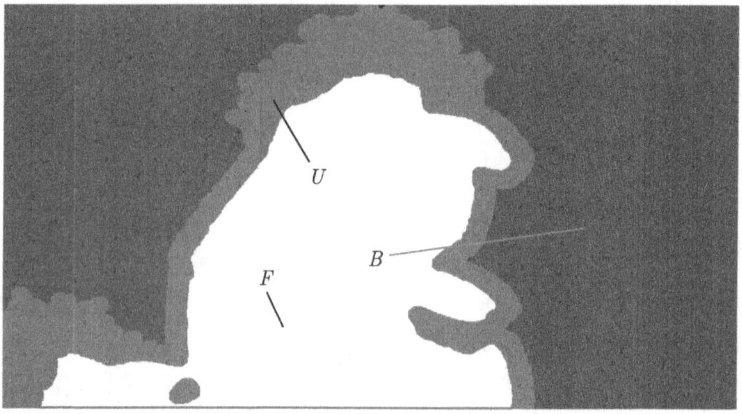

图 1-4 三分图

1.4 本书的体系结构

本书系统地梳理和阐述了当前图像抠图领域的流行算法，通过 9 章的详尽介绍，带领读者深入了解图像抠图技术的精髓和应用。每章都针对不同的问题和相应的方法展开讲解，涵盖了从基础理论到最新研究的方方面面。无论是对图像抠图有浓厚兴趣的初学者，还是希望在该领域进行深入研究的专业人士，本书都将为读者提供有益的参考和启示。本书的体系结构如下。

第 1 章 绪论，主要介绍图像抠图的背景、意义、数学模型、色键抠图和自然场景下的图像抠图等。

第 2 章 自然图像抠图概述，首先介绍自然图像抠图算法的分类，包括基于传播的图像抠图算法、基于优化的图像抠图算法和基于深度学习的图像抠图算法；然后介绍常用图像抠图数据集；最后介绍图像抠图的评价指标。

第 3 章　自然图像抠图的像素对评价函数，主要介绍像素对评价函数及其作用，以帮助优化算法找到最优像素对。

第 4 章　基于代理模型的自然图像抠图算法，主要介绍基于代理模型的图像抠图算法，以及基于该思想设计抠图算法解决低计算资源下的像素对优化问题。

第 5 章　基于微搜索优化的自然图像抠图算法，主要针对高分辨率图像中前景与背景信息极为相似时易出现前景遮罩抠反的问题，设计基于微搜索的前景遮罩提取算法。

第 6 章　基于多目标优化的自然图像抠图算法，主要针对现有启发式优化算法求解大规模复杂优化问题时容易过早收敛的问题，面向前景背景像素对优化问题提出了基于自适应收敛速度控制器的启发式优化抠图算法。

第 7 章　基于局部复杂性的自然图像抠图算法，主要着眼于解决图像抠图任务中的局部复杂性和细节损失问题，介绍了基于局部复杂性的抠图算法的两个方面。

第 8 章　自然图像抠图应用，主要介绍抠图技术在红外行人分类和证件照自动快速换底两个领域的应用。

第 9 章　研究前沿与展望，主要介绍自然图像抠图的发展趋势、关键技术和应用领域，探索了自然图像抠图技术目前存在的问题与挑战，以及面对这些挑战未来的研究方向。

本章小结

图像抠图技术的主要作用是将关注目标从复杂的自然背景中精准地分离出来，再巧妙地融入到全新的背景中。例如，在虚拟现实这一前沿领域，运用自然图像抠图技术，将真实世界中的目标物体提取出来，无缝地融入到虚拟世界中，以此增强虚拟世界的真实感和沉浸感，让用户有更生动的体验。虽然自然场景下的图像抠图技术已经取得了很大的进展，但与绿幕场景下的图像抠图技术相比，其更具挑战性，因为自然背景的复杂性和多样性使得前景物体和背景之间在颜色、纹理和形状等方面的差异非常微小。相信随着计算机视觉技术的不断发展，未来自然场景下的图像抠图技术将会更加成熟和完善。

第 2 章　自然图像抠图概述

技术的进步和人们对图像编辑需求的增加，促使图像抠图技术成为计算机视觉领域的重要研究方向。图像抠图算法旨在自动化地将图像的前景从背景中分离出来，为图像编辑、合成和增强等应用提供基础。随着图像处理的传统方法和深度学习技术的发展，图像抠图技术取得了显著的进展。

本章将对现有的图像抠图算法进行综述，旨在提供一个全面的概述和评估，以帮助了解不同方法的优势和局限性。

2.1　自然图像抠图算法分类

近年来，针对自然图像抠图精度低的问题，国内外学者提出了切实可行的自然图像抠图方案。依据透明度遮罩计算的原理，将自然图像抠图算法分为基于传播的图像抠图算法、基于优化的图像抠图算法、基于深度学习的图像抠图算法三大类，具体分类情况如图 2-1 所示。

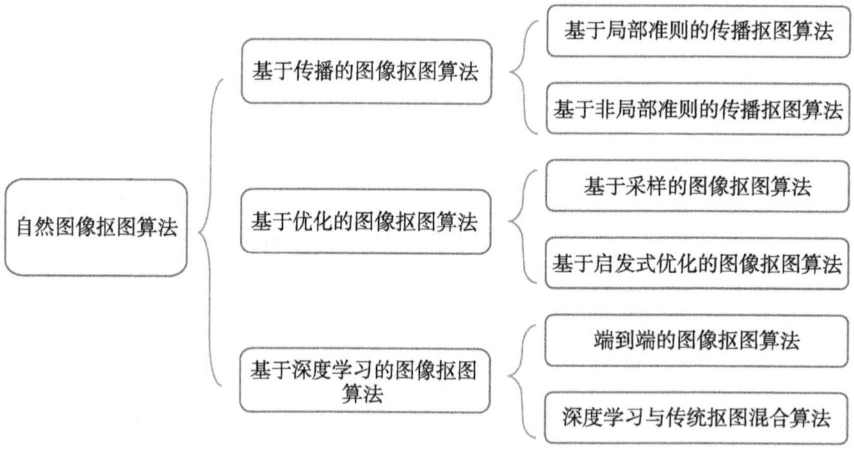

图 2-1　自然图像抠图算法分类

2.1.1　基于传播的图像抠图算法

基于传播的图像抠图算法通过度量相邻像素的相似性将 α 值从已知区域传播到未知区域。该算法具有两个优点：基于相似度的传播可以建模为二次型目标函数的优化问题，而二次型函数求解有成熟的数学优化工具，可通过较低的计算代价获得封闭解；基于传播的图像抠图算法基于图像局部平滑假设，其基本原理决定了求解得到的透明度遮罩具备局部平滑特性，因此该算法可避免基于采样的图像抠图算法所产生的透明度遮罩的不连续性问题[2]。

Sun 等[7] 在泊松抠图（Poisson matting）算法的基础上，基于局部小窗口内前景与背景颜色变化是平滑的假设下，提出了基于梯度的传播抠图模型：

$$\nabla\alpha_z \approx \nabla I_z/(F_z - B_z) \tag{2-1}$$

式中，∇ 表示梯度算子。该工作[7] 将抠图遮罩估计的过程建模为带狄利克雷边界条件（Dirichlet boundary condition）的泊松方程：

$$\Delta\alpha \approx \mathrm{div}[\nabla I/(F - B)] \tag{2-2}$$

式中，Δ 表示拉普拉斯算子，div 表示散度算子。泊松抠图使用高斯–赛德尔迭代（Gauss-Seidel iteration）求解上述泊松方程组。该工作的主要贡献是推导出透明度遮罩梯度与图像梯度呈负相关这一关键信息。然而，迭代过程中泊松抠图将 F_z 与 B_z 的取值限制为距离近的前景、背景颜色，导致在复杂图像上其结果不理想。虽然泊松抠图提供了局部算子方便用户局部调整梯度传播，但是调整操作复杂且费时。Du 等[8] 提出了带方向的泊松抠图算法，该算法沿特征方向建立泊松方程组，通过一系列图像滤波器提取图像的细节特征，并将其作为抠图的输入，使抠图透明度遮罩保留了更多细节。

Levin 等[9] 提出了颜色局部线性模型，并以此为基础提出了基于封闭解的传播抠图算法，该算法假设前景颜色在局部图像中可以由两个固定颜色的线性组合表示：

$$\alpha_z \approx \sum_{c=\{r,g,b\}} a^c I_i^{(c)} + b \qquad \forall i \in w \tag{2-3}$$

式中，w 为一个小窗口（如 3×3 窗口），c 表示颜色通道。a, b 在小窗口内不变。a, b 通过优化目标函数 $J(\alpha, a, b)$ 获得。优化目标函数 $J(\alpha, a, b)$ 定义如下：

$$J(\alpha, a, b) = \sum_{j\in I}\left[\sum_{i\in w_j}\left(\alpha_i - \sum_c a_j^c I_i^{(c)} + b_j\right)^2 + \varepsilon\sum_c a_j^{c2}\right] \tag{2-4}$$

式中，w_j 是中心位于像素 j 处的小窗口，ε 是一个正则化参数。由于式 (2-4) 为二次型函数，因此可以获得其解析解。Levin 研究团队在另一项工作[10] 中提出了光谱抠图算法，该算法将图像描述为多个图层的组合。通过这项工作，该研究团队得出了一个重要结论：抠图拉普拉斯矩阵的最小特征向量跨越图像的各个图层，因此图像透明度遮罩可以通过这些分量线性地恢复。该算法可在复杂纹理的图像中获得高质量的抠图透明度遮罩。Singaraju 等[11] 发现当前景、背景颜色在局部没有变化的时候基于封闭解的传播抠图算法会出现过拟合问题，并在其工作中对 Levin 等[9] 提出的基于封闭解的传播抠图工作进行了扩展，针对过拟合问题提出了改进的封闭解表达式。

Chen 等[12] 提出的 k 近邻抠图算法利用非局部策略来建立非相邻像素的 k 近邻像素的亲和度模型。该算法假设具有相似特征的像素具有相似的不透明度。k 近邻抠图算

法建立了六维的特征向量：$\boldsymbol{V}_i = [\cos(h_i), \sin(h_i), s_i, v_i, x_i, y_i]$。其中，$h_i, s_i, v_i$ 分别对应像素 i 在 HSV 颜色空间中三个通道的值；x_i, y_i 为像素 i 的空间坐标。k 近邻抠图算法通过度量特征向量之间的距离得到像素间的亲和度：$k(i,j) = 1 - (||\boldsymbol{V}_i - \boldsymbol{V}_j||)/C$。其中，$C$ 为权值调节系数。此外，与基于封闭解的传播抠图算法相比，k 近邻抠图算法在非平滑的图像中得到的抠图透明度遮罩具有更丰富的细节。然而，在平滑图像中，其抠图透明度遮罩质量不如基于封闭解的传播抠图算法。Shi 等[13] 和 He 等[14] 的抠图工作也采用了相似的研究思路。

基于传播的抠图算法在图像局部平滑假设的基础上，通过定量度量像素之间的相似性，并据此将透明度从已知区域传播到未知区域，从而实现抠图透明度遮罩的求解。由于基于传播的图像抠图算法基于相邻像素间的相似程度传播像素的透明度，其工作原理导致基于传播的图像抠图算法在不连续物体（如孔洞）的前景提取中性能不佳。

2.1.2 基于优化的图像抠图算法

基于优化的图像抠图算法也称为基于像素对优化的图像抠图算法。该算法通过为未知区域的每一个像素确定一对像素对（前景颜色 F_z、背景颜色 B_z），对透明度 α 求解。

$$\hat{\alpha} = \frac{(I_z - B_z) \cdot (F_z - B_z)}{||F_z - B_z||^2} \tag{2-5}$$

式中，$\hat{\alpha}$ 表示预测像素 z 的透明度遮罩值，$||*||$ 表示向量 * 的模。基于像素对优化的图像抠图算法将前景颜色 F_z 与背景颜色 B_z 的范围约束为已知前景及背景区域的像素颜色，将图像抠图问题建模为像素对组合优化问题。

根据像素对组合优化问题的求解思路，可以将基于像素对优化的图像抠图算法分为基于采样的图像抠图算法与基于启发式优化的图像抠图算法两大类。前者通过采样的方式对像素对组合优化问题决策空间进行缩减，实现问题的近似求解；后者无须进行采样，而是利用启发式优化技术实现像素对优化求解。

1. 基于采样的图像抠图算法

基于采样的图像抠图算法研究主要分为参数化采样（parametric sampling）和非参数化采样（non-parametric sampling）。

基于采样的图像抠图算法的前期研究主要集中在参数化采样[7,15-16]。这类算法假设像素颜色的概率分布已知，通过已知区域信息估计假设概率分布的参数，进而通过估计未知区域像素的颜色契合该分布的概率实现未知像素透明度的估计。Ruzon 和 Tomasi[15] 假设前景、背景颜色分别服从一个各向同性的正态分布；Chuang 等[16] 利用混合高斯模型对已知区域颜色分布进行建模；Sun 等[7] 提出了泊松抠图算法，该算法使用泊松分布分别拟合前景区域和背景区域的颜色，其获得的抠图透明度遮罩具有边缘平滑的优点。参数化采样算法基于颜色分布服从单一特定的分布的假设，然而现实场景中的前景、背景物体的颜色分布通常都不满足参数化采样抠图算法的假设。一旦前提假设不满足，参数化采样算法所获得的抠图透明度遮罩质量将大幅下降。

为了克服参数化采样算法的局限性，研究人员[17-18] 提出了非参数化采样算法。通过优化目标函数的形式，从已知的前景区域及背景区域中分别选出一个像素构成最优的前景背景像素对。对于给定的一对前景像素颜色和背景像素颜色，未知像素的透明度值可根据式 (2-5) 计算得出。由于图像分辨率日益提高，前景背景像素对组合的数量是巨大的，逐一评价每一个前景背景像素对是不可行的。以一幅 800×600 像素大小的图像为例，若已知其前景及背景区域分别包含十万个像素，则对每一个未知像素的求解就有一百亿个可能的前景背景像素对。

由于遍历评价每一个前景背景像素对不可行，因此非参数化采样算法通过采样的方式缩减前景背景像素对目标函数的决策空间，从而实现前景背景像素对的选择。Wang 和 Cohen[17] 将位于已知前景、背景区域边缘且靠近未知像素的像素采集为样本。Gastal 和 Oliveira[18] 提出了共享采样算法，该算法以未知像素为端点间隔固定角度产生射线，将位于射线与已知区域边缘交点位置的像素作为颜色样本。在此基础上，He 等[19] 提出全局采样算法，为了降低样本集扩大带来的前景背景像素对评价计算开销，利用贪婪随机搜索法替代蛮力法对前景背景像素对目标函数进行优化。

由于上述非参数化采样算法的采样范围限制在透明度值已知区域的边缘，因此其为局部采样算法，其局限性体现在当最优的前景背景像素对落在已知区域边缘以外的区域时，所获得的采样集合无法涵盖最优的前景背景像素对，导致估计的抠图透明度遮罩出现较大误差[20]。

Shahrian 和 Rajan[21] 针对局部采样的局限性，提出了一个全局采样算法——综合采样算法。该算法将参数化采样算法与非参数化采样算法结合，利用参数化的混合高斯模型对已知区域的颜色及空间坐标进行分级聚类，并利用聚类中心颜色作为样本的全集。为了降低计算开销，对于靠近已知区域未知像素的综合采样算法，在样本全集中选择靠近未知区域的样本子集，并在样本子集中优化前景背景像素对目标函数。得益于全局采样带来的样本集多样性提升，基于综合采样的抠图算法获得的抠图透明度遮罩精度有所提高。对于当已知前景和已知背景区域颜色相近时，前景背景像素对评价不准确的问题，将纹理特征引入像素对评价函数中，提出的基于颜色与纹理特征加权的抠图算法在前景目标纹理特征显著的情况下可较为准确地提取出前景物体。但由于纹理特征描述存在偏差，会影响前景背景像素对评价准确性，因此该评价模型不具有普适性。

Karacan 等[22] 将抠图采样过程建模为对已知区域像素进行稀疏子集选择的问题，利用信息散度（information divergence）或 Kullback-Leibler（库尔贝–莱布勒）散度（简称 KL 散度）对子集的稀疏度进行定量评价，提出了基于 KL 散度采样的抠图算法。该算法不仅实现了全局采样、保持了样本集的多样性，而且控制了样本集的大小。Johnson 等[23] 将自然图像抠图问题建模为像素特征的稀疏编码问题，并提出了基于稀疏编码的抠图算法，基于稀疏编码的抠图模型中像素颜色由一个或多个前景像素及背景像素线性组合而成。由于使用已知区域的所有像素组成的字典规模过于庞大，无法在有效时间内实现稀疏编码的求解，Achanta 等[24] 提出的基于稀疏编码的抠图通过超像素聚类方法提取图像子区域并以所有子区域的平均颜色构成稀疏编码的字典，实现了字典规模的大幅缩减。

由于全局采样算法的计算复杂度增加，上述方法往往使用超像素（即子区域）替代像素作为采样空间的一个可行解，然而其局限性在于超像素的平均颜色往往未能代表超像素中所有的像素颜色，样本集未能涵盖超像素中离群像素的颜色，造成样本多样性的损失，导致出现最优前景背景像素对丢失问题。

2. 基于启发式优化的图像抠图算法

针对采样最优像素对丢失问题，研究人员[1,4,25-29] 利用启发式优化实现了像素对的全局优化，免去了采样步骤。基于启发式优化的图像抠图算法将自然图像抠图中所涉及的大量像素对组合优化问题建模为一个大规模的像素对组合优化问题。假设给定的三分图中包含 N 个未知像素，则对于整幅图像的像素对组合优化问题可以描述如下。

$$\begin{aligned} \min G(X) \quad \text{s.t. } G(X) &= \sum_{k=1}^{N} g_k(x_k) \\ \boldsymbol{X} &= (x_1, x_2, \ldots, x_N)^{\mathrm{T}} \\ \boldsymbol{x}_k &= \left(x_k^{(F)}, x_k^{(B)}\right)^{\mathrm{T}}, k = 1, 2, \cdots, N \end{aligned} \tag{2-6}$$

式中，X 为所有未知像素的前景背景像素对选择问题（即整个图像的抠图问题）的决策变量；x_k 为第 k 个未知像素的前景背景像素对选择问题的决策变量，x_k 为二维变量，其中 $x_k^{(F)}$ 表示前景像素的决策变量，$x_k^{(B)}$ 表示背景像素的决策变量；$g_k()$ 表示第 k 个未知像素的前景背景像素对目标函数；$G()$ 表示整个图像的（即所有未知像素的）前景背景像素对选择问题的目标函数。

未知像素的前景背景像素对选择问题是一个大规模的前景背景像素对组合优化问题，其具有三个特点：①决策变量 X 的维度非常高，对于一幅 640×480 像素大小的图像，X 的维度一般在 10^5 的数量级；②决策变量 X 取值为离散的整数，物理意义是前景、背景像素的下标；③目标函数 $G()$ 高度非线性，通常包含多个子函数，同时每个子函数都不可导且包含大量的局部最优值。

针对大规模像素对组合优化问题求解困难的情况，Liang 等[25] 将启发式优化技术应用于该问题的求解，其将大规模像素对组合优化问题松弛为大规模像素对连续优化问题，并利用收敛速度较快的粒子群优化算法（particle swarm optimization，PSO）进行求解。Cai 等[26] 发现粒子群算法在求解大规模像素对组合优化问题时容易过早收敛，并针对该问题设计了带打散机制的协同差分进化算法。Liang 等[27] 使用相似的思想提出了基于自适应收敛速度控制器的粒子群优化算法，该算法通过监控粒子群的状态，当种群中两个个体透明度遮罩相似度过高时认为种群过早收敛，通过打散机制缓解粒子群过早收敛的问题。

这些研究的主要贡献在于探索了利用启发式优化算法求解大规模像素对组合优化问题的思路。然而，直接利用现有的启发式优化算法求解大规模像素对组合优化问题存在优化效率低的问题。针对该问题，Liang 等[1] 提出了基于模糊评价与分解优化的图像抠图算法，该算法针对多个评价准则存在满足程度不确定导致评价不准确的问题，通过引入模糊逻辑提高了多准则像素对评价的准确性。为了提高大规模像素对组合优化问题的优化效率，该研究基于分而治之的思想实现了决策变量及目标函数两个层面的问题分解。在决策变量层面上，Liang 等[1] 假设局部未知区域内的最优像素对高度相似，依据局部平滑特性将大规模的像素对优化问题分解为多个小规模的子问题，并对子问题独立进行优化。在目标函数层面上，通过对评价函数：

$$\min g_k(x_k) \qquad \text{s.t. } g_k(x_k) = f_k(h_k^1(x_k), h_k^2(x_k), h_k^3(x_k)) \tag{2-7}$$

的分解获取更多启发式信息，从而提高优化的效率。该研究发现在多评价准则的像素对优化问题中，优化单个评价准则可获得有助于优化多准则评价函数的启发式信息，从而将多准则复杂单目标优化问题式 (2-7) 分解为式 (2-8) 所示的多个单目标优化问题，并使用多目标优化算法对所有的优化问题同时进行优化。

$$\min h_k^1(x_k), \min h_k^2(x_k), \min h_k^3(x_k) \tag{2-8}$$

该工作从问题分解的角度为大规模像素对组合优化问题提供了快速有效的解决方案。

受该工作[1] 启发，冯夫健等[30] 利用未知区域像素颜色的相似性对像素对优化问题进行基于颜色聚类的像素对分组，并提出了基于分组协同的群体竞争优化算法，降低了图像抠图算法的复杂度，但仍需要数千次迭代才能获得令人满意的抠图结果，对计算资源的消耗依然较高，且抠图效率仍有待提高。

冯夫健等[29] 关注到在前景和背景极其相似的情况下，容易出现前景遮罩抠反的问题，提出了一系列解决策略和算法来应对这一挑战。首先，冯夫健等[29] 设计了决策集分解策略，将高分辨率图像抠图问题有效地分解为规模更小的子问题，以简化问题的复杂性。其次，引入了优化信息传递策略，以获取子问题之间的权重关系，并建立了图像抠图问题的优化序列，这有助于更好地组织和解决整个抠图问题。在优化信息传递策略的基础上，冯夫健等[29] 提出了一种基于微搜索的前景遮罩提取算法。该算法的关键思想是通过对有效决策子集的搜索来代替对整个决策集的搜索，从而解决了高分辨率图像抠图问题中前景遮罩抠反的难题。然而，该算法仍需要数千次迭代才能获取令人满意的抠图结果，抠图效率也有待提高。

Liang 等[28] 针对启发式优化抠图算法计算资源消耗较高的问题，设计了金字塔启发式优化抠图框架。该框架通过图像及三分图的缩放将大规模像素对优化问题转换为中小规模优化问题，建立抠图问题金字塔，并将小规模问题优化过程中获得的像素对最优解作为启发式信息传递到更大规模的问题求解中，该工作改善了基于启发式优化的自然图像抠图算法在计算资源有限条件下的抠图精度。同样，针对启发式优化抠图算法计算资源消耗较高的问题，Liang 等[4] 提出了一种基于代理模型的自然图像抠图方法，用于解决传统基于像素对优化的方法在计算时间敏感应用中无法提供高质量 alpha 遮罩的问题。传统的像素对优化方法在并行化和处理错误标记的三叉映射或空间断开的前景方面具有优势，但计算时间较长。为了节省计算时间，基于代理模型的自然图像抠图方法通过引入代理模型来近似像素对的评价函数，并通过有效地获取近似最优解来减少计算时间。

为了应对计算资源限制，学者们引入了基于采样的图像抠图算法，通过减少决策空间的维度，以不同的采样策略来减少计算资源的消耗。这些算法虽然在降低计算负担方面表现出色，但存在一个关键问题，即当可用的高质量像素对有限时，它们可能会错过最佳像素对，从而影响抠图的质量。Yang 等[31] 为了解决这一问题，提出了一种新颖的多准则采样策略。这一策略的核心思想是结合多个因素，包括多范围像素对采样和高质量的样本选择方法，以确保高质量像素对不会被遗漏。利用这一策略，Yang 等[31] 开发了一种高斯过程的多准则抠图算法，该算法使用高斯过程拟合模型来代替直接求解最优像素对的目标函数，从而提高了计算效率。

基于像素对优化的图像抠图算法通过优化像素对目标函数确定前景及背景的颜色，从而实现透明度的估计。基于像素对优化的抠图研究围绕复杂的像素对组合优化问题展开。基于采样的图像抠图算法通过对决策空间缩减，实现像素对的优化，具有计算复杂度较低的优点，但存在最优像素对丢失的问题。基于启发式优化的图像抠图算法利用启发式优化，实现了免采样的像素对优化，在理论上可避免最优像素对丢失的问题，而且基于启发式优化的图像抠图算法为迭代式算法，其优化精度可随着计算力的持续投入而提高，但在计算资源有限的条件下抠图精度仍然存在提升空间。

2.1.3 基于深度学习的图像抠图算法

在深度学习出现之前，传统的图像抠图解决方案可以分为三种类型：基于颜色采样的算法依赖于附近图像像素之间的强相关性，从已知的前景或背景颜色中进行采样，并将其应用于未知像素[15-16,32]；基于亲和力的算法通过计算亲和力矩阵来表征相邻像素之间的相似性，并相应地将 α 值从已知区域传播到未知区域[7,33-34]；采用基于采样和基于亲和力的混合算法进行优化，以获得更具鲁棒性的解决方案[17,29,31]。尽管这些方法通过综合设计在预测结果方面显示出显著的改进，但它们的表示能力受到低级颜色或结构特征的限制，并且很难区分前景细节和复杂的自然背景。

在这种背景下，基于深度学习的图像抠图算法应运而生，深度网络架构对图像强大的表达能力是传统图像抠图算法所不能企及的。基于深度学习的图像抠图算法依据输入方式分为四类：基于辅助输入的深度图像抠图算法、基于预定义辅助输入的深度图像抠图算法、基于用户交互式辅助输入的深度图像抠图算法、基于文本的辅助输入的深度图像抠图算法。

1. 基于辅助输入的深度图像抠图算法

基于辅助输入的深度图像抠图算法基于网络架构，可以分为单阶段架构、具有额外模块的单阶段架构、多分支架构。

基于深度学习的自然图像抠图算法最初尝试采用简单的单阶段架构处理三分图（trimap）。例如，Xu 等[35] 提出的深度图像抠图（deep image matting，DIM）是首个将深度学习应用到图像抠图上的工作，该工作通过连接图像和使用三分图作为输入，并通过基于 VGG-16[36] 的 U-net 跳跃连接[37] 的全卷积网络[38] 对其进行处理来解决问题，以进行预测输出。Forte 等[39] 提出的前景–背景–α（foreground-background-alpha，FBA）抠图网络是首个同时预测前景、背景与 α 的深度网络，该算法使用基于 ResNet-50[40] 的类似结构作为网络主干，但预测是七个通道（一个用于 alpha 遮罩，三个用于前景，三个用于背景），而不是一个通道。Sebastian 等[41] 提出的 AlphaGAN 和 Park 等[42] 提出的 MatteFormer 采用类似的单阶段架构，但分别以生成对抗网络（generative adversarial networks，GAN）[43] 和 Swin Transformer[44] 作为网络的主要组成部分。Yang 等[45] 提出的 Smart Scribbles 将图像过采样为超像素和矩形区域，并自动选择信息最丰富的区域供用户绘制涂鸦，然后通过两阶段抠图传播 α 值。针对透明物体，Cai 等[46] 提出的 TransMatting 在 ResNet-34 编码器和解码器之间提出了一个三分图引导的 transformer 块[44]，用于维护透明对象的上下文。

虽然上述单阶段架构深度图像抠图方法简单直观，但在利用辅助信息方面仍存在局限性。为了解决这一问题，一些算法[47-51] 引入了用于直接处理辅助信息或者帮助辅助信息和输入串联的额外模块。例如，Wang 等[49] 提出的深度抠图传播网络（deep matting propagation network，DMPN）使用一个模块来提取低级特征，然后应用一个 α 传播模块作为细化器，细化抠图结果。Lu 等[48] 提出的 IndexNet 包含一个动态索引模块，该模块通过预测局部区域的索引值，指导网络在下采样和上采样过程保留细节特征，从而提升抠图精度。Li 和 Lu[47] 提出的引导式上下文注意力机制（guided contextual attention，GCA）设计了一个模块，根据学习到的低级亲和力直接在全局范围内传播高级不透明信息。Sun 等[50] 提出的语义图像抠图（semantic image matting，SIM）使用基于补丁的分类器，通过将传统的三分图扩展到语义三分图来合并抠图区域的语义分类。Zheng 等[51] 提出的 Matting-GP 通过高斯过程来封装深层架构的表达能力并降低计算复杂度。上述具有额外模块的单阶段架构的网络，因其额外模块的计算，提高了模型推理时的计算复杂度，使得推理时间变长，抠图效率仍有待提高。

近年来的一些算法[52-60] 已经证实处理不同级别的多层次数据的优势。通过多分支编码器获取任务信息，然后通过共享解码器将其融合。例如，Tang 等[54] 提出的 SampleNet 在预测整个图像的不透明度之前，通过双流样本选择过程估计相同级别的前景和背景。另外，Liu 等[52] 提出的 TIMI-Net 采用三分支编码器来补充 RGB 空间和三分图空间之间被忽视的协调信息以及提供额外的交互。其他算法在融合网络之前同时利用全局上下文信息和局部细节进行子任务感知传播，如 Cai 等[55] 提出的 AdaMatting 中自适应三分图和 α 之间，Hou 和 Liu[53] 提出的 Context-aware 中前景和 α 之间，Li 等[58] 提出的 HOP 中外观和 α 之间，Yu 等[57] 提出的 HDmatt 中带有三分图的图像块和带有三分图的上下文块之间，Liu 等[59] 提出的 FDMatting 中包含带有三分图的图像的语义路径和包含带有噪声三分图的图像的纹理路径之间，Liu 等[60] 提出的 LFPNet 中下采样图像的上下文和周围图像块的特征之间，以及 Dai 等[56] 提出的 RMat 中基于转换器的上下文和基于卷积的细节之间。这些解决方案可以加深对不同信息级别的理解，并形成可学习的融合模型，以实现更好的协作。

2. 基于预定义辅助输入的深度图像抠图算法

除了常用的三分图之外，一些算法还采用预定义的图像，如背景[61-62] 或粗糙图[63-64] 作为辅助输入。

由于获取三分图非常耗时，一些研究人员[61-62] 提出了获取辅助输入的替代算法。例如，Sengupta 等[61] 提出的 BM 和 Lin 等[62] 提出的 BMV2 需要用到用户事先捕获的额外背景照片。然而，这些算法通常仅限于人体目标的图像抠图。在 BM[61] 中，首先计算软分割，然后通过最小二乘生成对抗网络来估计具有对抗性损失的前景和 α 遮罩。另外，BMV2[62] 提供了一个基础网络来计算低分辨率结果，然后由在图像块上以高分辨率运行的第二个网络进行细化。

尽管基于背景的抠图提供了良好的结果，但它仅能在背景已知或变化幅度不大的情况下进行图像抠图。因此，一些研究人员探索使用粗糙图[63-64]（抠图精度较低的 α）作为输入。例如，Cho 等[63] 提出的深度卷积神经网络（deep convolutional neural network，DCNN）使用 Levin 等[9] 提出的封闭形式（closed form，CF）和 Chen 等[12] 提出的 K 近邻（K nearest neighbors，KNN）生成辅助粗糙图，然后与原始图像组合并输入单阶段卷积神经网络（convolutional neural network，CNN）。Dai 等[65] 提出的 A2U 建议利用二阶特征来制定亲和力感知上采样模块，它取代了基于 ResNet34 的单阶段 CNN 结构中的普通模块。Yu 等[64] 提出的 MGMatting 采用编码器–解码器架构，以图像和粗糙图作为输入，使用自适应引导机制逐步细化不确定区域。

3. 基于用户交互式辅助输入的深度图像抠图算法

为了解决预定义辅助输入的局限性，一些算法[66-70] 探索了用户交互式辅助输入的使用，这些算法允许用户交互地提供可以动态细化结果的辅助输入。

一些研究[66-68] 将用户单击作为辅助输入。例如，Yang 等[66] 提出的 ActiveMatting 包含一种循环强化学习框架[71-72]，其中涉及通过单击进行的交互。Wei 等[67] 提出了 InteractiveMatting，使用两个解码器网络来获取 RGB 图像并以单击作为输入，然后使用不确定性引导的局部细化模块来细化结果。Ding 等[68] 提出的深度交互式图像抠图（deep interactive image matting，DIIM）将用户单击转换为距离图，将距离图与原始图像连接，并将距离图通过编码器–解码器架构和全分辨率提取模块来预测 α 遮罩。

基于用户交互式辅助输入的其他算法[45,69-70] 选择更灵活的输入作为辅助信号，如涂鸦。Cheng 等[69] 提出的灵活引导输入（flexible guidance input，FGI）采用编码器–解码器架构，逐渐减少辅助输入中不确定区域的面积，从而改善最终 α 遮罩的预测。Fang 等[70] 提出的 UGDMatting 使用双编码器和双解码器来提取图像特征，传播用户交互数据，并在融合模型预测最终结果之前生成前景和背景。Yang 等[45] 提出的 SmartScribbles 引导用户仅绘制少量涂鸦即可获得高质量的抠图结果。

4. 基于文本的辅助输入的深度图像抠图算法

在最近的研究中，有一种趋势是探索其他输入模式与输入图像的集成，以实现更可控的抠图过程。例如，文本描述已被用来提供灵活的辅助信息。一项代表性工作是 Li 等[73] 提出的指令图像抠图（referring image matting，RIM），它利用基于对比语言–图像预训练（contrastive language-image pre-training，CLIP）[74] 的双分支编码器–解码器架构从原始图像中提取文本驱动的语义特征，同时保留局部抠图细节。此外，RIM 还建立了 RefMatte 数据集，这是一个包含大量配对图像和文本描述的大型基准数据集。

尽管基于深度学习的图像抠图算法使用了多种解决方案，但仍需要大量的图像及其对应的标准透明度遮罩作为训练数据，然而图像抠图透明度遮罩的获取代价是高昂的。因此，这类算法主要面临着训练数据不足的问题。

2.2　常用图像抠图数据集

基于深度学习的算法在很大程度上依赖于高质量的训练和测试数据集[75]，这适用于图像抠图任务。本节将对图像抠图数据集进行全面回顾，涵盖传统方法和现代方法。一般将数据集分为两种类型：基于合成图像的数据集和基于自然图像的数据集。

1. 基于合成图像的数据集

由于手动标记前景的细致 α 遮罩非常耗时，因此许多图像抠图数据集[35,50,73,76-77] 都采用从单一背景图像中提取的前景于不同背景下合成而得到的合成图像。Cho 等[63] 提出的 DCNN 中首先引入了一个合成数据集，将 AlphaMatting[6] 中的 27 个前景与众多背景进行合成。Xu 等[35] 提出的深度图像抠图（deep image matting，DIM）中引入了 481 个前景，其中 27 个来自 AlphaMatting[6]，一些来自视频数据集[78] 的帧间图像，以及来自纯背景的图像。α 遮罩由 Photoshop 手动生成，合成中使用的背景来自 Lin 等[79] 提出的微软常见物体语境数据集（Microsoft common objects in contert，MS COCO）和 Everingham 等[80] 提出的视觉物体类别（visual object classes，Pascal VOC）。Chen 等[81] 提出的透明物体抠图（transparent object matting，TOM）使用 POV-ray 渲染多个 3D 模型，以创建大量合成透明数据集。Zhang 等[77] 提出的后期融合（late fusion，LF）中包含来自互联网的 257 幅人类图像，并带有细致注释的 α 遮罩。Qiao 等[76] 提出的层次注意力（hierarchical attention，HATT）中提供了 646 幅多类别的不同前景，以提高图像抠图数据集的多样性。Lin 等[62] 提出的 PhotoMatte 中有 13000 幅合成的高分辨率人类前景，但只有 85 幅测试图像是公开的。Sun 等[50] 提出的 SIM 中收集了 20 个类别的 398 幅图像，这些图像广泛用于图像抠图场景，并使用 Photoshop 标注 α 遮罩。Liu 等[52] 提出的 Human-2K 是一个高分辨率的人体数据集，包含 2100 幅合成图像。Li 等[73] 提出的 RIM 建立了 RefMatte，其中包含来自公共合成抠图数据集的 13187 幅前景及其类别标签，以形成 45000 幅训练图像和 2500 幅带有 Li 等[82] 提出的 BG-20K 中的图像作为背景的测试图像。RefMatte 还提供文本描述标签，以帮助开发基于文本的辅助输入的深度图像抠图模型。Cai 等[46] 提出的 Trans-460 引入了 460 幅透明物体前景，以方便透明物体的图像抠图的研究。Sun 等[83] 提出的 HIM-2K 收集了 2000 幅带有 α 遮罩的人体图像，其中 360 幅是自然图像，其余是合成图像。

表 2-1 展示了目前抠图数据集的粗略情况。

表 2-1　现有抠图数据集概要

算法	发表刊物	形式	标签	是否自然	目标
DIM-481[35]	2017CVPR	图像、视频帧	alpha	否	通用物体
Trans-460[46]	2022ECCV	图像	alpha	否	透明物体
SIM[50]	2021CVPR	图像	alpha	否	通用物体
Human-2K[52]	2021ICCV	图像	alpha	否	人像
PhotoMatte13K[62]	2020CVPR	图像	alpha	否	人像
RWP-636[64]	2021CVPR	图像	alpha、细节图	是	人像
UGD-12K[70]	2022TIP	图像	alpha	是	人像
RefMatte[73]	2023CVPR	图像	alpha、语言	否	通用物体
HATT-646[76]	2020CVPR	图像	alpha	否	通用物体

续表

算法	发表刊物	形式	标签	是否自然	目标
LF-257 [77]	2019CVPR	图像	alpha	否	人像
AlphaMatting [6]	2009CVPR	图像	alpha	是	通用物体
TOM [81]	2018CVPR	3D 模型	alpha、折射流	否	透明物体
AM-2K [82]	2022IJCV	图像	alpha	是	动物
HIM2K [83]	2022CVPR	图像	alpha	否	人像
DAPM-2K [84]	2016ECCV	图像	alpha	是	人像
SHM-35K [85]	2018MM	图像	alpha	是	人像
SHMC-10K [86]	2020CVPR	图像	alpha、粗糙图	是	人像
P3M-10K [87]	2021MM	图像	alpha	是	人像
AIM-500 [88]	2021IJCAI	图像	alpha	是	通用物体
PPM-100 [89]	2022AAAI	图像	alpha	是	人像

算法	分辨率	注释方法	训练集数量	测试集数量	是否公开
DIM-481 [35]	1298×1083	手工标注	431	50	是
Trans-460 [46]	3766×3820	手工标注	410	50	是
SIM [50]	2194×1950	手工标注	348	50	是
Human-2k [52]	2112×2075	手工标注	2000	100	是
PhotoMatte13K [62]	—	手工标注	13665	—	否
RWP-636 [64]	1038×1327	手工标注	—	636	是
UGD-12K [70]	356×317	手工标注	12066	700	是
RefMatte [73]	1543×1162	手工标注	45000	2500	是
HATT-646 [76]	1573×1731	手工标注	596	50	是
LF-257 [77]	553×756	手工标注	228	29	是
AlphaMatting [6]	3056×2340	手工标注	27	8	是
TOM [81]	—	POV 射线	178000	876	是
AM-2K [82]	1471×1195	手工标注	1800	200	是
HIM2K [83]	1823×1424	手工标注	1500	500	是
SHMC-10K [86]	—	手工标注	9324	125	否
DAPM-2K [84]	600×800	KNN、CF	1700	300	是
SHM-35K [85]	—	手工标注	52511	1400	否
P3M-10K [87]	1349×1321	手工标注	9421	1000	是
AIM-500 [88]	1397×1260	手工标注	—	500	是
PPM-100 [89]	2997×2875	手工标注	—	100	是

尽管将合成数据集训练用于图像抠图的深度学习模型具有提供大量带有各种复杂背景的训练数据的优点，但由于图像差异产生的合成伪影，其也导致了合成图像和自然图像之间在前景和背景之间的域差距[82,90-91]。许多研究[45,52,61,64,70,81-83,92] 观察到了这种现象，有些研究[53,56,61-62,82] 致力于减少这些差异，以提高对现实世界自然图像的泛化能力。例如，Dai 等[56] 提出的 Context-Aware[93-94] 在工作之后重新应用 JPEG 和高斯模糊作为数据增强。Li 等[82] 提出的扫描与聚焦抠图（glance and focus matting，GFM）包含一种被称为分辨率差异、语义模糊、清晰度差异和噪声差异（resolution discrepancy，semantic ambiguity，sharpness discrepancy and noise discrepancy，RSSN）的合成路线，用来解决分辨率、清晰度、噪声和照明差异等问题，他们还构建了一个包含不同背景图像的大规模高分辨率数据集 BG-20K[82]。Sengupta 等[61] 提出的背景抠图（background matting，BM）描述了一种自监督方案，用于从未标记的真实数据中学习，并使用判别器来改进抠图结果。Lin 等[62] 提出的 MODNet 通过使用子目标之间的一致性来减少域差距，对未标记的真实数据上的模型进行微调。Dai 等[56] 提出的 RMat 采用强大的数据增强，如线

性像素级增强、非线性像素级增强和区域级增强，来减少域间隙。

2. 基于自然图像的数据集

为了增强抠图模型对真实世界图像的泛化能力，国内外学者建立了自然图像抠图数据集，涵盖人类[87]、动物[82] 和目标物体[6] 等多种类别。

AlphaMatting[6] 使用三角测量[95] 在有限工作室环境下捕获高质量的地面真实遮罩并增强数据[96] 以生成总共 35 个高分辨率图像。它还提供了一个完整的在线基准测试系统，具有精心设计的误差测量，这为基于三分图的算法提供了巨大的价值，尤其是在传统解决方法中。然而，随着数据驱动的深度学习方法的出现，大规模抠图数据集变得至关重要。因此，DAPM[84] 收集了 2000 幅人类肖像图像，这些图像带有由现成方法 KNN[12] 和 CF[9] 生成的真实标签。随后，为了提高图像分辨率和标签准确性，研究人员建立了大规模数据集，其中包含手动注释的 α 遮罩，重点关注人类[70,85-87] 对象。然而，由于隐私及许可问题，其中许多数据集并不公开，这阻碍了社区未来的研究。P3M-10K[87] 通过提供第一个大规模的隐私保护肖像抠图数据集来解决这个问题，该数据集包含各种背景下 10421 幅人类图像详细注释的 α 遮罩。AM-2K[82] 是第一个动物抠图数据集，包含来自 20 个类别的 2000 幅图像。UGD[70] 还提供了大量公共肖像图像的数据集。

除了上述基准数据集之外，还存在一些仅供测试的真实世界抠图数据集，旨在促进抠图模型泛化能力的评估。例如，AIM-500[88] 是第一个自然图像抠图数据集，包含 500 幅不同类别的高分辨率图像，以及由专业人士标记的 α 遮罩。RWP-636[64] 引入了 636 幅真实世界的肖像图像，其中提供了额外的细节图标签来指示最具挑战性的细节区域。PPM-100[89] 是另一个公开的现实世界人类数据集，由 100 幅图像组成。

2.3 图像抠图的评价指标

抠图透明度遮罩的评价方式可以分为主观评价和客观评价两类。

1. 主观评价

主观评价通过评价者对抠图结果进行打分来评价抠图透明度遮罩的质量。评价者对抠图结果进行主观判断，给出相应的评分。然而，主观评价易受评价者个人偏好的影响。为了降低这种影响，需要增加评价者的数量，并取评分的平均值。也可以聘请抠图专家来进行评价，以确保评价的准确性。此外，为了得到更全面的评价，评价者的需求应该来自不同的背景、年龄甚至性别[97]。

主观评价的依赖性导致其代价较高，一般用于需要高质量抠图的领域，如影视特效等。主观评价需要耗费大量人力资源才能获得评价结果。

2. 客观评价

客观评价通过度量估计的抠图透明度遮罩与标准抠图透明度遮罩之间的差异来评价抠图结果的质量。客观评价不需要依赖评价者的主观判断，通过量化抠图结果与标准结果之间的差异来进行评估。这种评价方式不需要大量的人力资源，相对更加经济高效。

自然图像抠图中常用的定量评价指标包括：绝对误差之和（sum of absolute difference，SAD）、均方误差（mean square error，MSE）、梯度误差（gradient error）、连通性误差（connectivity error）。其中，绝对误差与均方误差的反映是在对应像素点估计的透明度遮罩与标准抠图透明度遮罩的数值差异的统计量，不能反映误差的分布情况；针对这一问题，Rhemann 等[6] 提出了梯度误差与连通性误差，两者分别反映了抠图透明度遮罩在前景物体边缘处的误差及在连通性上的误差，由于人眼对梯度信息敏感，因此梯度误差更接近主观评价的结果。假设 u 为三分图中未知区域的任意像素，估计的抠图透明度遮罩对应位置的值为 $\hat{\alpha}_z$，标准抠图透明度遮罩对应位置的值为 $\tilde{\alpha}_z$，则绝对误差之和计算公式如下：

$$\sum_z |\hat{\alpha}_z - \tilde{\alpha}_z| \tag{2-9}$$

均方误差计算公式如下：

$$\sum_z (\hat{\alpha}_z - \tilde{\alpha}_z)^2/N \tag{2-10}$$

式中，N 为三分图中未知区域像素的数量。

梯度误差计算公式如下：

$$\sum_z (\nabla\hat{\alpha}_z - \nabla\tilde{\alpha}_z)^2 \tag{2-11}$$

式中，$\nabla\hat{\alpha}_z$、$\nabla\tilde{\alpha}_z$ 分别为估计的抠图透明度遮罩与标准抠图透明度遮罩在像素 z 处的标准化的梯度幅值。梯度幅值通过计算高斯一阶导数获得，高斯函数的均值取 0，标准差取 1.4[6]。

连通性误差计算公式如下：

$$\sum_z (\phi(\hat{\alpha}_z, \Lambda) - \phi(\tilde{\alpha}_z, \Lambda)) \tag{2-12}$$

式中，Λ 表示估计的抠图透明度遮罩与标准抠图透明度遮罩均为完全不透明（$\hat{\alpha}_z$ 和 $\tilde{\alpha}_z$ 的值均为 1）的面积最大的连通区域。函数 ϕ 描述了像素 z 与 Λ 的连通程度，其定义如下：

$$\phi(\hat{\alpha}_z, \Lambda) = 1 - (\lambda_z \cdot \delta(d_z \geqslant \theta) \cdot d_z) \tag{2-13}$$

式中，λ_z 为像素 z 到最近的与 Λ 连通的像素的平均距离；δ 表示狄拉克 δ 函数，$\theta = 0.15$[6]；$d_z = \hat{\alpha}_z - l_z$，$l_z$ 表示保证像素 z 与 Λ 四连通的最大的二值化阈值。同理，可给出 $\phi(\tilde{\alpha}_z, \Lambda)$ 的定义。

本章小结

本章深入探讨了多个主流的图像抠图算法。首先，介绍了基于传播的图像抠图算法，这些算法通常依赖于颜色和梯度传播来识别前景和背景；接着，介绍了基于优化的图像抠图算法，这些算法通过最小化或最大化能量函数来寻找最佳图像抠图结果；随后，深入探讨了基于深度学习的图像抠图算法，它们利用深度神经网络来实现像素级别的图像抠图；最后，介绍了图像抠图数据集和评价指标，它们对于算法性能的评估至关重要。

通过对本章的学习，读者可以更好地理解不同类型的图像抠图算法及其优劣势。这些算法是图像编辑、计算机视觉和图形处理等方面重要的理论基础，为未来研究和应用提供了基础。在后面的章节中，将深入研究某些抠图算法的原理及图像抠图的具体应用，以展示它们在实际场景中的应用价值和潜力。

第 3 章　自然图像抠图的像素对评价函数

3.1　前景背景像素对评价函数概述

基于像素对优化的图像抠图算法是自然图像抠图中具有代表性的一类算法。它凭借高效、计算资源依赖度低、抠图精度高等优点被广泛应用于求解抠图问题。这类算法将抠图问题建模为关于前景颜色和背景颜色的组合优化问题，通过为每个未知像素查找最优前景背景像素对，来获取精确的 α 值[98]。像素对优化问题的数学模型可表述如下：

$$\min G_z(x_z) \text{ s.t. } x_z = \left(x_z^{(F)}, x_z^{(B)}\right)^{\mathrm{T}} \tag{3-1}$$

式中，G_z 表示像素点的像素对评价函数，x_z 是像素点 z 的像素对决策变量，$x_z^{(F)}$ 和 $x_z^{(B)}$ 分别代表前景和背景区域的像素点。像素对优化抠图算法根据像素对评价函数得到的分数选择最优的背景和前景像素对，以此来估计每个未知像素的 α 值，并通过以下公式进行计算：

$$\alpha = \frac{(I_z - B_z)(F_z - B_z)}{\|F_z - B_z\|^2} \tag{3-2}$$

式中，$\|*\|$ 表示欧氏距离。由式 (3-1) 可知，像素对评价函数会直接影响最优像素对的选择，从而影响未知像素点透明度遮罩的估计值。因此，像素对优化抠图算法得到的抠图遮罩质量与像素对评价函数密切相关，像素对评价函数的准确度较低时，会使优化算法无法找出最优的像素对，这将直接导致抠图遮罩的质量较低。然而，在像素对优化抠图算法领域中，研究人员[99-100] 主要致力于设计一个高效的优化器，通过提升优化器的全局搜索能力，进而提高抠图算法的性能。很少有研究人员专注于像素对评价函数建模工作，没有过多重视像素对评价函数的作用。

现有的像素对评价问题通过多个评价准则被建模为像素对评价函数。研究人员将像素对评价准则对应的评价项通过线性或非线性的方式组合为像素对评价函数。假设像素对评价函数中包含 N 个评价项，则在第 z 个三分图未知区域像素上的像素对评价函数可以建模如下：

$$P_z(x_z) = H\left(h_z^1(x_z), h_z^2(x_z), \cdots, h_z^N(x_z)\right) \tag{3-3}$$

式中，$h_z^i(x_z)$ 表示在第 z 个未知像素上第 i 个评价准则对应的评价项，x_z 表示第 z 个未知像素的像素对决策变量，$H\left(h_z^1(x_z), h_z^2(x_z), \cdots, h_z^N(x_z)\right)$ 表示通过线性或非线性的方式对 N 个像素对评价项进行组合。

像素对评价的目标是准确地定量度量像素对的质量。像素对评价的难点在于评价过程中真实的透明度遮罩是未知的，而像素对的评价需要对前景物体的形状、颜色、光照、场景等变化鲁棒。

现阶段，研究人员[1,28,101-102] 已经提出了各种各样的像素对优化抠图算法，在抠图问题中抠图算法的像素对优化能力得到了很好的发展，而像素对评价函数的建模却发展缓慢，导致像素对评价函数的准确性影响了整个抠图算法的性能。

在早期的研究中，假设已知前景和背景区域的颜色服从特定的概率分布，使用单个最大似然标准来估计 α 值[7,16]。在最近的文献中，研究人员考虑了像素对选择的多个标准：Wang 和 Cohen[17] 首先研究了色彩失真标准，对于一个好的像素对，根据估计的 α 值重建的颜色应该与观察到的颜色相似。他们的研究同时考虑了颜色失真和空间接近度标准。Gastal 和 Oliveira[18] 改进了对颜色失真的测量，并扩展了标准以测量局部区域的颜色失真。此外，他们提出了图像空间统计的选择标准，并采用空间接近度准则。Shahrian 和 Rajan[21] 制定了纹理标准来处理前景和背景区域颜色分布之间的重叠。Karacan 等[22] 研究了基于超像素的相似性，并引入了两个额外的局部上下文相似度标准，该标准基于真实背景像素、真实前景像素和未知像素具有相似的特征统计的假设。Liang 等[1] 提出了模糊多准则（fuzzy multi-criteria evaluation，FMCE）评价方法，指出多个评价准则之间存在冲突的问题，解决了多个评价准则之间的不确定性，从而提高了像素对评价的准确度。Huang 等[103] 提出了一种自适应权重标准像素对评价函数，通过分析图像的类型自适应地调整颜色失真和空间距离度量标准的权重，从而得到准确的像素对评价，尤其在带有少量透明的图像上。

上述研究工作考虑了颜色、空间距离、纹理、超像素相似性、图像类型等不同方面的准则，并提出各自的方法来提高像素对评价函数的准确性。然而，目前的像素对评价函数仍存在鲁棒性较差的问题，复杂情况下像素对评价函数评分与透明度遮罩误差之间的误差较大。

3.2　模糊多准则前景背景评价函数

前景背景像素对评价需要对前景物体的形状、颜色、光照、场景等变化鲁棒。研究人员依据大量的经验设计出了低颜色失真[17]、空间距离相近[19]、纹理相似[21] 等多种前景背景像素对评价准则。前景背景像素对评价方法采用多个评价准则来提高评价的准确性，这些评价方法的评价函数往往包含多个评价项，每项对应一个评价准则。多个评价准则项采用线性加权的方式[19,26] 或简单的非线性组合的方式（如将多个评价项相乘）[21,104-105] 构建像素对评价函数。评价方法存在一个潜在的假设：多个前景背景像素对评价准则可以同时被满足。然而，在复杂情况下该假设不一定成立。例如，在最优的前景像素靠近未知像素，而最优的背景像素远离未知像素的情况下，虽然前景像素满足空间距离相近评价准则，但最优的背景像素难以满足该准则。由于评价准则满足程度的不确定性，现有的评价方法往往不能提供准确的评价，因此目前的评价方法依然不能处理多准则满足程度的不确定性问题。

3.2.1　数学模型

本节将多准则前景背景像素对评价函数建模为与评价准则一一对应的多个评价项的组合。设多准则评价函数涉及 N_{obj} 个评价项，$h_k^i(x)$ 表示在第 k 个未知像素上第 i

个评价准则对应的评价项，$i=1,2,\cdots,N_{\text{obj}}$，则在第 k 个未知像素上的多准则评价可以建模如下：

$$g_k(x_k)=H(h_k^1(x_k),h_k^2(x_k),\cdots,h_k^{N_{\text{obj}}}(x_k)) \tag{3-4}$$

式中，x_k 表示第 k 个未知像素的前景背景像素对决策变量，$H(h_k^1(x_k),h_k^2(x_k),\cdots,h_k^{N_{\text{obj}}}(x_k))$ 表示通过线性或非线性的方式对 N_{obj} 个评价项进行组合。将该评价函数代入所有未知像素中，可得到如下多评价准则的前景背景像素对组合优化问题模型：

$$G(\boldsymbol{X})=\sum_{k=1}^{c}H(h_k^1(x_k),h_k^2(x_k),\cdots,h_k^{N_{\text{obj}}}(x_k)) \tag{3-5}$$

式中，$\boldsymbol{X}$ 表示针对整个图像的前景背景像素对优化问题的决策变量，$\boldsymbol{X}=(x_1,x_2,\ldots,x_N)^{\mathrm{T}}$，$N$ 表示给定抠图问题中未知像素的数量。

针对前景背景像素对评价准则满足程度的不确定性提出模糊多准则前景背景像素对评价方法，通过评估其属于高质量前景背景像素对集合的模糊隶属度，实现对前景背景像素对的模糊多准则评价。高质量前景背景像素对的特征是不确定的。提出方法将三个广泛使用的评价准则建模为三个隶属度函数，并通过模糊逻辑运算度量像素对隶属于高质量前景背景像素对集合的程度。

下面介绍将要采用的三个前景背景像素对评价准则及建模后的隶属度函数。第一个评价准则为重建颜色误差准则，该评价准则用于评价像素对能否通过前景颜色与背景颜色的非凸组合方式有效重建未知像素的颜色。根据该准则，本节通过度量前景背景像素对对应的合成颜色与观测颜色之间的色彩失真建立了以下颜色隶属度函数：

$$h_k^1(x_k^{(F)},x_k^{(B)})=\exp\left(-\sigma_c\|\boldsymbol{C}_k^{(U)}-\hat{\alpha}\boldsymbol{C}_{x_k^{(F)}}^{(F)}-(1-\hat{\alpha})\boldsymbol{C}_{x_k^{(B)}}^{(B)}\|\right) \tag{3-6}$$

式中，$\boldsymbol{C}_k^{(U)}$、$\boldsymbol{C}_{x_k^{(F)}}^{(F)}$、$\boldsymbol{C}_{x_k^{(B)}}^{(B)}$ 分别表示第 k 个未知像素的 RGB 空间颜色向量及像素对 $(x_k^{(F)},x_k^{(B)})$ 中前景像素、背景像素的 RGB 空间颜色向量；σ_c 为颜色惩罚因子，设为 0.11。惩罚因子越大，表示对违反评价准则的惩罚力度越大。由于在抠图的数学模型中，假设图像中所有像素颜色均为一个前景颜色与一个背景颜色的非凸组合，那么所有的未知像素均应满足重建颜色误差准则，重建颜色误差评价准则适用于所有的未知像素。所采用的第二、第三个准则为前景像素、背景像素空间距离准则。空间距离准则建立在经验性的假设之上——合成未知像素颜色的前景与背景物体通常位于距离未知像素空间距离较近的位置。针对这两个评价准则，分别设计了前景像素空间位置隶属度函数和背景像素空间位置隶属度函数，如式 (3-7) 和式 (3-8) 所示：

$$h_k^2(x_k^{(F)},x_k^{(B)})=\exp\left(-\sigma_s\|\boldsymbol{S}_k^{(U)}-\boldsymbol{S}_{x_k^{(F)}}^{(F)}\|^2\right) \tag{3-7}$$

$$h_k^3(x_k^{(F)},x_k^{(B)})=\exp\left(-\sigma_s\|\boldsymbol{S}_k^{(U)}-\boldsymbol{S}_{x_k^{(B)}}^{(B)}\|^2\right) \tag{3-8}$$

式中，$\boldsymbol{S}_k^{(U)}$ 表示第 k 个未知像素空间坐标向量；$\boldsymbol{S}_{x_k^{(F)}}^{(F)}$ 及 $\boldsymbol{S}_{x_k^{(B)}}^{(B)}$ 分别表示第 k 个未知像素对应的前景背景像素对中前景像素、背景像素的空间坐标向量；σ_s 为空间位置惩罚

因子，设为 0.17。像素空间距离准则适用于前景物体内部没有孔洞的抠图任务。当前景物体内部有孔洞时，前景像素、背景像素空间距离准则往往不能同时满足。图 3-1 给出了一个前景像素、背景像素空间距离准则不能同时满足的例子。

图 3-1　前景、背景像素空间距离准则不能同时满足的例子

由图 3-1 所示，红色、蓝色实线分别表示三分图中已知前景区域和已知背景区域的边缘。黄色星号表示未知像素，该像素对应的最优前景像素、背景像素分别由红色星号、蓝色星号标注。该例子中由于前景物体内部存在孔洞，未知像素的最优背景像素到未知像素的空间距离较远，最优的前景背景像素对满足前景像素空间距离准则，而不满足背景像素空间距离准则。同理，可给出最优的前景背景像素对满足背景像素空间距离准则，而不满足前景像素空间距离准则的例子。

Liang 等[1] 提出模糊多准则评价方法，使用模糊聚合运算将多个隶属度函数的值合并为前景背景像素对的适应值。注意，高质量的前景背景像素对不能同时高度满足两个空间位置准则（即特定情况下其中一个像素可能会在空间上远离未知像素）。为了处理高质量像素对满足空间准则的不确定性，模糊多准则评价方法采用平均聚合运算合并两个空间准则的隶属度值，减少其中一个空间位置准则满足程度较低的情况下前景背景像素对的评价误差。设 a,b 为两个隶属度值，则平均聚合运算可以表示如下：

$$f_1(a,b)=0.5(a+b) \tag{3-9}$$

聚合后的模糊空间隶属度将与颜色隶属度合并产生最终的前景背景像素对的适应值。考虑到爱因斯坦乘积运算[106] 可以较好地近似模糊子集的代数乘积，采用爱因斯坦乘积运算将颜色隶属度值与聚合后的模糊空间隶属度进一步聚合。爱因斯坦乘积运算的定义由下式给出：

$$f_2(a,b)=\frac{ab}{1-(1-a)(1-b)} \tag{3-10}$$

基于平均聚合运算和爱因斯坦乘积运算，模糊多准则前景背景像素对评价函数可以表示如下：

$$g_k(i,j)=f_2\left(h_k^1(i,j),f_1\left(h_k^2(i,j),h_k^3(i,j)\right)\right) \tag{3-11}$$

将式 (3-9) ~ 式(3-11) 合并可得模糊多准则前景背景像素对评价函数的最终表达形式：

$$g_k(i,j)=\frac{h_k^1(i,j)\cdot 0.5(h_k^2(i,j)+h_k^3(i,j))}{1-(1-h_k^1(i,j))(1-0.5(h_k^2(i,j)+h_k^3(i,j)))} \tag{3-12}$$

3.2.2 实验设计与分析

实验使用 Rhemann 等[6] 提出的抠图基准数据集中的图像及三分图作为实验数据。该基准数据集提供了 35 幅彩色图像，每幅图像提供未知区域较大的及未知区域较小的两种对应的机器生成的三分图。其中，27 幅图像提供了标准的抠图透明度遮罩；其余 8 幅图像对应的标准抠图透明度遮罩不对外公开，用于在线的抠图算法性能评价，并对这 8 幅图像额外提供了人工标记的三分图。

模糊多准则前景背景像素对评价中颜色惩罚因子与空间位置惩罚因子分别设置为 0.11 和 0.17，未知像素采样间距 ρ 设置为 1。所有实验均在配置有 Intel Xeon E5 2.4 GHz CPU 及 32GB 内存的服务器上运行，且所有参与实验的算法均使用 MATLAB 语言实现。

本实验的目的在于检验提出的模糊多准则前景背景像素对评价方法在多个评价准则满足程度不确定的情况下是否能准确地评价前景背景像素对。实验比较了本节提出的模糊多准则前景背景像素对评价方法与采用相同评价准则的一个常用评价方法[26] 在不确定样例上和多个图像的平均评价性能。

本实验通过比较不同评价方法得到的前景背景像素对所产生的抠图透明度遮罩来观测评价方法的准确性。实验结果通过三个步骤获取：①使用全局采样算法[19] 生成候选的前景背景像素对；②使用不同的评价方法对像素对进行评价；③使用适应值最佳的前景背景像素对估计抠图透明度遮罩。

首先讨论提出的模糊多准则像素对评价方法在不确定样例上的性能。实验选择了一幅名为 GT04 的图像作为多个评价准则满足程度不确定的样例，该例子包括 109718 个未知像素。图 3-2 所示为该实验使用两个评价方法选择的最优前景背景像素对所获得的抠图透明度遮罩。从图 3-2(c) 和图 3-2(d) 中可以发现，文献 [26] 中的评价方法所估计的抠图透明度遮罩与标准的抠图透明度遮罩相比在旗子区域具有较大的误差，而提出的模糊多准则前景背景像素对评价方法所估计的抠图透明度遮罩误差则相对较小。如图 3-2(a) 所示，蓝色旗子左侧区域的未知像素区域远离最优前景像素，因此最优前景像素的空间相近准则的满足程度较低。提出的模糊多准则前景背景像素对评价方法考虑了多评价准则满足程度的不确定性，提高了评价的准确性，因此获得了更精确的抠图透明度遮罩。下面通过统计分析进一步讨论提出的模糊多准则前景背景像素对评价方法平均情况下的评价准确性。

本实验通过不同评价方法选择的前景背景像素对对应的透明度的平均均方误差来定量比较提出方法及现有方法的评价性能。平均均方误差计算方法如下：首先使用前景背景像素对评价方法在 27 幅图像上的 2893894 个未知像素中选择最佳像素对，计算所选择的像素对对应的抠图透明度遮罩与标准抠图透明度遮罩中对应值之间的均方误差，最后计算所有未知像素均方误差的平均值。提出的模糊多准则前景背景像素对评价方法对应的平均均方误差为 603.99，低于现有方法的 622.77。较小的平均均方误差说明提出的评价方法在不同情况下均能正确地评价前景背景像素对。综上所述，提出的评价方法在不确定的样例中及平均意义下均有效地提高了前景背景像素对评价的准确性。

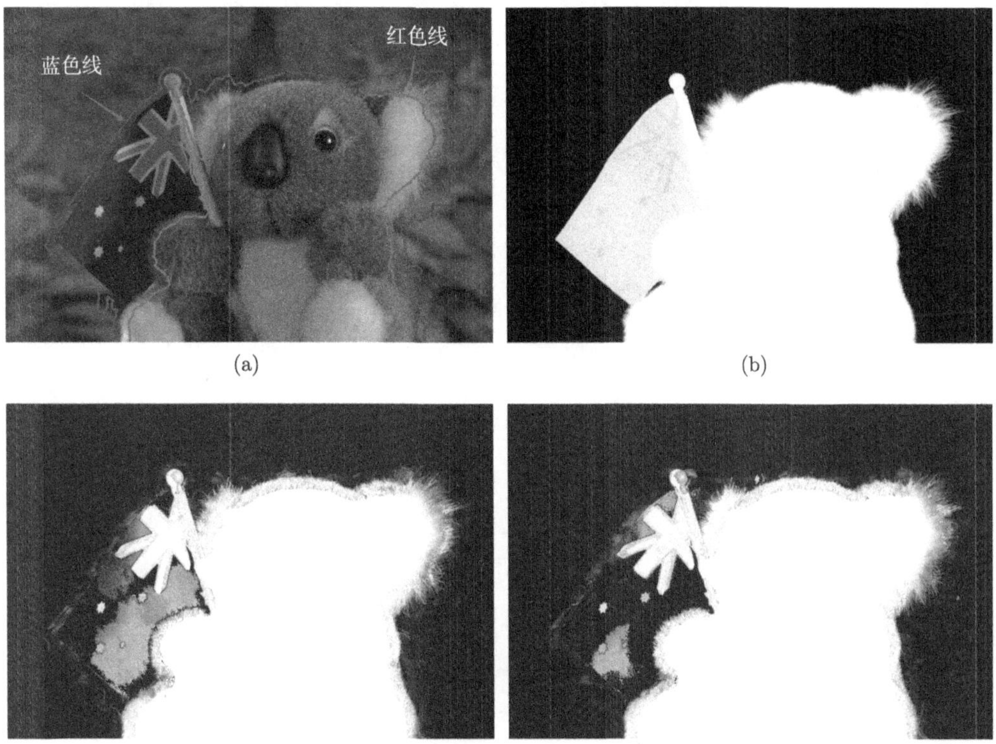

(a)　(b)

(c)　(d)

图 3-2　使用不同评价方法选择最优前景背景像素对所获得的抠图透明度遮罩

(a) 输入图像，其中三分图的前景边缘用红色标注，背景边缘用蓝色标注，局部放大区域用黄色标注；(b) 标准抠图透明度遮罩；(c) 使用提出的模糊多准则前景背景像素对评价方法获得的抠图透明度遮罩；(d) 与提出方法采用相同评价准则的一个流行的评价方法[26] 所获得的抠图透明度遮罩。

实验结果表明，即使在某些评估标准的满意度较低的情况下，模糊多准则前景背景像素对评价方法也能提供更准确的评估。这一观察结果可以归因于模糊多准则前景背景像素对评价方法中使用的模糊隶属函数和算子，因为它们能够处理标准满意度的不确定性。

3.3　自适应加权前景背景评价函数

像素对评价函数设计方法的基本假设是不同的图像上像素对评价准则的满意度相同。然而，像素对评价准则的满意度与图像类型相关，因此固定权重的像素对评价方法[1,22,105,107] 不能提供精确的像素对质量评价。图 3-3 演示了在 GT06 和 GT09 两幅图像上，对目标函数中的颜色失真和空间距离准则使用不同的权重，经过像素对优化算法得到的透明度遮罩质量的变化。绝对误差之和的值越低代表抠图遮罩的质量越高。ω 值越低代表在像素对评价方法中颜色失真准则的权重相比于空间距离准则越小。其中，

ω_1 和 ω_2 分别是 GT06 和 GT09 的最优权重。但是，当 $\omega = \omega_1$ 时，GT06 的抠图遮罩质量较差；当 $\omega = \omega_2$ 时，GT09 的抠图遮罩质量较差。因此，在不同的图像上，使用固定像素对评价准则不能总是得到高质量的抠图遮罩。这解释了现有的像素对评价方法在半透明图像上能够提供精确的像素对评价，而在不透明图像上表现较差。

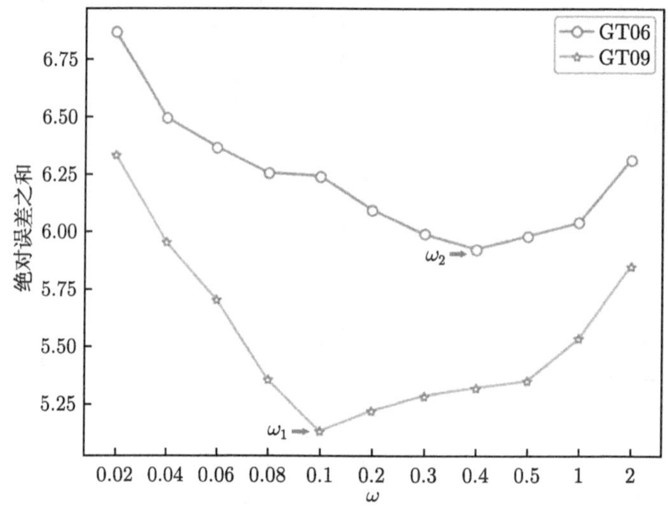

图 3-3 使用不同像素对评价准则权重得到抠图遮罩的质量变化

如图 3-4 所示，图 3-4(a) 中使用红线标记图像的前景区域，蓝线标记图像的背景区域，黄色框代表局部放大区域；图 3-4(b) 代表局部放大图像；图 3-4(c) 代表标准的抠图遮罩；图 3-4(d)～图 3-4(g) 分别是使用了模糊多准则、KL 散度、综合评价、权重纹理和颜色四种像素对评价方法得到的抠图遮罩。由于受到前景、背景像素对的影响，低质量的像素对也能很好地组成未知像素点，这导致了低质量的抠图遮罩，如图 3-4(f) 和图 3-4(g) 所示。在不透明图像上最优的像素对通常接近未知像素点，因此空间距离准则或许更加具有可靠性。空间距离准则在不透明图像上的重要性经常被忽视，因此现有的像素对评价方法在这类图像上表现不佳。目前仍然缺乏一种能够利用图像类别自动调节像素对评价准则权重的评价方法。

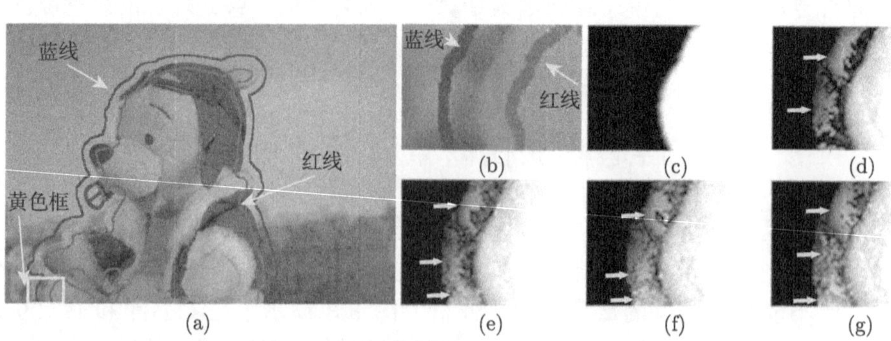

图 3-4 抠图遮罩视觉效果图

(a) 不透明图像，名称为 GT05；(b) 局部放大图像；(c) 标准的抠图遮罩；(d) 模糊多准则；(e) KL 散度；(f) 综合评价；(g) 权重纹理和颜色。

3.3.1　数学模型

本节将介绍自适应权重的像素对评价函数，该函数引入了颜色失真和空间距离度量，根据图像类型自适应地调整像素对评价准则的权重。由于某些像素对评价准则在透明图像上的满意度不同于不透明图像，不透明置信度被设计用于判断图像的类型，使得该函数可以根据图像的类型自动选择合适的像素对评价准则的权重。图 3-5 展示了该方法进行自然图像抠图的过程，首先使用透明置信度判断输入图像的类型，根据图像类型建模对应的像素对评价函数，最后在像素对优化算法上使用提出的自适应权重像素对评价函数进行自然图像抠图，最终得到图像的抠图遮罩。

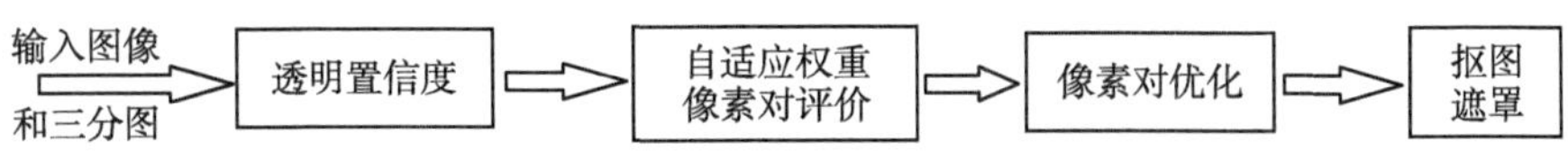

图 3-5　自适应加权的自然图像抠图流程图

下面将介绍像素对评价函数的建模。

像素对评价函数建模的目的是把多个像素对评价准则聚合为目标函数。使用目标函数在候选像素对集合中评估像素对的质量，并选出最优的像素对。颜色失真准则利用观察到的颜色评估像素对质量，它对自然图像具有一定的鲁棒性。研究人员使用观察到的颜色和重建的颜色值之间的误差来计算颜色失真准则[17]，如下所示：

$$g_k^1(i,j) = \exp\left(-\omega \left\| C_k^{(U)} - \hat{\alpha} C_i^{(F)} - (1-\hat{\alpha}) C_j^{(B)} \right\|^2\right) \tag{3-13}$$

式中，$C_k^{(U)}$、$C_i^{(F)}$ 和 $C_j^{(B)}$ 分别表示第 k 个未知像素点、第 i 个前景像素点和第 j 个背景像素点，ω 代表颜色失真的权重，使用选中的 $(C_i^{(F)}, C_j^{(B)})$ 像素对计算未知像素点的 $\hat{\alpha}$ 值。

由于像素对集合的规模非常大，可能存在低质量的像素对能够符合颜色失真准则。作者从空间上接近未知像素点的高质量像素对的前景、背景像素点出发，引入了空间距离准则[19]，计算方法如下：

$$g_k^2(i,j) = \exp\left(-\left\| S_k^{(U)} - S_i^{(F)} \right\|^2\right) \tag{3-14}$$

$$g_k^3(i,j) = \exp\left(-\left\| S_k^{(U)} - S_j^{(B)} \right\|^2\right) \tag{3-15}$$

式中，$S_k^{(U)}$、$S_i^{(F)}$ 和 $S_j^{(B)}$ 分别表示第 k 个未知像素点、第 i 个前景像素点和第 j 个背景像素点的空间坐标。

最终的像素对评价函数结合了颜色失真和空间距离准则，如下所示：

$$G_k(i,j) = g_k^1(i,j) \times g_k^2(i,j) \times g_k^3(i,j) \tag{3-16}$$

由于像素对评价准则的满意度与图像类型相关，因此作者设计了图像的透明置信度。三分图未知区域的像素点可以分为两类：实心前景/背景像素点，半透明像素点[55]。

本书把自然图像粗略地分为半透明图像（带有许多半透明像素）和不透明图像（大部分都是实心像素点）。因为图像中未知区域的像素点颜色由前景和背景像素点加权得到，所以半透明图像在未知区域的颜色变化相比于不透明图像较小。因此，引入图像梯度指标通过度量颜色变化用于区分两种类型的图像。在本节中，引入水平和垂直方向的 Sobel 算子，通过下列公式计算图像中的像素点梯度值：

$$D_y = (Z_1 + 2Z_2 + Z_3) - (Z_7 + 2Z_8 + Z_9) \tag{3-17}$$

$$D_x = (Z_3 + 2Z_6 + Z_9) - (Z_1 + 2Z_4 + Z_7) \tag{3-18}$$

式中，D_x 和 D_y 分别表示水平和垂直方向的颜色变化，$Z_1 \sim Z_9$ 分别表示 3×3 像素块中的颜色值。因而，图像 M 的不透明置信度的计算公式如下：

$$K(M) = \exp\left(-\frac{\sum_{k}^{|\Omega_U|} \dfrac{|D_k^x| + |D_k^y|}{d_k^F + d_k^B}}{|\Omega_U|} \right) \tag{3-19}$$

式中，Ω 表示未知区域像素点集合，d_k^F 和 d_k^B 分别表示前景和背景像素距离未知像素点 k 的最短距离。在不透明图像上三分图的未知区域通常较小，而 d_k^F 和 d_k^B 能够反映三分图区域的大小。

自适应权重的目的是通过自动调节颜色失真和空间距离准则的权重来提高像素对评价函数的准确性，通过把图像分类后赋予合适的权重，自然图像 I 的自适应权重选择建模如下：

$$\omega = \begin{cases} v_1, & K(M) < \lambda \\ v_2, & \text{其他情况} \end{cases} \tag{3-20}$$

式中，λ 代表该方法的阈值，本节把阈值设置为 $\overline{K}$（筛选半透明和不透明图像的阈值）。由于训练集图像中不透明置信度的平均值计算结果为 0.4，因此设置 $\overline{K}$ 值为 0.4。通过在像素对优化算法上的抠图结果，度量使用不同权重 ω 值时像素对评价函数的准确性。v_1 和 v_2 分别表示训练集中不透明和半透明图像最优权重 ω 的平均值。

由于训练集图像和对应的标准抠图遮罩是公开的，因此可以通过计算半透明像素点所占的比例将训练集图像分为半透明和不透明图像。图像 I 的半透明像素点占比的计算方法如下：

$$\sigma(M) = \frac{|\Omega_{U_t}|}{|\Omega_U|} \tag{3-21}$$

式中，$|\Omega_U|$ 表示未知区域像素点的数量，Ω_{U_t} 表示透明度值在 $(0,1)$ 的半透明像素点的数量。在本节中，当图像的 $\sigma(M)$ 小于 0.3 时，认定为不透明图像；反之，认定为透明图像。

3.3.2 实验设计与分析

为了验证本节提出的像素对评价函数的准确性，特设计了三个实验加以讨论。首先讨论像素对评价准则的权重对抠图遮罩的影响，其次探究本章提出的像素对评价方法的有效性，最后讨论本章提出的方法中的阈值 λ 对像素对评价方法的影响。

所有的实验都使用 Rhemann 等[6] 提出的自然图像抠图基准数据集。该数据集中一共包含 35 幅自然图像，其中 27 幅图像为训练集，且每幅训练集图像都有标准的抠图遮罩，剩下的 8 幅图像为测试集，它们的标准的抠图遮罩不对外公布，但是可以通过在线网站评估抠图误差。数据集中公开了三类三分图，分别为大三分图、小三分图、用户标定三分图。大三分图和小三分图通过对标准抠图遮罩进行形态学操作得到，而用户标定三分图通过与用户的交互得到。通过自适应权重选择的方法把训练集图像分为半透明和不透明图像两类。

本节中使用了两种被广泛使用的度量指标：绝对误差之和和连通性误差，这两种指标已在 2.3 节中详细描述过。

图 3-6 展示了颜色失真度量和空间距离度量在不同的权重下，像素对优化算法使用像素对评价函数所得到的抠图遮罩质量的定量结果。抠图遮罩质量的定量结果展示了在颜色失真和空间距离两种像素对评价准则中，任一项评价准则的权重过高或者过低都会使抠图遮罩的质量变低，同时在大部分图像上随着 ω 的增加，SAD 的值呈现先减小后增大的趋势，也就是说在曲线图上出现了极值点，而这个极值点所对应的 ω 值就是这幅图像上最佳的像素对评价函数建模的权重值。因此发现像素对评价准则的权重与所得到的抠图遮罩质量之间的关系中存在极小值点，可以探究极小值点出现的规律，从而让建模后的像素对评价函数准确度更高。实验结果发现，极小值点的位置与图像的类型有关，在不透明图像上 SAD 极小值点的 ω 值更小，而在半透明图像上 SAD 极小值点的 ω 值更大。由图 3-6(a) 可知，在不透明图像上当像素对评价准则的权重值 ω 位于 $[0.1, 0.2]$ 时，抠图遮罩的绝对误差之和比其他权重下更小。当 ω 值大于或者小于这个区间时，抠图遮罩的 SAD 指标就开始增大，这表明当 ω 不属于 $[0.1, 0.2]$ 时，抠图算法所得抠图遮罩的质量较差。由图 3-6(b) 可知，在半透明图像上，当像素对评价准则的权重 ω 在 0.4 附近时，抠图算法所得的抠图遮罩的 SAD 指标出现极值点，当 ω 值大于或者小于 0.4 时，在该类型的图像上所得的抠图遮罩的 SAD 指标均增大，这表明当 ω 值在 0.4 附近时，像素对评价函数的准确度最高，使得抠图遮罩的质量最佳。在图 3-6(a) 和图 3-6(b) 的最后一行分别展示了没有符合预期的实验结果。图 3-6(a) 的最后一行中当 ω 的值位于 $[0.8, 1]$ 时，SAD 值出现极小值点。在图 3-6(b) 最后一幅图像上，SAD 指标甚至没有出现极小值点。

由图 3-6 可知像素对评价准则的权重值与所得到的抠图遮罩的质量息息相关，通过规律的总结可以得出结论：在半透明图像上颜色失真准则应该设置较高的权重，而在不透明图像上空间距离准则相比颜色失真准则更加可靠。此外，通过实验发现，如果能够先对自然图像进行类别判断，再根据该类别为其建模合适的像素对评价函数，就能够提升像素对评价函数的准确性，进而提升抠图精度。

下一步是验证自适应权重的像素对评价方法的有效性。为了达到这一目的，作者使用本节提出的像素对评价方法与现有像素对评价方法进行抠图遮罩质量的对比，用以评估像素对评价方法的准确性。本章对比了四种具有代表性的像素对评价方法：模糊多准则评价[1]、KL 散度评价[22]、权重纹理和颜色评价[17] 和综合评价[105]。本节实验使用了两种像素对优化算法：基于多准则分解的多目标进化抠图算法[1] 和金字塔抠图算法[28]。在相同的像素对优化抠图算法中使用不同的像素对评价方法，所得到的抠图遮罩的质量可以反映像素对评价函数的准确度。

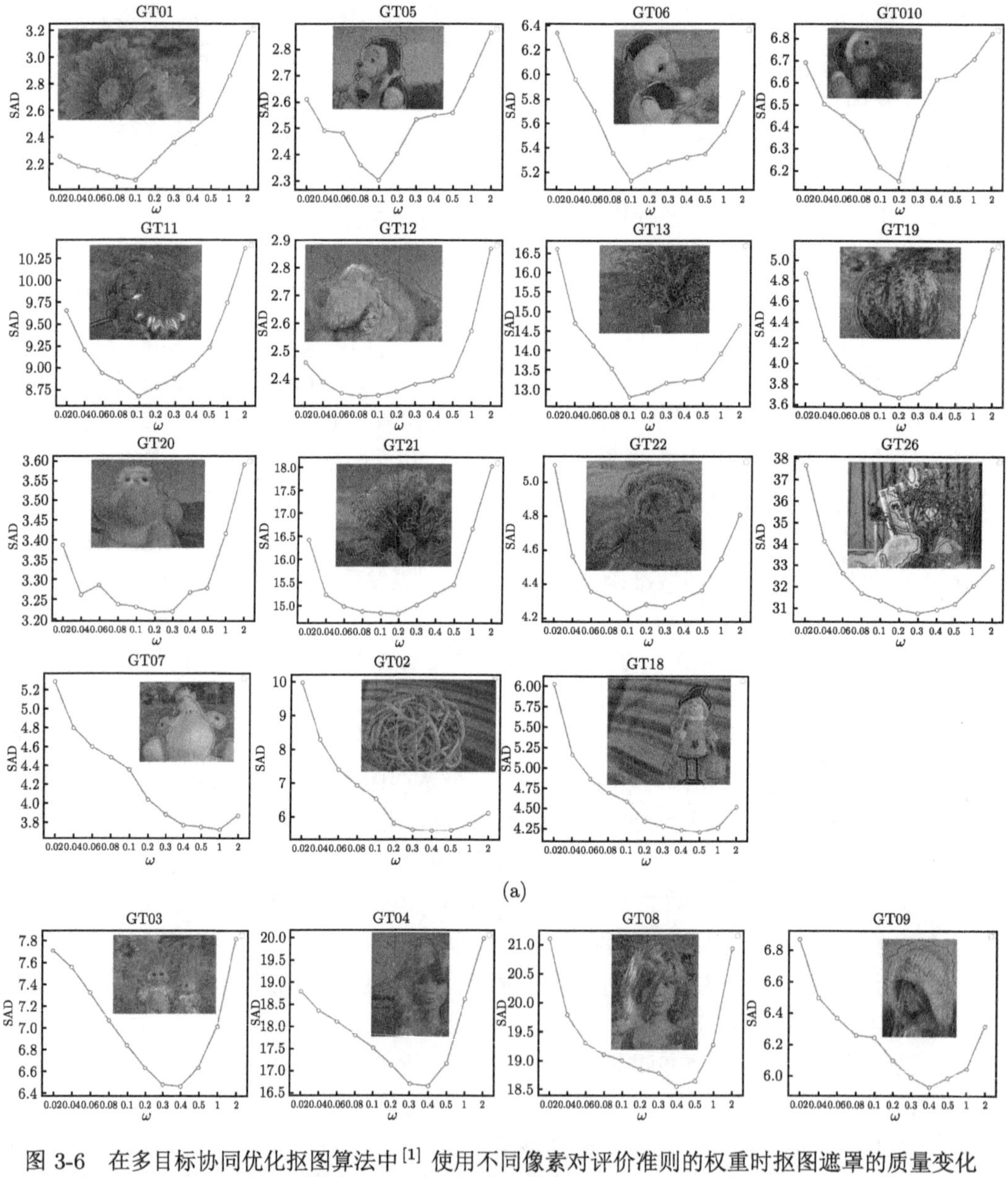

图 3-6　在多目标协同优化抠图算法中[1] 使用不同像素对评价准则的权重时抠图遮罩的质量变化
(a) 在不透明图像上使用不同像素对评价准则的权重时抠图遮罩的质量变化；(b) 在半透明图像上使用不同像素对评价准则的权重时抠图遮罩的质量变化。

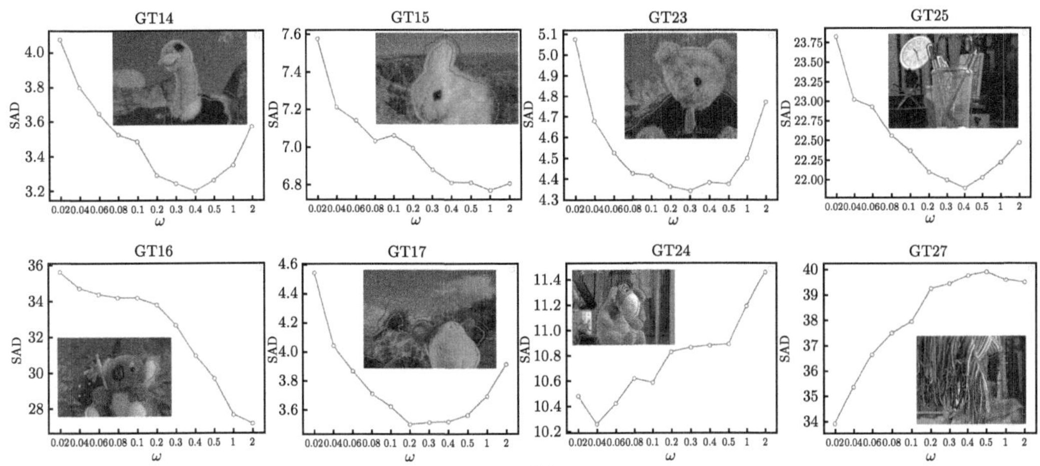

(b)

图 3-6（续）

表 3-1 展示了自适应权重像素对评价方法和现有的四种像素对评价方法的对比。在基于多准则分解的多目标优化抠图算法中使用本节提出的方法所得到的抠图遮罩的质量要高于使用其他像素对评价方法的结果，且在三种三分图上都取得了最优的结果。在金字塔抠图算法上使用自适应权重像素对评价方法同样取得了最高质量的抠图遮罩，由于金字塔抠图算法的像素对优化能力比基于多准则分解的多目标进化抠图算法更差，因此使用五种像素对评价方法得到的抠图遮罩的质量不及基于多准则分解的多目标进化抠图算法的结果。在三种不同类型的三分图上都呈现出自适应权重像素对评价方法优于其他像素对评价方法的结果。该对比实验结果说明，本节提出的像素对评价方法提供了更加精确的像素对评价。表 3-2 展示了自适应权重像素对评价方法和四种现有的像素对评价方法在像素对优化抠图算法中得到抠图遮罩的连通性误差。通过该表可知，基于多准则分解的多目标进化抠图算法和金字塔抠图算法使用自适应权重评价函数所得到的抠图遮罩的连通性误差小于使用对比的四种像素对评价方法。在未知区域较小、未知区域较大、人工标注的三类三分图上都呈现出了这一规律，这表明使用自适应权重像素对评价方法能够提升像素对优化抠图算法的抠图遮罩视觉效果。

表 3-1　在像素对优化抠图算法中使用不同的像素对评价方法得到的抠图遮罩的 SAD 指标

自然图像抠图算法	像素对评价方法	总体的平均误差	平均误差（较小的三分图）	平均误差（较大的三分图）	平均误差（人工标注的三分图）
基于多准则分解的多目标进化抠图算法 [1]	自适应权重	**18.0**	**15.5**	**21.3**	**17.3**
	模糊多准则 [1]	18.4	15.8	21.9	17.4
	KL 散度 [22]	20.9	18.4	24.9	19.3
	综合评价 [105]	19.6	17.0	23.2	18.5
	权重颜色和纹理 [108]	19.7	17.6	23.1	18.5
金字塔抠图算法 [28]	自适应权重	**18.8**	**16.4**	**22.0**	**18.0**
	模糊多准则 [1]	19.5	17.1	23	18.5
	KL 散度 [22]	25.4	22.7	29.9	23.5
	综合评价 [105]	24.3	21.3	28.8	22.8
	权重纹理和颜色 [108]	24.7	22.1	29.1	23.0

注：加粗的数值代表最小的误差值。

表 3-2 在像素对优化抠图算法中对比使用不同的像素对评价方法得到的抠图遮罩的 Conn 指标

自然图像抠图算法	像素对评价方法	总体的平均误差	平均误差（较小的三分图）	平均误差（较大的三分图）	平均误差（人工标注的三分图）
基于多准则分解的多目标进化抠图算法[1]	自适应权重	**3.7**	**3.1**	**4.0**	**3.9**
	模糊多准则[1]	3.9	3.3	4.4	4.0
	KL 散度[22]	4.9	4.8	6.0	4.0
	综合评价[105]	4.3	6.5	7.3	7.9
	权重纹理和颜色[108]	4.9	4.6	5.7	4.5
金字塔抠图算法[28]	自适应权重	**4.7**	**4.8**	**5.3**	**3.9**
	模糊多准则[1]	4.8	4.8	5.4	4.1
	KL 散度[22]	7.0	6.4	8.0	6.5
	综合评价[105]	5.9	5.4	7.3	5.1
	权重纹理和颜色[108]	7.1	6.5	7.8	7

注：加粗的数值代表最小的误差值。

由表 3-3 可知，在不透明图像上利用本节提出的像素对评价方法和现有的像素对评价方法进行对比，在不透明图像上使用自适应权重像素对评价方法得到的抠图遮罩的质量高于使用现有像素对评价方法的结果。图 3-7 显示了在不透明图像上使用自适应权重像素对评价方法和现有的四种像素对评价方法在抠图算法中得到的抠图遮罩的视觉对比。图中的黄色箭头指示抠图遮罩的质量不高的区域。在不透明图像上使用自适应权重像素对评价方法的抠图算法所得到的抠图遮罩在细节上更加接近标准的抠图遮罩，这表明该像素对评价方法在不透明图像上具备更加精确的评价。图 3-7 最后一行展示了自适应权重像素对评价方法评价不准确的图像，该图像的前景是高度半透明的。从视觉上看本章提出的方法在这幅图像上的评价准确度较低，而在 KL 散度评价、综合评价、权重纹理和颜色评价三种像素对评价函数上得到的抠图遮罩质量较高。

表 3-3 在不透明图像上对比利用像素对优化抠图算法使用不同的像素对评价方法得到的抠图遮罩的 SAD 指标

自然图像抠图算法	像素对评价方法	总体的平均误差	平均误差（较小的三分图）	平均误差（较大的三分图）	平均误差（人工标注的三分图）
基于多准则分解的多目标进化抠图算法[1]	自适应权重	**10.5**	**7.6**	**13.3**	**10.5**
	模糊多准则[1]	11.3	8.2	14.8	10.8
	KL 散度[22]	13.7	10.6	17.5	12.9
	综合评价[105]	11.2	9.6	15.9	12
	权重纹理和颜色[108]	13.0	10.3	16.4	12.2
金字塔抠图[28]	自适应权重	**11.6**	**8.8**	**14.4**	**11.7**
	模糊多准则[1]	13.0	10.1	16.4	12.6
	KL 散度[22]	17.3	14.1	21.4	16.3
	综合评价[105]	15.0	12.2	18.6	14.1
	权重纹理和颜色[108]	16.2	13.1	19.8	15.6

注：加粗的数值代表最小的误差值。

实验结果表明，自适应权重评价函数相较于现有的像素对评价函数，能够提供更加准确的像素对评价，尤其在不透明图像上。

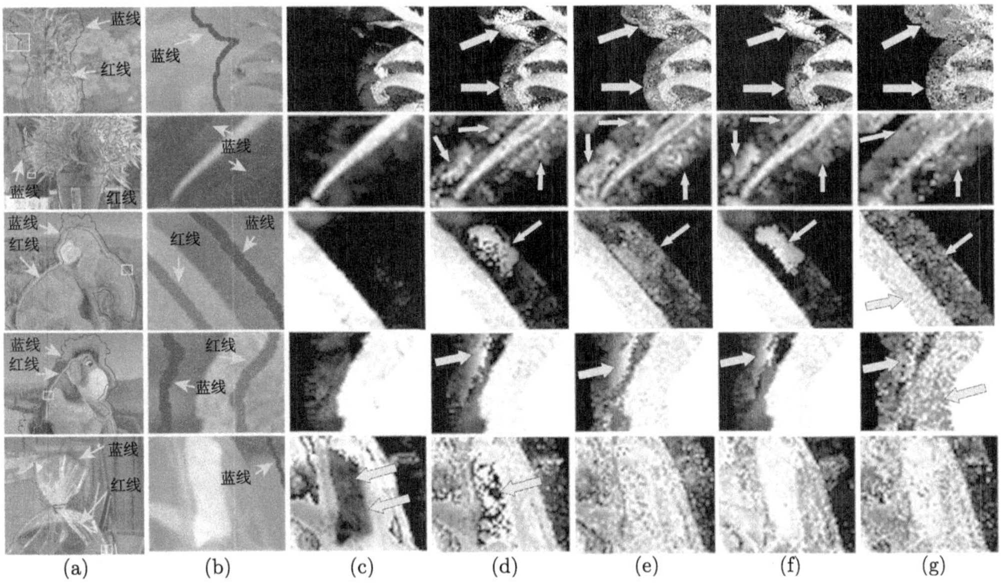

图 3-7　自适应权重像素对评价方法和现有的像素对评价方法在多目标协同优化算法中得到的抠图遮罩对比

(a) 输入图像；(b) 局部放大图；(c) 本章提出的方法；(d) 模糊多准则方法；(e) KL 散度评价；(f) 综合评价；(g) 权重纹理和颜色评价。

最后一步是讨论本节提出的方法中 λ 值对像素对评价准确性的影响。在多目标协同优化抠图算法中为自适应权重像素对评价方法设置不同的 λ 值，以此分析在不同 λ 值下抠图遮罩的质量变化。同时把使用模糊多准则评价方法的多目标协同优化抠图算法得到的抠图遮罩作为基准线，使得观察阈值 λ 对评价函数的性能影响更加直观。本节 λ 的阈值的取值为 $[0,1]$，并在这个范围内进行均匀采样。

图 3-8 展示了当 λ 值在 $\overline{K}$（$\overline{K}$ 是筛选半透明和不透明图像的阈值附近时），平均绝对误差之和的数值变化很小，同时平均绝对误差之和指标低于基准线。这说明本节提出的方法的性能对 λ 值不敏感。当 λ 值小于 0.7 时，抠图遮罩的平均绝对误差之和小于多目标协同优化抠图算法的结果。随着阈值的增大平均绝对误差之和的趋势为先减小后增大。该实验表明本节提出的方法在大多数情况下有效且对于 λ 值的变化不敏感。

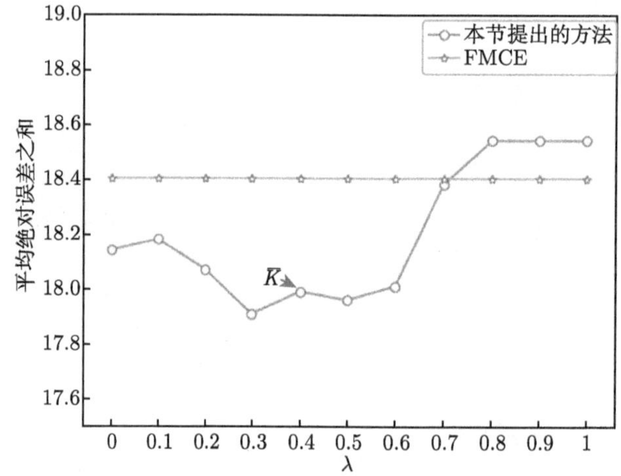

图 3-8 使用自适应权重方法进行像素对评价的多目标协同优化抠图算法[1] 在不同 λ 值时测试集抠图遮罩的平均绝对误差之和

本 章 小 结

本章主要介绍了现有的像素对评价函数。首先，介绍了像素对评价函数的发展现状和现有的多个评价准则项，如颜色失真、空间距离、纹理相似、局部上下文相似标准等。随后，详细地介绍了最新发表的像素对评价函数。对于模糊多准则前景背景评价函数，作者为三个选择标准建立了三个模糊隶属函数模型，并通过爱因斯坦和平均算子对它们进行聚合，为像素对提供模糊多准则评价。对于自适应加权前景背景评价函数，由于一些像素对评价准则在透明图像上的满足程度与在不透明图像上不同，因此设计了透明置信度来确定图像的类型。该评价函数针对像素对评价准则满意度在不同类型的图像上不一致的问题，通过对自然图像的类型判别，自适应地调整颜色失真和空间距离准则对像素对评价函数的贡献。通过这种方式可以提高像素对评价函数的整体准确度。

通过本章的学习，读者对像素对评价函数会有一个清晰的了解，这有助于读者更好地理解像素对优化抠图算法。

图3-1(彩图) 图3-2(彩图) 图3-4(彩图) 图3-7(彩图)

第 4 章　基于代理模型的自然图像抠图算法

基于像素对优化的图像抠图是一个十分复杂的组合优化问题，对于该问题已有研究学者提出了一些求解方法，包括基于采样的抠图方法、基于进化优化的方法和基于代理模型的方法[101-102]。

基于采样的抠图方法是在前景和背景区域中获取少量的像素构成像素集合，并使用构建的像素集合来估计图像的透明度遮罩以解决图像抠图问题，如图 4-1 所示[17,109]。采样作为一种典型的统计方法，显著地减少了像素对的搜索空间，在解决像素对优化问题的同时也减少了计算资源的开销。但是，基于采样的方法在采样过程中可能会丢失高质量像素对（称为真样本丢失问题），导致图像抠图质量下降。

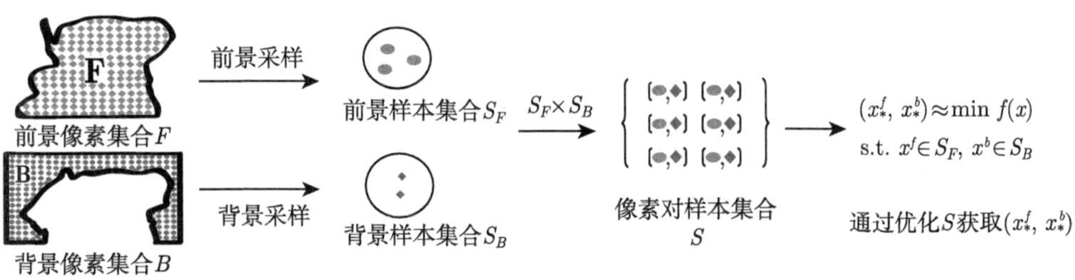

图 4-1　基于采样的抠图方法估计前景遮罩的流程

如图 4-2 所示，基于进化优化的方法是在像素样本种群进化的过程中寻找历史最优解作为最优像素对，从而解决图像抠图问题[99-100]。该类方法在计算资源充足的情况下能搜索高质量的像素对。虽然基于进化优化的方法可以避免丢失真样本问题，但它们在经过不断地种群进化后才能找到近似最优像素对并提供高质量的透明度遮罩，这需要大量的计算资源。当计算资源有限时，该类方法提供的透明度遮罩质量明显下降。

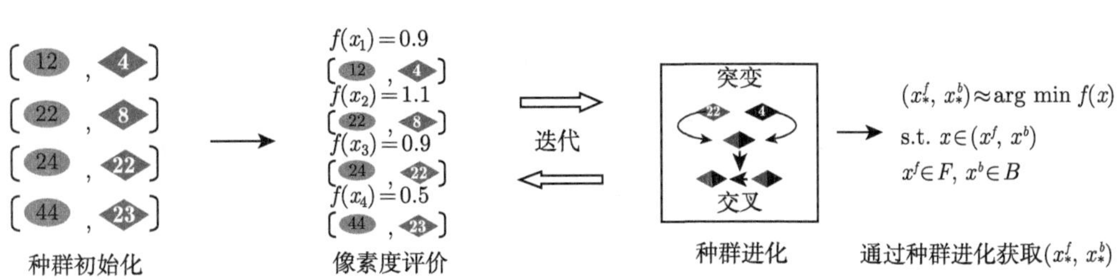

图 4-2　基于代理模型的抠图方法估计前景遮罩的流程

基于代理模型的图像抠图方法（image matting based on surrogate model，IMBSM）[101-102] 则通过代理模型近似构造像素对评价函数的空间分布，并通过求解代理模型来获取最优像素对（图 4-3），因此不同于基于采样和进化优化的抠图算法。理论上，基于代理模型的图像抠图方法可以在计算资源较少的情况下，通过求解代理模型来近似解决最优像素对丢失问题。代理模型可以有效地将一个复杂问题转化为一个简单问题去求解，并且最后解的结果也能达到预期的要求。因此，本章将从代理模型的角度去解决像素对优化问题。

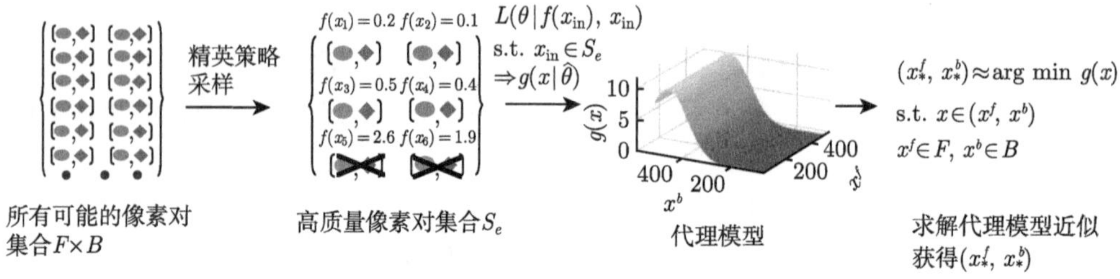

图 4-3 基于代理模型的方法估计前景遮罩的流程

4.1 代理模型概述

代理模型是指一种可替代复杂和费时的数值分析的近似数学模型，其过程是通过仔细筛选有限个点（输入）计算原始模型的响应（输出），从而建立代理模型[110]。在优化设计中，代理模型可用于替代目标函数，以便高效、准确地获得优化结果。此外，代理模型也可用于替代实际物理模型，在不降低模型精度的情况下采用高效的模型来替代实际模型，能极大地提高优化设计效率和降低优化的难度。

代理模型包括高斯过程、多项式响应面、高斯混合模型、支持向量机回归等多种类型。它们能以较低的计算成本来近似模拟复杂的数学模型或物理系统，从而帮助解决复杂的优化问题。

在图像抠图中，像素对优化问题可以通过代理模型近似构造像素对评价函数 $f(x)$ 的空间分布来解决，其代理模型构建的数学公式描述如下：

$$f(x)\approx g(x) \tag{4-1}$$

式中，$f(x)$ 是像素对评价函数，$g(x)$ 是代理模型函数。基于代理模型的思想，通过求解代理模型函数 $g(x)$ 可以近似地解决像素对优化问题。

因此，本章从代理模型思想的角度出发，提出一种基于高斯过程代理模型的自然图像抠图算法，将图像抠图中像素对优化问题近似转化为一种更简单或更容易处理的模型，从而使像素对优化问题变得更容易求解。

4.2 基于高斯过程代理模型的自然图像抠图算法

本节主要介绍基于高斯过程代理模型的自然图像抠图算法，主要包括对高斯过程代理模型、优化过程和实验分析的描述。下面先给出基于高斯过程代理模型的图像抠图算法的伪代码。

设 S 是所有可能的像素对集合，$f(x)$ 是像素对评估函数，$g(x)$ 是高斯过程代理模型函数，$L(x)$ 是 $g(x)$ 的似然函数，PPOBGPSM（pixel pairs optimization based on Gaussian process surrogate model）是基于高斯过程代理模型的像素对优化。基于高斯过程代理模型的图像抠图算法（image matting based on Gaussian process surrogate model，IMBGPSM）包括三个步骤：①精英像素对表示策略（第 3 行）；②高斯过程代理模型构建（第 1~7 行），细节如 4.2.1 节所述；③最佳像素对估计（第 5~6 行），使用高斯过程代理模型估计最佳像素对的具体细节见 4.2.2 节。

算法 4-1: 基于高斯过程代理模型的图像抠图算法

输入： 自然图像和三分图

输出： 图像的透明度遮罩

1: **for** 每一个未知像素点 **do**

2: 　//高斯过程代理模型构建

3: 　$S_e \Leftarrow$ 对 S' 使用精英像素对表示策略

4: 　$g \Leftarrow g(L(\theta|f, x_{\text{in}})), x_{\text{in}} \in S_e$

5: 　//最优像素对估计

6: 　$x_{\text{best}} \Leftarrow$ 通过基于代理模型的像素对优化（optimal pixel pairs based on surrogate mode，OPPBSM）去求解 $g(x)$

7: 　$\alpha \Leftarrow$ 将 x_{best} 代入式 (2-5)

8: **end for**

9: 图像的透明度遮罩 $\Leftarrow$ 对 α 使用邻域分组策略

4.2.1 高斯过程代理模型

高斯过程代理模型的构建分为两部分：①精英像素对表示策略；②高斯过程代理模型拟合。在这里，将高斯过程代理模型的构建过程用数学公式描述如下：

$$
\begin{aligned}
&\min\ f(x) \approx \min\ g(x) \\
&f, x \xrightarrow{SM} g, x_{\text{in}} \xrightarrow{\text{求解}} f \\
&\text{s.t. } x = \left(x^f, x^b\right), x_{\text{in}} = \left(x_{\text{in}}^f, x_{\text{in}}^b\right)
\end{aligned}
\tag{4-2}
$$

式中，SM 为高斯过程代理模型的拟合，x_{in} 为图像上像素的索引序号。图像索引序号空间用于构造像素对评价函数的分布，而不是 xy 坐标空间。由于 xy 坐标空间中存在许多不可行的解区域，为了避免高斯过程代理模型最优解出现越界情况，在索引序号空间中构建高斯过程代理模型。

精英像素对表示策略的目标是从随机选取的样本集中选取适应度较好的像素对。假设 S 是像素对的完整样本集，S' 是从 S 中随机选择的样本集。样本的适应度可以通过像素对评价函数 $f(x)$ 得到，其中 $x = (x^f, x^b), x \in S', S' \subset S$。对于像素对优化问题，逼近高质量像素的适应度值比逼近低质量像素的适应度值更为重要。考虑到高斯过程代理模型的表征能力有限，需要更加关注逼近高质量的像素对适应度。因此，将样本的适应度递减排序，排序结果可以描述为 $f_{\bullet} = \{f_{(1)}, f_{(2)}, \cdots, f_{(n)}\}$。精英像素对的选择如下：

$$S_e = \begin{cases} S_e \cup i, \sum_{i=1}^{|S'|} \dfrac{f_{(i)}}{\max f_{\bullet}} < 0.1 \quad 且 \quad |S'| > 50 \\ S' \, |S'| \leqslant 50 \end{cases} \tag{4-3}$$

式中，S_e 表示高质量像素对集合。随着 S' 规模的变化，所选比例也会发生变化，使得 $|S_e| \geqslant 50$。

本章使用的高斯过程代理模型是一个参数化模型，其代理模型构建实质上是估计高斯过程代理模型中未确定的未知参数。在高斯过程代理模型的参数估计过程中，采用了似然函数法，其数学公式如下：

$$\hat{\boldsymbol{\theta}} = L(\boldsymbol{\theta}|f(x), x_{\text{in}}) = \arg\max \log P(f(x), x_{\text{in}}|\boldsymbol{\theta}) \tag{4-4}$$

式中，$\boldsymbol{\theta}$ 和 $\hat{\boldsymbol{\theta}}$ 分别表示高斯过程代理模型的参数向量和估计参数向量。因此，可以得到如下像素对评价函数适应度的高斯过程代理模型：

$$g = f(x|\hat{\boldsymbol{\theta}}) \tag{4-5}$$

式中，g 为拟合的高斯过程代理模型。

4.2.2 基于高斯过程代理模型的像素对优化

本节将展示如何使用已构建好的高斯过程代理模型解决像素对优化问题。对于高斯过程代理模型，使用内点算法[111] 来求解其最优解，并将该最优解作为像素对优化问题的近似最优像素对。

首先，作者在算法 4-1 中展示了高斯过程代理模型构造的过程。其中，基于高斯过程代理模型的像素对优化的伪代码见算法 4-2。假设 $\mathbb{N}$ 最接近未知像素的前景背景局部邻域的像素，$\mathbb{B}$ 是惩罚函数，其数学公式如下：

$$\mathbb{B}(X, r) = g(X) - r \sum \log X \tag{4-6}$$

式中，r 是惩罚函数的衰减系数。

在算法 4-2 中，利用拟合像素对评价函数建立高斯过程代理模型，在像素对集 S 中求解模型的极值点得到像素对评价函数的最优像素对。通过内点算法求解高斯过程代理模型最优解 x_{init}，近似等于评价函数的最优解 x_{best}。在求解代理模型的过程中，作者注意到初始值的变化会影响算法的结果，并且最优像素对通常位于最接近未知像素的局部已知区域 x_{loc}，因此选取局部前景区域和局部背景区域中最接近未知像素的最佳像素对作为内点算法的初始值。当这个假设不成立时，内点算法也可以通过求解高斯过程代理模型找到最优像素对，因为算法是整个搜索空间的搜索最优解，理论上避免了最优像素对的丢失。

算法 4-2: 基于高斯过程代理模型的像素对优化

输入： $g_z(x)$

输出： x_{best}

$x_{\text{loc}} \Leftarrow \mathbb{N}_{\text{loc}}(z)$
$x_{\text{init}} \Leftarrow \min(g_z(x_{\text{loc}}))$
$r_k \Leftarrow$ 产生一个随机大于 0 的数
$c \Leftarrow a$ 产生一个 0~1 的随机数
$\varepsilon, \epsilon \Leftarrow$ 初始化参数
while $\varepsilon < \epsilon$ **do**
　$x_{r_k} \Leftarrow \frac{\partial \mathbb{B}}{\partial x_{r_k}} = 0$
　$\epsilon \Leftarrow \|x_{r_k} - x_{\text{init}}\|$
　$x_{\text{init}} = x_{r_k}$
　$r_{k+1} = r_k \cdot c$
　if $r_k \leqslant 0$ **then**
　　$r_k \Leftarrow$ 产生一个随机大于 0 的数
　　$c \Leftarrow a$ 产生一个 0~1 的随机数
　end if
end while
$x_{\text{best}} \Leftarrow x_r$

4.2.3　实验设计与分析

本节主要介绍为了验证 IMBGPSM 算法的有效性而进行的四个实验。第一个实验评估了不同代理模型对像素对评价函数的表征性能；第二个实验验证了提出的图像抠图算法在低计算资源条件下的抠图性能；第三个实验通过与最先进的图像抠图算法进行定量和定性性能比较，证明了 IMBGPSM 算法的优势；第四个实验研究了 IMBGPSM 算法的局限性。所有的实验使用 AlphaMatting 数据中的 27 幅图像[6]。

1. 不同代理模型的表征性能

实验研究了不同代理模型在低计算资源条件下的表征能力，以及高斯过程代理模型拟合像素对评价函数的可解释性。其中基于像素对图像抠图算法的计算资源消耗可以通过所花费的像素对计算数量来衡量。在高斯过程构建代理模型时，每个随机选取的样本像素对都需要评价一次，因此得到了像素对评价函数值和评价次数。

对于本实验，通过对实验中的每个图像进行随机采样，构建了像素对 S' 的观测集，并在 S' 中随机选择 1%像素对及其评估值来将评估函数拟合到代理模型中。通过测量代理模型获得的预测最优像素对 x_p^* 与通过评估 S' 中的所有像素对获得的观测最优像素对之间的距离来评估代理模型的表征能力。如果代理模型预测最佳像素对接近于观测到的最佳像素对，则该代理模型被认为对像素对评估函数具有高表征能力。为了避免随机性的影响，上述代理模型评估过程对每幅图像重复 5×10^3 次。本实验的具体过程如下所述。

1）为每幅图像随机采样 50 个未知像素，得到 50 个像素对优化问题。

2）为每幅图像随机采样 1×10^4 个像素对，形成观测像素对集合 S'。

3）使用像素对评价函数评价 S' 中的所有像素对，并为每个像素对优化问题选择最佳的像素对作为观测最佳像素对 x_o^*。

4）在 S' 中随机选择 1%的像素对，并使用它们的评估值将像素对评价函数拟合为代理模型。

5）使用代理模型预测 S' 中所有像素对的估计值，并根据预测结果选择最佳像素对作为预测的最佳像素对 x_p^*。

6）对每个像素对优化问题重复步骤 4）和 5），当模型拟合超过 5000 次时停止。

本实验使用高斯混合模型 GM[112]、支持向量机模型 SVM[113]、多项式模型 P[114] 和高斯过程代理模型 GP[115] 拟合像素对评价函数。本实验使用像素对色差评价函数，并且 d 设为 50。在随机选取的 10000 个像素中，将每个模型 1%的拟合样本作为拟合数据，且拟合次数为 5000 次。

表 4-1 给出了不同代理模型在 27 幅图像的最佳像素对召回率（optimal pixel pair recall rate，OPPRR)。GP 的平均 OPPRR 几乎在所有涉及图像上均优于 GM、SVM 和 P。如表 4-1 所示，GP 的 OPPRR 在大多数图像上高于 0.5，说明 50% 以上的预测样本是高质量的，并且可以认为 GP 代理模型的解析最优解可以近似像素对评价函数的最优解。虽然 GP 在 GT01、GT22 和 GT26 图像上不是最好的代理模型，但是 GP 和 GM 在 GT01、GT22 和 GT26 图像上的性能差距也并不显著。由于高斯过程代理模型对像素对评价函数的表征性能较好，因此后续实验采用高斯过程代理模型作为像素对评价函数的代理模型。

表 4-1　27 幅图像上不同代理模型的最佳像素对召回率（OPPRR）

代理模型	GT01	GT02	GT03	GT04	GT05	GT06	GT07	GT08	GT09
GP	0.85	**0.32**	**0.78**	**0.64**	**0.81**	**0.93**	**0.73**	**0.45**	**0.57**
SVM	0.28	0.22	0.19	0.15	0.07	0.21	0.14	0.15	0.14
GM	**0.89**	0.10	0.04	0.45	0.00	0.09	0.47	0.07	0.00
P	0.00	0.00	0.00	0.00	0.00	0.00	0.00	0.00	0.00
代理模型	GT10	GT11	GT12	GT13	GT14	GT15	GT16	GT17	GT18
GP	**0.85**	**0.90**	**0.88**	**0.89**	**0.60**	**0.97**	**0.62**	**0.93**	**0.72**
SVM	0.16	0.13	0.20	0.20	0.06	0.21	0.14	0.19	0.22
GM	0.14	0.10	0.20	0.20	0.00	0.04	0.33	0.02	0.66
P	0.00	0.00	0.00	0.00	0.00	0.00	0.00	0.00	0.00
代理模型	GT19	GT20	GT21	GT22	GT23	GT24	GT25	GT26	GT27
GP	**0.85**	**0.93**	**0.60**	0.62	**0.67**	**0.84**	**0.94**	0.34	**0.30**
SVM	0.06	0.15	0.15	0.21	0.19	0.18	0.29	0.19	0.16
GM	0.21	0.13	0.03	**0.86**	0.03	0.73	0.35	**0.42**	0.26
P	0.00	0.00	0.00	0.00	0.00	0.00	0.00	0.00	0.00

注：粗体阿拉伯数字表示该指标排名第一。

2. 低计算资源下 IMBGPSM 算法的有效性分析

在有限的计算资源下，将 IMBGPSM 算法与其他流行的图像抠图算法进行比较，验证了该算法在有限的计算资源下的图像抠图性能。

在探索抠图方法时注意到，大多数进化优化算法需要对每个未知像素进行 5000 次评估。因此，在本实验中，对每个未知像素设置 5000 次评估次数作为足够的计算资源。

将 IMBGPSM 算法在足够计算资源的 20%、10%、2% 和 1% 情况下的图像抠图性能与流行的图像抠图算法进行对比，以展示其在有限计算资源下的性能。本实验采用金字塔抠图框架（pyramid matting framework，PMF）[116]、群体竞争优化（group competition optimization，CSO）[117] 和多目标进化优化的图像抠图（multio-bjective evolutionary algorithm based on multicriteria and decomposition，MOEAMCD）[1] 抠图算法作为比较算法。实验结果见表 4-2。

表 4-2　不同评价次数下，IMBGPSM 算法和流行的图像抠图算法分别对 27 幅图像进行抠图所获得的 SAD 和 MSE

算法	SAD				
	1%	2%	10%	20%	100%
IMBGPSM	**192.52**	**189.53**	**188.40**	**188.40**	187.86
PMF [116]	457.09	342.76	273.71	257.50	228.60
CSO [117]	356.74	335.07	281.86	263.18	232.01
MOEAMCD [1]	259.25	242.19	200.61	194.03	**187.78**
算法	MSE				
	1%	2%	10%	20%	100%
IMBGPSM	**0.8677**	**0.8386**	0.8291	0.8289	0.8281
PMF [116]	3.4607	2.1809	1.4130	1.2701	1.0265
CSO [117]	2.2706	2.0638	1.5037	1.3390	1.0791
MOEAMCD [1]	1.2503	1.1126	**0.7903**	**0.7417**	**0.7015**

注：粗体阿拉伯数字表示该指标排名第一。

本实验设计了四种不同比例的计算资源。使用 MSE 和 SAD 在 AlphaMatting 训练集上定量评价 IMBGPSM、PMF、CSO 和 MOEAMCD 抠图算法的透明遮罩质量。与其他三种图像抠图算法相比，IMBGPSM 在较低计算资源下的 MSE 和 SAD 都较低，表明 IMBGPSM 算法在有限的计算资源下可以估计出高质量的图像抠图结果。在计算资源较低的情况下，IMBGPSM 算法的 MSE 和 SAD 与其他三种抠图算法的 MSE 和 SAD 差异较大。这说明 IMBGPSM 算法在低计算资源的图像抠图方面具有很大的优势。虽然随着计算资源的增加，MOEAMCD 算法实现了更低的 MSE 和 SAD 值。但 IMBGPSM 算法也不落后，使用计算资源不足的 IMBGPSM 算法与使用计算资源充足的 MOEAMCD 算法在 MSE 和 SAD 指标上的差异并不大。实验结果表明，IMBGPSM 算法可以获得高质量的透明度遮罩，在计算资源较低的情况下更具优势。

为了进一步分析 IMBGPSM 算法在低计算资源下的性能，表 4-3 给出了 27 幅图像在 1% 计算资源下的 MSE 结果。与其他三种图像抠图算法相比，IMBGPSM 算法在 26 幅图像上的 MSE 较低，表明 IMBGPSM 算法在计算资源较低的情况下可以估计出高质量的图像抠图结果。IMBGPSM 算法在 GT16 图像上的 MSE 高于 MOEAMCD 算法，但 IMBGPSM 算法的 MSE 低于 CSO 算法和 PMF 算法的 MSE。为了更好地展示不同抠图算法的抠图性能，这里给出了不同抠图算法的透明度遮罩可视化的对比图，如图 4-4 所示。由图 4-4 可知，IMBGPSM 算法和 CSO 算法、PMF 算法之间的透明度遮罩有着显著的差异，IMBGPSM 算法与 MOEAMCD 算法的透明度遮罩从可视化对比中没有显著的差异，但是对于细节的处理，IMBGPSM 算法具有较强的性能。

综上所述，IMBGPSM 算法可以提供高质量的透明度遮罩，其计算资源仅为流行图像抠图算法的 10%，甚至 1%。

3. IMBGPSM 算法与目前比较流行的算法的对比分析

本节的目的是通过将所提出的方法与最先进的图像抠图算法进行定量和定性的性能比较，验证 IMBGPSM 算法的抠图性能。

表 4-3 在 1% 的计算资源下，使用 IMBGPSM 算法和最先进的基于进化优化的算法对 27 幅图像进行抠图所获得的 MSE

算法	GT01	GT02	GT03	GT04	GT05	GT06
IMBGPSM	**4.25×10^{-3}**	**1.06×10^{-2}**	**8.56×10^{-3}**	**1.06×10^{-2}**	**2.02×10^{-2}**	**1.44×10^{-2}**
CSO[117]	1.40×10^{-2}	3.07×10^{-2}	1.78×10^{-2}	3.81×10^{-2}	6.75×10^{-2}	7.57×10^{-2}
PMF[116]	3.71×10^{-2}	1.71×10^{-1}	1.71×10^{-2}	4.34×10^{-2}	1.30×10^{-1}	1.44×10^{-1}
MOEAMCD[1]	7.45×10^{-3}	1.79×10^{-2}	1.19×10^{-2}	2.35×10^{-2}	2.98×10^{-2}	3.06×10^{-2}
算法	GT07	GT08	GT09	GT10	GT11	GT12
IMBGPSM	**1.03×10^{-2}**	**3.70×10^{-2}**	**9.41×10^{-3}**	**1.48×10^{-2}**	**2.97×10^{-2}**	**7.29×10^{-3}**
CSO[117]	3.41×10^{-2}	5.88×10^{-2}	2.57×10^{-2}	7.78×10^{-2}	7.60×10^{-2}	4.47×10^{-2}
PMF[116]	6.75×10^{-2}	8.08×10^{-2}	4.38×10^{-2}	1.45×10^{-1}	1.65×10^{-1}	4.58×10^{-2}
MOEAMCD[1]	1.30×10^{-2}	3.96×10^{-2}	1.32×10^{-2}	3.08×10^{-2}	4.86×10^{-2}	1.68×10^{-2}
算法	GT13	GT14	GT15	GT16	GT17	GT18
IMBGPSM	**1.86×10^{-2}**	**1.36×10^{-2}**	**2.32×10^{-2}**	2.47×10^{-1}	**9.68×10^{-3}**	**1.01×10^{-2}**
CSO[117]	5.07×10^{-2}	7.51×10^{-2}	1.32×10^{-1}	2.96×10^{-1}	5.10×10^{-2}	5.32×10^{-2}
PMF[116]	1.15×10^{-1}	9.19×10^{-2}	1.69×10^{-1}	3.64×10^{-1}	7.26×10^{-2}	1.22×10^{-1}
MOEAMCD[1]	2.49×10^{-2}	4.00×10^{-2}	4.34×10^{-2}	**1.80×10^{-1}**	2.05×10^{-2}	3.36×10^{-2}
算法	GT19	GT20	GT21	GT22	GT23	GT24
IMBGPSM	**1.85×10^{-2}**	**5.48×10^{-3}**	**1.90×10^{-2}**	**6.50×10^{-3}**	**9.20×10^{-3}**	**4.09×10^{-2}**
CSO[117]	1.02×10^{-1}	3.09×10^{-2}	9.25×10^{-2}	5.02×10^{-2}	4.48×10^{-2}	1.95×10^{-1}
PMF[116]	1.42×10^{-1}	4.03×10^{-2}	1.23×10^{-1}	6.00×10^{-2}	5.89×10^{-2}	2.24×10^{-1}
MOEAMCD[1]	6.23×10^{-2}	1.38×10^{-2}	5.22×10^{-2}	2.01×10^{-2}	2.06×10^{-2}	8.11×10^{-2}
算法	GT25	GT26	GT27			
IMBGPSM	**1.47×10^{-1}**	**6.60×10^{-2}**	**4.98×10^{-2}**			
CSO[117]	2.20×10^{-1}	1.11×10^{-1}	2.05×10^{-1}			
PMF[116]	2.72×10^{-1}	1.88×10^{-1}	3.26×10^{-1}			
MOEAMCD[1]	1.69×10^{-1}	7.44×10^{-2}	1.34×10^{-1}			

注：粗体阿拉伯数字表示该指标排名第一。

本实验以改进的贝叶斯抠图算法 IB[118]、最先进的抠图算法和像素级离散多目标采样图像抠图算法 PDMS[119]、基于进化优化的抠图算法 MOEAMCD 和 PMF[1,116] 作为对比方法。为了验证 IMBGPSM 算法在低计算资源下的抠图性能，分别在工作站和边缘设备（Intel Up square，1.10GHz CPU 和 8GB 内存，见图 4-5）上进行实验。实验使用 SAD、MSE 和平均运行时间（average run time，ART）定量评估图像抠图算法的性能。

试验得到的 SAD、MSE 和平均计算时间如表 4-4 所示。在边缘计算设备上，MOEAMCD 算法无法在两天内（即 1.73×10^5s 内）提供 536×800 像素大小图像的透明度遮罩。考虑到 MOEAMCD 算法所消耗的计算时间已经超过了图像抠图应用的可接受时间，因此中断了 MOEAMCD 算法在边缘计算设备上的实验。实验表明，IMBGPSM

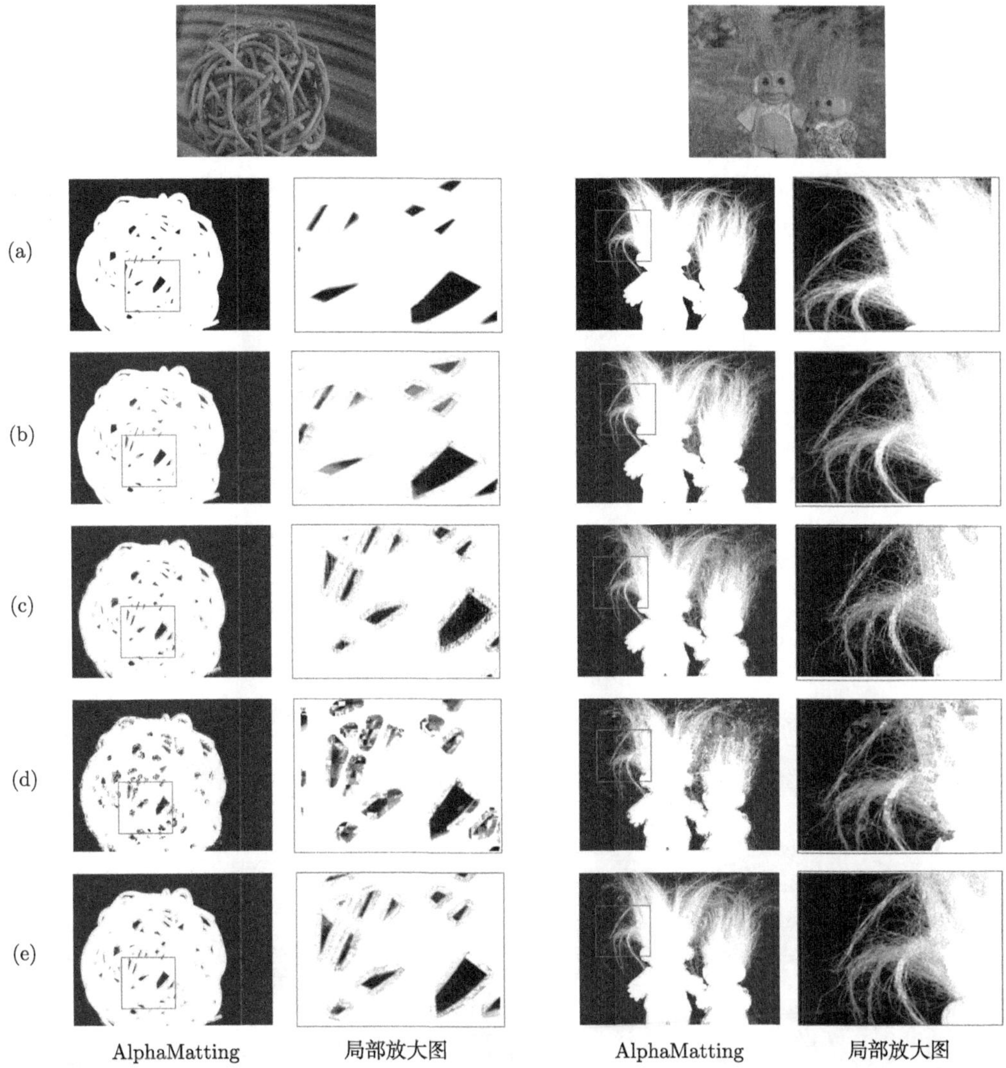

图 4-4　在 1%计算资源下，不同抠图算法结果的视觉对比

(a) 真实透明度遮罩；(b) IMBGPSM 算法的透明度遮罩；(c) CSO 算法的透明度遮罩；(d) PMF 算法的透明度遮罩；(e) MOEAMCD 算法的透明度遮罩。

表 4-4　PDMS、MOEAMCD、IB、PMF 和 IMBGPSM 算法在 AlphaMatting 训练集中的平均 SAD、MSE 和运行时间

度量方法	PDMS [119]	MOEAMCD [1]	IB [118]	PMF [116]	IMBGPSM
SAD	22.62	**18.34**	27.03	20.05	20.71
MSE	2.40	**1.37**	2.99	1.48	1.99
工作站	2.17×10^3	6.72×10^4	4.11×10^4	9.18×10^2	$\mathbf{4.60 \times 10^2}$
边缘设备	5.71×10^3	$> 1.73 \times 10^5$	6.08×10^4	1.76×10^3	$\mathbf{7.24 \times 10^2}$

注：粗体阿拉伯数字表示该指标排名第一。

算法在 SAD、MSE 和计算时间方面优于 PDMS 算法和 IB 算法。此外，尽管 IMBGPSM 算法在 SAD 和 MSE 方面表现不如 MOEAMCD 算法，但它消耗的时间不到 MOEAMCD 算法的 0.4%。此外，IMBGPSM 算法获得的 SAD 和 MSE 值略大于 PMF 算法，但 IMBGPSM 算法消耗的时间是 PMF 算法的一半。尽管 IMBGPSM 算法比 MOEAMCD 算法和 PMF 算法所消耗的计算时间要少得多，但 IMBGPSM 算法提供的透明度遮罩的质量在视觉上接近 MOEAMCD 算法和 PMF 算法（图 4-6）。注意，这些结果是因为像素对优化问题可以通过代理模型有效地求解，IMBGPSM 算法在有限的计算时间限制下提供了具有竞争力的透明度遮罩。

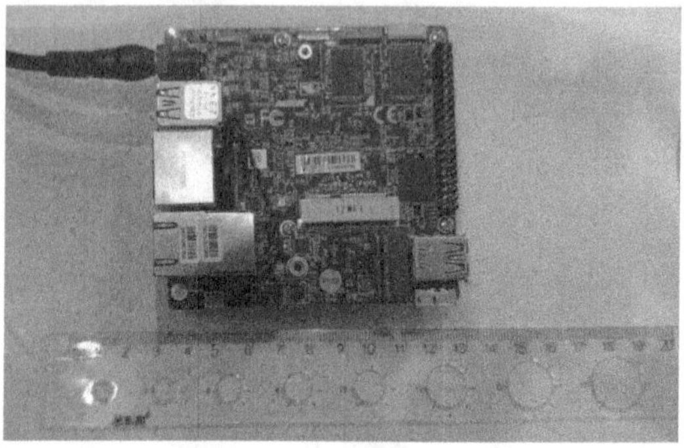

图 4-5 实验中使用的边缘计算设备

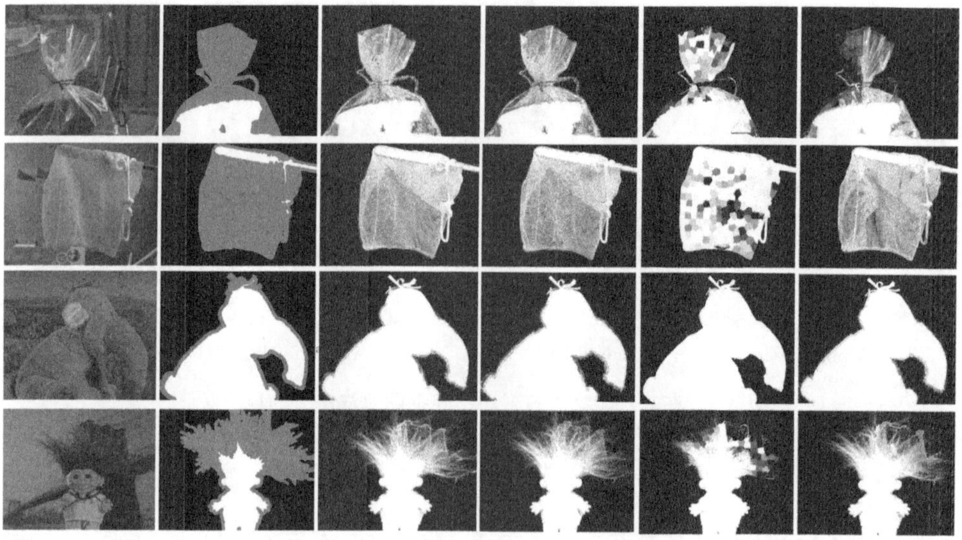

(a) (b) (c) (d) (e) (f)

图 4-6 不同抠图算法结果的视觉对比

(a) 输入图像；(b) 三分图；(c) MOEAMCD 算法的透明度遮罩；(d) PMF 算法的透明度遮罩；(e) PDMS 算法的透明度遮罩；(f) IMBGPSM 算法的透明度遮罩。

图 4-6 强调了边界细节得到了更好的处理。此外，图 4-6 中的可视化比较结果表明，即使在有限的计算时间下，IMBGPSM 算法也获得了竞争对手算法最先进的抠图结果，并且使用了其他算法所需的 1% 的像素对评估。IMBGPSM 算法恢复网络的精细细节（图 4-6，第二行）。以上结果说明使用高斯过程代理模型可以有效地求解像素对优化问题。因此，即使与消耗大量计算时间的最先进的基于像素对优化的方法相比，

IMBGPSM 算法在有限计算时间下的图像抠图性能也是有竞争力的。实验结果表明，在计算资源有限的情况下，IMBGPSM 算法的图像抠图性能与目前最先进的基于像素对优化的算法相比具有一定的竞争力。

4.3　基于多准则采样高斯过程代理模型的自然图像抠图算法

4.2 节详细描述了高斯过程代理模型解决低计算资源条件下的像素对优化问题，以及最后发现随机采样给高斯过程代理模型构建带来的问题。本节针对图像中高质量的像素对较少时的图像抠图问题，提出多距离的像素采样策略和多评价准则下的像素对选择策略收集图像中高质量的像素对信息，从而构建出有效的高斯过程代理模型。

4.3.1　多准则的像素对集合

为解决图像中高质量像素对较少时，随机像素采样难以获取高质量的像素问题。本节假设高质量的样本存在于颜色相似的最佳局部区域，提出了一种多距离的像素对采样策略。该策略使用像素的颜色距离和空间距离，从全局和局部角度考虑像素之间的相似性，再从颜色距离的角度考虑像素点在图像中的全局性和局部性，从而获取高质量的像素对。

对于像素采样策略，图像像素颜色特征被视为最重要的特征之一，本章将像素点之间的颜色差距视作一种距离，称为颜色距离。为了更好地利用图像的颜色特征，基于本节提出的假设，使用像素间的颜色距离来衡量像素之间的相似性，计算公式如下：

$$d^c = \left\|I_z - I^i\right\|^2, i = F, B \tag{4-7}$$

式中，d^c 是像素间颜色距离，I_z 是未知区域中像素 z 的颜色值，I^i 是已知前景或背景像素的颜色值，i 表示当前已知像素属于 F 集合或属于 B 集合。当前景和背景像素的颜色极其相似时，颜色距离不能衡量前景像素和背景像素的差异性。为了衡量前景和背景像素的颜色极其相似时的差异性，在前景和背景像素之间计算空间距离（图 4-7）来

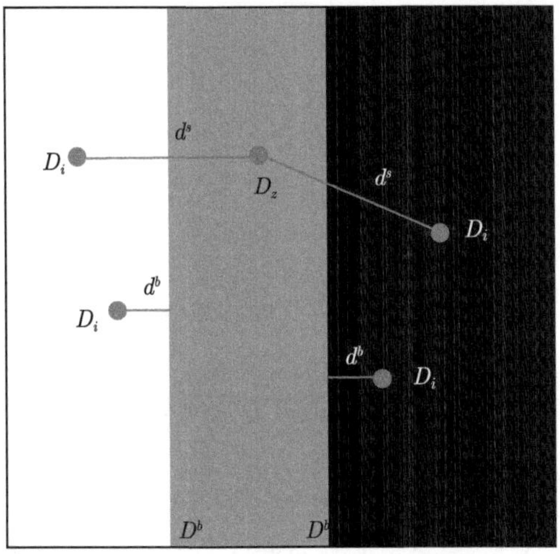

图 4-7　像素点的空间距离

衡量其差异性，计算公式如下：

$$d^s = \left\| D_z - D^i \right\|^2, i = F, B \tag{4-8}$$

$$d^b = \min \left\| D^b - D^i \right\|^2, i = F, B \tag{4-9}$$

式中，d^s 是已知前景背景像素到未知像素的空间距离，d^b 是已知像素前景背景像素到未知区域边界的空间距离，D_z 是未知区域中像素 z 的空间坐标，D^i 是已知区域中像素的欧几里得空间坐标，D^b 是未知区域中边界像素的空间坐标。

在颜色距离和空间距离的基础上，提出了多距离的像素采样策略，该策略先从颜色距离的角度考虑像素的局部相似性和全局相似性，再从空间距离的角度考虑像素颜色的相似性，从而获取像素样本。设未知像素 z 和已知像素的颜色距离为 $d^c_{z,\cdot} = \{d^c_{z,1}, d^c_{z,2}, \cdots, d^c_{z,n}\}$，相对应的空间距离为 $d^s_{z,\cdot} = \{d^s_{z,1}, d^s_{z,2}, \cdots, d^s_{z,n}\}$，$d^b_{\cdot} = \{{d_1}^b, {d_2}^b, \cdots, {d_n}^b\}$，将 $d^c_{z,}$ 和 $d^s_{z,}$ 按升序重新排列得到 $d^c_{z,(\cdot)} = \{d^c_{z,(1)}, d^c_{z,(2)}, \cdots, d^c_{z,(n)}\}$ 和 $d^s_{z,(\cdot)} = \{d^s_{z,(1)}, d^s_{z,(2)}, \cdots, d^s_{z,(n)}\}$。首先在颜色距离的基础上考虑像素局部性和全局相似性，其像素采样的过程可以描述如下：

$$X^c = \begin{cases} X^c \cup S^c_k, S^c_k < \dfrac{10 \times \max(S^c)}{|S^c|} \\ \varnothing, \text{其他情况} \end{cases}, k = 1, 2, \cdots, |S^c| \tag{4-10}$$

$$S^c = \begin{cases} S^c \cup d^s_{z,j} \cup d^b_j, d^c_{z,(j)} < \varepsilon \\ \varnothing, \text{其他情况} \end{cases}, j = 1, 2, \cdots, \left|d^c_{i,(\cdot)}\right| \tag{4-11}$$

式中，X^c 是采样获取的样本集合，S^c 表示像素颜色相似的集合，ε 是给定的一个较小的数，$\dfrac{10 \times \max(S^c)}{|S^c|}$ 表示集合 S^c 中颜色距离和空间距离都较小的像素比例。为了更好地收集像素，在空间距离的基础上考虑像素颜色的相似性，其像素采样公式如下：

$$X^s = \begin{cases} X^s \cup S^s_k, S^s_k < \dfrac{10 \times \max(S^s)}{|S^s|} \\ \varnothing, \text{其他情况} \end{cases}, k = 1, 2, \cdots, |S^s| \tag{4-12}$$

$$S^s = \begin{cases} S^s \cup d^c_{i,j}, d^s_{i,(j)} < \varepsilon \\ \varnothing, \text{其他情况} \end{cases}, j = 1, 2, \cdots, \left|d^s_{i,(\cdot)}\right| \tag{4-13}$$

式中，X^s 是在空间距离的基础上采样获取的样本集合，S^s 表示像素距离相近的集合。在两种方式的采样下，获取 X^c 和 X^s 像素集合，集合 X^c 收集了像素颜色相似、空间距离相近的像素，集合 X^s 收集了空间距离近、像素颜色相似的像素。X^c 和 X^s 组合构成了多距离采样集合 $X = X^c \cup X^s$。

在多距离的像素采样下，对前景像素和背景像素进行采样，分别获取了前景像素集合 X^F 和背景像素集合 X^B，前景背景像素集合的笛卡儿集合构建了新的采样像素对集合 $X^m = X^F \times X^B$。

在像素对的选择过程中，为了获取高质量的像素对，本节使用色差评价函数和模糊评价函数的联合评价函数去挑选高质量的像素对。目前，单一的像素对评价函数可能无法正确评价像素对的质量，导致高质量的像素对丢失。为了解决此问题，本节联合色差评价函数 $f_c(x)$ 和模糊评价函数 $f_f(x)$ 去获取样本集合，从而获取高质量的像素对样本。

对于前景背景像素对集合 $X^m=\{x_1,x_2,\cdots,x_m\}$，将像素对集合 X^m 的色差评价函数值 $f_c(X^m)$ 按升序重新排列得到 $f_c(x_{(1)}),f_c(x_{(2)}),\cdots,f_c(x_{(m)})$，则联合评价函数的计算公式如下：

$$M(x)=\begin{cases} f_f(x_{(k)}),f_c(x_{(k)})<\min(f_c(x_{(k)}))+1 \\ \varnothing,\text{其他情况} \end{cases} \tag{4-14}$$

式中，$\min(f_c(x_{(k)}))+1$ 是为了排除色差评价函数值过大而设置的一个阈值。前景背景像素对集合的元素规模相比于整个搜索空间非常小，所以联合评价函数的求解是一个比较简单的过程，只需计算采样集合中每一个样本的联合评价函数值，取最优值对应的样本即为高质量的像素对。

4.3.2　基于多准则采样的高斯过程代理模型

本节主要介绍高斯过程代理模型的构建、求解过程，以及提出的基于多准则采样的高斯过程代理模型抠图算法。

在高斯过程代理模型的构建中，采用了第 3 章提及的高斯过程代理模型构建方法。本节将原有的随机像素对采样得到的像素对集合替换为多准则采样得到的像素对集合，使用新的像素对集合拟合高斯过程代理模型，并给出了基于多准则采样的高斯过程代理模型抠图算法的伪代码，如算法 4-3 所示。

算法 4-3: 基于多准则采样的高斯过程代理模型图像抠图算法

输入： 自然图像和三分图

输出： 图像的透明度遮罩

$F,B\Leftarrow$ 通过三分图获取前景像素集合、背景像素集合
for 每一个未知像素点 z **do**
　//多准则的像素对采样
　$X^m\Leftarrow\mathrm{MD}(z,F,B)$
　$X^{hq},Y_c^{hq}\Leftarrow\mathrm{MF}(X^m)$
　//高斯过程代理模型构建
　$g\Leftarrow g(L(\theta|Y_c^{hq},X_{\mathrm{in}}^{hq}))$
　//最优像素对估计
　$x_{\mathrm{best}}\Leftarrow$ 通过 OPPBSM 去求解 $g(x)$
　$\alpha\Leftarrow$ 将 x_{best} 代入式 (3-2)
end for
图像的透明度遮罩 $\Leftarrow$ 对 α 使用邻域分组策略

在算法 4-3 中，MD、MF 分别是多距离像素采样策略和多评价准则下的像素对选择策略，通过这两个策略得到了构建高斯过程代理模型的启发式信息、高质量的像素对 X^{hq} 和高质量像素对应的色差像素对评价函数值 Y_c^{hq}。在高质量像素对集合的基

础上，构建了有效的高斯过程代理模型，通过求解高斯过程代理模型来近似求解像素对优化问题。

4.3.3 实验设计与分析

为了验证基于多准则采样的高斯过程代理模型图像抠图（image matting of Gaussian process surrogate model based on multi-criterion sampling，MSGPSMIM）算法的性能，本节分别设置了三组实验。实验使用 AlphaMatting[6] 数据集中的 27 幅图像，将对应的三分图和基准的前景不透明遮罩作为实验的原始数据，并设多距离的像素采样的 $\varepsilon < 20$。

1. 多距离的像素采样策略和多评价准则下的像素对选择策略的消融实验分析

在实验中，为了验证多距离的像素采样和多评价准则下的像素对选择策略的有效性，分别设置了三种情况：case1，多距离像素采样下色差评价函数的抠图；case2，多距离像素采样下模糊评价函数的抠图；case3，多距离像素采样下联合评价函数的抠图。将以上三种情况与像素级采样的多目标离散抠图（pixel-level multi-objective discrete sampling，PMDS）[119] 算法进行对比实验，以验证多距离像素的采样策略和多评价准则下的像素对选取策略的有效性，实验结果如表 4-5 所示。

表 4-5 三种情况抠图结果与 PMDS 抠图结果的 MSE

算法	ALL-avg	GT10	GT16	GT23
PMDS	2.13×10^{-1}	2.08×10^{-1}	3.95×10^{-1}	2.73×10^{-1}
case1	2.99×10^{-2}	2.33×10^{-2}	7.52×10^{-2}	1.75×10^{-2}
case2	2.85×10^{-2}	2.43×10^{-2}	7.73×10^{-2}	1.66×10^{-2}
case3	2.92×10^{-2}	2.32×10^{-2}	7.64×10^{-2}	1.57×10^{-2}

表 4-5 给出了 PMDS 的抠图结果、多距离像素采样下色差评价函数的抠图结果、多距离像素采样下模糊评价函数的抠图结果和多距离像素采样下联合评价函数的抠图结果在 27 幅图像上的平均 MSE 及不同类型图像（图 4-8）的 MSE。在 27 幅图像上，case1、case2 和 case3 抠图结果的平均 MSE 全部优于 PMDS 抠图结果的 MSE，case1、case2 和 case3 抠图结果的 MSE 要比 PMDS 抠图结果的 MSE 低一个数量级，该实验结果表明多准则下的像素对采样策略能得到高质量的像素对集合。在多距离像素采样下色差评价函数和模糊评价函数的抠图结果中，多距离像素采样下模糊评价函数抠图结果的 MSE 要优于多距离像素采样下色差评价函数抠图结果的 MSE，说明模糊评价函数要优于色差评价函数。在 GT10 和 GT16 图像上，case1 抠图结果的 MSE 低于 case2 抠图结果的 MSE，说明模糊评价函数不能正确评价像素对的质量。联合评价函数策略在所有图像上的平均 MSE 不是最好的，但是在具有高质量像素对的图像上，case3 却能获取较低的 MSE，此实验结果说明联合评价函数能够找到高质量的像素对。实验结果进一步说明，多距离的像素采样策略和多评价准则下的像素对选取策略能获取高质量的像素对信息。

由实验结果可知，多距离的像素采样策略和多评价准则下的像素对选取策略在高质量像素少的图像上，其抠图效果更佳。

(a)

(b)

GT10 GT16 GT23

图 4-8 不同类型的图像

注：GT16 是高质量像素少的图像，GT10 和 GT23 不是高质量像素少的图像。

2. IMBGPSM 算法和 MSGPSMIM 算法的图像抠图性能对比分析

该实验通过对比 MSGPSMIM 算法和 IMBGPSM 算法的抠图结果来验证多准则采样下构建的高斯过程代理模型要优于随机采样下高斯过程代理模型，实验结果如表 4-6 所示。

表 4-6 MSGPSMIM 算法和 IMBGPSM 算法分别对 AlphaMatting 基准数据集中 27 幅图像透明度遮罩估计的 MSE

算法	GT01	GT02	GT03	GT04	GT05	GT06
IMBGPSM	4.25×10^{-3}	1.06×10^{-2}	8.56×10^{-3}	1.06×10^{-2}	2.02×10^{-2}	1.44×10^{-2}
MSGPSMIM	3.36×10^{-3}	6.84×10^{-3}	9.14×10^{-3}	9.15×10^{-3}	6.95×10^{-3}	1.23×10^{-2}
算法	GT07	GT08	GT09	GT10	GT11	GT12
IMBGPSM	1.03×10^{-2}	3.70×10^{-2}	9.41×10^{-3}	1.48×10^{-2}	2.97×10^{-2}	7.29×10^{-3}
MSGPSMIM	6.19×10^{-3}	3.57×10^{-2}	1.41×10^{-2}	1.89×10^{-2}	2.41×10^{-2}	1.01×10^{-2}
算法	GT13	GT14	GT15	GT16	GT17	GT18
IMBGPSM	1.86×10^{-2}	1.36×10^{-2}	2.32×10^{-2}	2.47×10^{-1}	9.68×10^{-3}	1.01×10^{-2}
MSGPSMIM	1.05×10^{-2}	7.47×10^{-3}	5.34×10^{-2}	6.89×10^{-2}	8.77×10^{-3}	5.50×10^{-3}
算法	GT19	GT20	GT21	GT22	GT23	GT24
IMBGPSM	1.85×10^{-2}	5.48×10^{-3}	1.90×10^{-2}	6.50×10^{-3}	9.20×10^{-3}	4.09×10^{-2}
MSGPSMIM	6.47×10^{-3}	6.71×10^{-3}	1.39×10^{-2}	5.39×10^{-3}	5.60×10^{-3}	8.39×10^{-2}
算法	GT25	GT26	GT27			
IMBGPSM	1.47×10^{-1}	6.60×10^{-2}	4.98×10^{-2}			
MSGPSMIM	1.36×10^{-1}	4.42×10^{-2}	5.68×10^{-2}			

从基于多准则采样的高斯过程代理模型图像抠图算法和 IMBGPSM 算法的透明度遮罩的 MSE 对比可知，基于采样高斯过程代理模型的图像抠图算法总体抠图的 MSE

比 IMBGPSM 算法要好，特别是在 GT04 和 GT16 图像（图 4-9）上，两者抠图结果的 MSE 有着明显的差距，并且在透明度遮罩图上也有显著差距。虽然在部分图像上，MSGPSMIM 算法的 MSE 要高于 IMBGPSM 算法的 MSE，但是两者抠图结果之间的 MSE 差距并不显著。因此，所提的采样策略能找到高质量的像素对，从而提高图像抠图的质量。

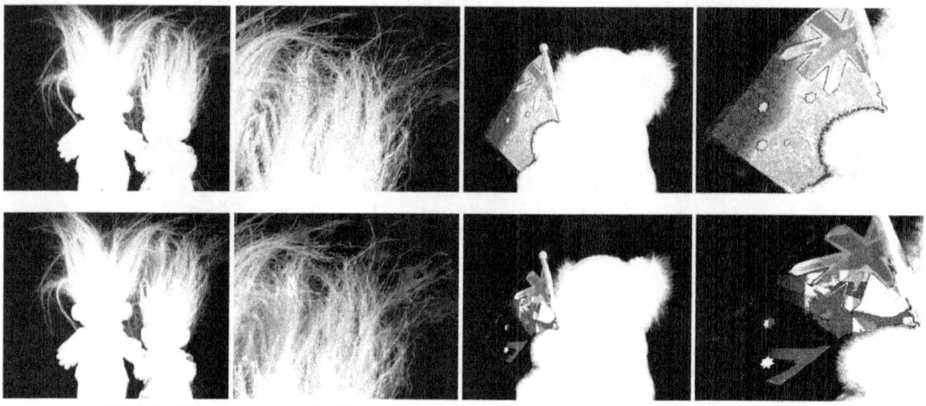

图 4-9 MSGPSMIM 算法与 IMBGPSM 算法抠图结果对比可视化
(a) MSGPSMIM 算法透明度遮罩；(b) IMBGPSM 算法透明度遮罩。

3. MSGPSMIM 算法与目前比较典型的图像抠图算法抠图性能对比分析

为了验证所提算法的有效性，下面将所提算法与基于分组优化（divided group optimization，DG）[120] 的抠图算法、像素级采样的多目标离散抠图（PMDS）[119]、Kullback-Leibler 散度抠图（KL-D）[121]、金字塔抠图框架（PMF）[116]、多目标进化优化的图像抠图（MOEAMCD）[1] 等比较流行的抠图算法进行对比分析。实验结果如表 4-7 所示。

表 4-7 MSGPSMIM 算法、DG 算法、PMDS 算法、KL-D 算法、PMF 算法和 MOEAMCD 算法分别对 AlphaMatting 基准数据集中 27 幅图像透明度遮罩估计的 MSE

算法	GT01	GT02	GT03	GT04	GT05	GT06
MSGPSMIM	3.36×10^{-3}	6.84×10^{-3}	9.14×10^{-3}	9.15×10^{-3}	6.95×10^{-3}	1.23×10^{-2}
DG [120]	2.73×10^{-2}	9.31×10^{-3}	1.04×10^{-2}	1.65×10^{-2}	1.23×10^{-1}	1.54×10^{-1}
PMDS [119]	3.53×10^{-2}	2.63×10^{-1}	1.95×10^{-2}	1.09×10^{-1}	1.05×10^{-1}	2.98×10^{-1}
KL-D [121]	9.03×10^{-3}	1.71×10^{-2}	1.17×10^{-2}	1.43×10^{-2}	3.44×10^{-2}	3.01×10^{-2}
PMF [116]	6.13×10^{-3}	1.06×10^{-2}	1.15×10^{-2}	1.83×10^{-2}	1.50×10^{-2}	1.84×10^{-2}
MOEAMCD [1]	4.55×10^{-3}	7.37×10^{-3}	8.55×10^{-3}	1.54×10^{-2}	8.88×10^{-3}	1.12×10^{-2}
算法	GT07	GT08	GT09	GT10	GT11	GT12
MSGPSMIM	6.19×10^{-3}	3.57×10^{-2}	1.41×10^{-2}	1.89×10^{-2}	2.41×10^{-2}	1.01×10^{-2}
DG [120]	6.70×10^{-3}	5.14×10^{-2}	1.01×10^{-1}	1.37×10^{-1}	2.25×10^{-1}	3.90×10^{-2}
PMDS [119]	5.18×10^{-1}	3.50×10^{-1}	3.55×10^{-2}	2.08×10^{-1}	3.10×10^{-1}	4.83×10^{-2}
KL-D [121]	9.98×10^{-3}	4.52×10^{-2}	1.37×10^{-2}	3.99×10^{-2}	4.29×10^{-2}	2.19×10^{-2}
PMF [116]	7.79×10^{-3}	4.25×10^{-2}	9.98×10^{-3}	2.45×10^{-2}	2.96×10^{-2}	1.40×10^{-2}
MOEAMCD [1]	5.34×10^{-3}	3.41×10^{-2}	8.71×10^{-3}	2.05×10^{-2}	2.62×10^{-2}	1.17×10^{-2}

续表

算法	GT13	GT14	GT15	GT16	GT17	GT18
MSGPSMIM	1.05×10^{-2}	7.47×10^{-3}	5.34×10^{-2}	6.89×10^{-2}	8.77×10^{-3}	5.50×10^{-3}
DG [120]	1.70×10^{-1}	8.45×10^{-2}	1.70×10^{-1}	1.83×10^{-1}	1.08×10^{-1}	1.49×10^{-1}
PMDS [119]	8.35×10^{-2}	7.65×10^{-2}	1.35×10^{-1}	3.95×10^{-1}	1.41×10^{-1}	2.13×10^{-1}
KL-D [121]	2.38×10^{-2}	3.67×10^{-2}	5.47×10^{-2}	2.09×10^{-1}	1.95×10^{-2}	1.73×10^{-2}
PMF [116]	1.66×10^{-2}	2.44×10^{-2}	3.02×10^{-2}	1.89×10^{-1}	1.26×10^{-2}	1.54×10^{-2}
MOEAMCD [1]	1.16×10^{-2}	1.16×10^{-2}	2.52×10^{-2}	7.05×10^{-2}	8.06×10^{-3}	6.35×10^{-3}
算法	GT19	GT20	GT21	GT22	GT23	GT24
MSGPSMIM	6.47×10^{-3}	6.71×10^{-3}	1.39×10^{-2}	5.39×10^{-3}	5.60×10^{-3}	8.39×10^{-2}
DG [120]	1.35×10^{-1}	5.50×10^{-2}	1.44×10^{-1}	7.94×10^{-2}	6.84×10^{-2}	3.09×10^{-1}
PMDS [119]	2.24×10^{-1}	1.53×10^{-1}	2.73×10^{-1}	1.66×10^{-1}	3.43×10^{-1}	2.31×10^{-1}
KL-D [121]	3.76×10^{-2}	1.97×10^{-2}	2.89×10^{-2}	1.85×10^{-2}	1.30×10^{-2}	1.08×10^{-1}
PMF [116]	3.35×10^{-2}	8.56×10^{-3}	3.37×10^{-2}	7.82×10^{-3}	1.07×10^{-2}	5.67×10^{-2}
MOEAMCD [1]	2.18×10^{-2}	7.26×10^{-3}	2.45×10^{-2}	5.42×10^{-3}	7.03×10^{-3}	5.13×10^{-2}
算法	GT25	GT26	GT27			
MSGPSMIM	1.36×10^{-1}	4.42×10^{-2}	5.68×10^{-2}			
DG [120]	2.58×10^{-1}	2.09×10^{-1}	3.14×10^{-1}			
PMDS [119]	5.79×10^{-1}	2.41×10^{-1}	1.96×10^{-1}			
KL-D [121]	1.71×10^{-1}	6.69×10^{-2}	5.50×10^{-2}			
PMF [116]	1.50×10^{-1}	5.63×10^{-2}	1.09×10^{-1}			
MOEAMCD [1]	1.38×10^{-1}	4.95×10^{-2}	1.01×10^{-1}			

表 4-7 展示了 MSGPSMIM 算法、DG 算法、PMDS 算法、KL-D 算法、PMF 算法和 MOEAMCD 算法分别对 AlphaMatting 基准数据集中 27 幅图像透明度遮罩估计的 MSE。其中 MSGPSMIM 算法在大部分图像上估计的透明度遮罩的 MSE 都要优于所对比的 DG 算法、PMDS 算法、KL-D 算法、PMF 算法和 MOEAMCD 算法，并且 MSE 的差距很明显。此数据结果说明，高质量的像素对存在于颜色相似的最佳局部区域。因此，MSGPSMIM 算法能采样到高质量的像素对，所提基于采样的抠图算法的估计精度高的透明度遮罩。当图像出现前景背景像素极其相似的局部区域时，MSGPSMIM 算法估计的透明度遮罩的 MSE 高于 MOEAMCD 算法，但是 MSE 的差距很小。实验结果进一步展示了 MSGPSMIM 算法优于 DG 算法、PMDS 算法、KL-D 算法、PMF 算法和 MOEAMCD 算法。

为了进一步验证 MSGPSMIM 算法，下面给出 MSGPSMIM 算法、KL-D 算法、PMF 算法和 MOEAMCD 算法分别估计的透明度遮罩的可视化比较，如图 4-10 所示。从图 4-10 展示的可视化比较结果可以看出，MSGPSMIM 算法在高质量像素少的图像上估计出了很好的透明度遮罩结果，如旗子的透明度遮罩（图 4-10，第三行）和洋娃娃的头发透明度遮罩（图 4-10，第二行）都表现出了很好的抠图结果。

实验结果表明，MSGPSMIM 算法在高质量的像素对较少时，获取了高质量的像素对，提高了抠图的质量，且与目前比较典型的算法相比，MSGPSMIM 算法的综合抠图结果最好，验证了其抠图的优越性。

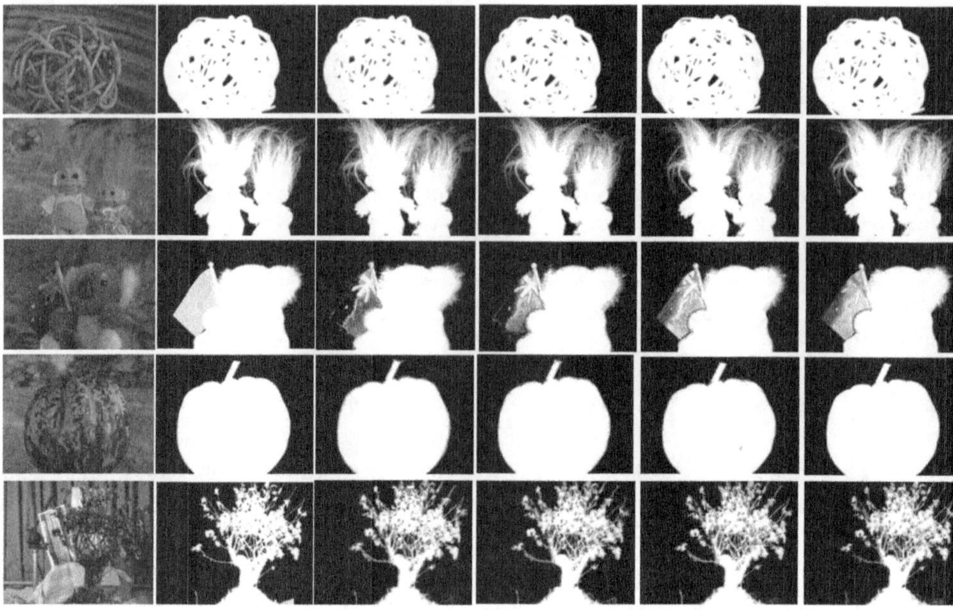

(a) (b) (c) (d) (e) (f)

图 4-10 不同算法抠图结果对比的可视化

(a) 自然图像；(b) 真实的透明度遮罩；(c) KL-D 透明度遮罩；(d) PMF 透明度遮罩；(e) MOEAMCD 透明度遮罩；(f) MSGPSMIM 透明度遮罩。

本章小结

本章主要介绍低计算资源下的自然图像抠图算法，通过已知的评价函数获取启发式信息，假设启发式信息服从一定的分布，使用高斯过程无限逼近这一分布来建立代理模型，以减少像素对评价的计算量。

本章提出了一种基于高斯过程代理模型 IMBGPSM 的图像抠图算法，能在有限计算资源下实现高质量的抠图。该算法通过建立像素对优化的代理模型来近似像素对评价函数的空间分布，并将代理模型的最优解作为抠图问题的近似最优解。实验证明，即使使用的计算资源有限，IMBGPSM 算法的性能也优于其他三种先进的基于进化优化的抠图算法，且其抠图速度仅需其他算法的 1%。为解决高质量像素对较少的问题，本章设计了多距离的像素采样策略，从全局和局部相似性角度获取高质量的像素信息，增强了高斯过程代理模型对不同图像的适应性。此外，本章还提出了多评价准则下的像素对选取策略，避免了使用单一评价函数可能无法获得最优解的问题。实验结果显示，基于多准则采样的高斯过程代理模型抠图算法在抠图质量上优于其他典型算法，证明了其抠图能力的优越性。

图4-1(彩图) 图4-3(彩图)

第 5 章　基于微搜索优化的自然图像抠图算法

5.1　微搜索优化抠图概述

自然图像抠图问题本质上是一个大规模组合优化问题，在基于优化算法的抠图研究中，通常将寻找最优像素对问题建模为像素对的组合优化抠图问题，其数学模型可以描述如下：

$$
\begin{aligned}
&\min G(x)\\
&\text{s.t. } G(x)=\sum_{k=1}^{N} g_i(x_i)\\
&X=(x_1,x_2,\cdots,x_N)\\
&x_k=(x_k^F,x_k^B),k=1,2,\cdots,N\\
&x_k^F\in\Omega_F,x_k^B\in\Omega_B
\end{aligned}
\tag{5-1}
$$

式中，Ω_F 表示前景的像素集合；Ω_B 表示背景的像素集合；N 表示未知区域像素点个数；$g_k(x_k)$ 表示像素对评价函数，用于评价当前像素对能否获得像素 k 的高精度遮罩值；X 表示未知区域像素对应的决策集，其中，x_k^F 表示未知像素对应的前景决策变量，x_k^B 表示未知像素对应的背景决策变量。

由式(5-1)所示抠图问题模型可知，针对每一个超像素都需要确定一个前景背景像素对才能确定透明度遮罩值。为了找到每一个超像素对应的最优前景背景像素对，本章采用 He 等[14] 提出的评价函数来寻找最优前景背景像素对。评价函数由颜色适应值评价函数和空间距离适应值评价函数构成。则未知区域第 i 类第 k 组选取的超像素，i_k 对应的像素对评价函数可以表示如下：

$$
g_{i_k}\left(x_{i_k}^F,x_{i_k}^B\right)=f_c\left(x_{i_k}^F,x_{i_k}^B\right)+f_s\left(x_{i_k}^F\right)+f_s\left(x_{i_k}^B\right)
\tag{5-2}
$$

由式(5-1)可知，未知区域中的未知像素信息由前景背景像素组成的像素对信息决定，导致图像抠图问题的决策集维度较高，直接求解计算复杂度高。由此可知，自然图像抠图问题本质上是一个大规模的组合优化问题。为了提高前景遮罩值的搜索效率，假设未知区域的决策集可以分解为多个决策子集，且存在一个维度远小于决策集的有效决策子集（图 5-1）。那么通过对有效决策子集的搜索来代替对决策集的搜索，可以在降低计算时间复杂度的前提下保证求解效率[29]，下面首先给出决策子集的概念。

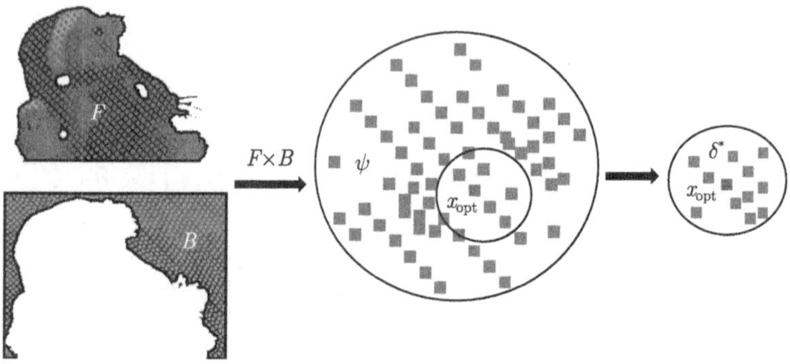

图 5-1　有效决策子集映射示意图
注：x_{opt} 表示最优前景背景像素对。

定义 5-1（决策子集）：设 ψ 为高分辨率图像前景遮罩提取问题 P 的决策集，对问题 P 进行分解后的可行解集称为决策子集 δ，且 $\delta\subseteq\psi$。

由定义 5-1 可知，自然图像抠图问题的决策集 ψ 可以分解为多个决策子集。假设在某个决策子集 δ^* 中存在最优解 X^*，且在该决策子集 δ^* 中的搜索可以代替在决策集 ψ 中的搜索，则称该决策子集为有效决策子集。因此，有效决策子集的定义可以描述如下。

定义 5-2（有效决策子集）：设 δ^* 为决策集 ψ 的决策子集，即 $\delta^* \subseteq \psi$。若存在最优解 X^* 且 $X^* \in \delta^*$，则称 δ^* 为问题的有效决策子集。

由定义 5-1 和定义 5-2 可知，若决策子集 δ^* 中存在最优前景背景像素对，则决策子集 δ^* 为有效决策子集。基于有效决策子集的概念，本章设计了几种决策集分解算法，对自然图像抠图问题进行分解。

5.2　基于分组优化的自然图像抠图算法

在有效决策子集概念的基础上，本节基于组内未知区域像素特征相似性，通过分解优化问题和降低决策变量维度来提高优化效率。利用 K 均值对未知区域像素聚类，根据类内像素的连通性获得类内一个或多个连通区域，将一个连通区域视为一组，并将组内颜色像素均值（超像素）作为目标函数的优化目标。在组内未知区域像素具有相似透明度遮罩值的假设前提下，将每组选取的优化目标对应的透明度遮罩值返回覆盖组内的其他像素透明度遮罩值，从而得到组内未知区域像素对应的透明度遮罩值。接下来将对该算法进一步展开介绍。

5.2.1　分组优化策略

分组优化策略主要将一个抠图优化问题分解为多个子抠图优化问题，在每一个子抠图优化问题中，通过降低决策变量维度来提高优化效率。其中，分组体现在未知区域像素聚类模块，然后通过选择超像素作为组内未知像素优化目标达到降低决策变量维度的目的，利用优化算法获取超像素优化目标对应的最优像素对，从而求解超像素对应的透明度遮罩值。基于组内未知区域像素具有相似遮罩的假设，将超像素对应的透明度遮罩值作为组内其他像素的透明度遮罩值。具体的分组优化策略如图 5-2 所示。

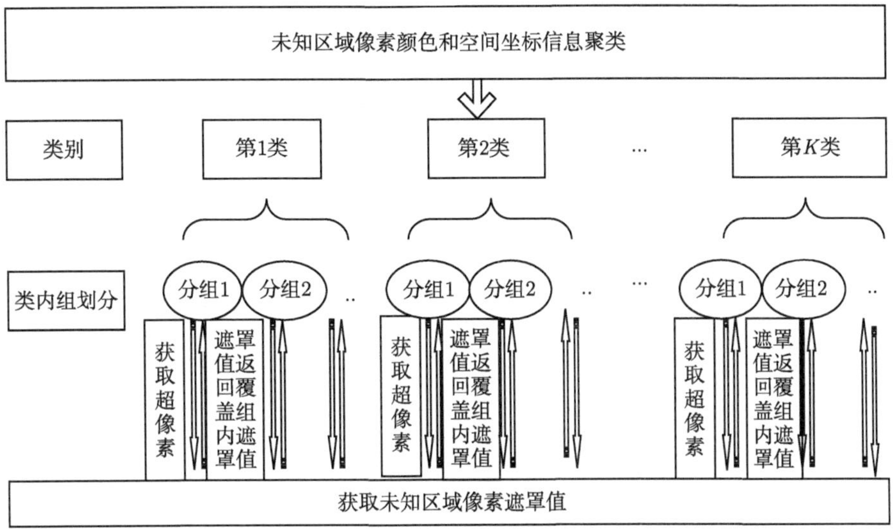

图 5-2　分组优化策略框架

5.2.2　基于分组优化的图像抠图

基于组内未知区域像素具有相似透明度遮罩值，提出了基于分组优化（divided group optimization，DG）的图像抠图算法。为了更清楚地了解分组优化抠图算法的思想，在算法 5-1 中呈现了基于分组优化的图像抠图算法伪代码。

算法 5-1 由分组策略和分组优化两部分组成，在分组策略部分主要是对未知区域像素 Ω_U 聚类得到每类分组情况，选取组内像素颜色均值（超像素）作为组内未知区域像素的代表，即将组内像素颜色均值（超像素）作为优化部分的优化目标，如算法 5-1 中的第 2~8 行所示。将决策变量从 N 维降为 M 维，表示为 $X=\{X_1,X_2,\cdots,X_M\}$，其中 $X_i=(X_{i1},X_{i2},\cdots,X_{i|D_i|})$，$|D_i|$ 表示第 i 类的组数。

算法 5-1 中优化部分的主要工作是为待优化目标（超像素）寻找最优前景背景像素对，以便获取未知区域像素的透明度遮罩。由式 (5-1) 可知，需要为每个优化目标寻找最优前景背景像素对，为了避免丢失最优像素对和防止过早收敛，本节在已知的前景背景决策空间中寻找最优像素对。在优化部分利用种群中个体之间竞争学习来搜索最优解[122]，如算法中的第 19~34 行所示，最终得到最优解 $X_{\text{best}}=(X_{1,\text{best}},X_{2,\text{best}},\cdots,X_{M,\text{best}})$，其中 $X_{i,\text{best}}=(X^F_{i,\text{best}},X^B_{i,\text{best}})$ 表示第 i 类第 k 组选取的代表像素（超像素）对应的最优像素对，将 $X_{i,\text{best}}=(X^F_{i,\text{best}},X^B_{i,\text{best}})$ 作为第 i 类第 k 组组内所有未知区域像素对应的最优像素对，从而获得该组内未知区域像素的透明度遮罩值。

算法 5-1: 基于分组优化的图像抠图算法

输入： 标清图像和对应的三分图

输出： $X_{\text{best}} = (X_{1,\text{best}}, X_{2,\text{best}}, \cdots, X_{M,\text{best}})$

//分组策略部分
while $i \leqslant K$ **do**
　while $i \leqslant |D|$ **do**
　　$X_{i,j} \leftarrow X_{i,j} \cup x_{i,j}, x_{i,j}$ 为第 i 类第 j 组的超像素
　　$j \leftarrow j+1$
　end while
　$i \leftarrow i+1$
end while
//优化部分
while $i \leqslant N$ **do**
　while $i \leqslant M$ **do**
　　$x_{i,j}^F \leftarrow 1 + (|\Omega_F| - 1) \cdot \text{rand}(); \ x_{i,j}^B \leftarrow 1 + (|\Omega_F| - 1) \cdot \text{rand}()$
　　$X_i \leftarrow X_i \cup (x_{i,j}^F, x_{i,j}^B)$
　end while
　$P_0 \leftarrow P_0 \cup X_i$
end while
//利用优化算法获取优化目标 X 最优解
while 不满足终止条件 **do**
　利用式(5-2), 对种群 p_0 中的所有个体进行评价
　$p_0' \leftarrow p_t; \ p_{t+1} \leftarrow \phi$
　while $p_0' \neq \phi$ **do**
　　从种群 p_t 中随机选择两个个体 X_{r1}^t 和 X_{r2}^t
　　if $f(X_{r1}^t) \leqslant f(X_{r2}^t)$, 将适应值小的获胜个体直接添加到新一代种群 **then**
　　　$X_w^t \leftarrow X_{r1}^t; \ X_l^t \leftarrow X_{r2}^t$
　　else
　　　$X_w^t \leftarrow X_{r2}^t; \ X_l^t \leftarrow X_{r1}^t$
　　end if
　　$V_l^{t+1} \leftarrow R_1^t \cdot V_l^t + R_2^t \cdot (X_w^t - V_l^t) + \varphi \cdot R_3^t(\overline{X^t} - X_l^t)$
　　$X_l^{t+1} \leftarrow X_l^t + V_l^{t+1}$
　　while $j \leqslant M$ **do**
　　　$x_{l,j}^F \Leftarrow \min\left(x_{l,j}^F, |\mathcal{P}_F|\right); \ x_{l,j}^F \Leftarrow \max\left(x_{l,j}^F, 1\right)$
　　　$x_{l,j}^B \Leftarrow \min\left(x_{l,j}^F, |\mathcal{P}_B|\right); \ x_{l,j}^B \Leftarrow \max\left(x_{l,j}^B, 1\right)$
　　end while
　　将 X_l^{t+1} 和 X_w^t 添加到新一代种群 p_{t+1}, 从种群 p' 移除 X_{r1}^t,X_{r2}^t
　end while
　$t \Leftarrow t+1$
end while

算法 5-1 中的符号定义如表 5-1 所示。

表 5-1　算法 5-1 中的符号与定义

符号	定义	符号	定义
X	各组中选取的决策变量	N	未知区域像素维度
M	超像素个数，即 K 类所有组数	K	聚类数
Ω	未知区域像素 RGB 和空间坐标信息	$\|D_i\|$	第 i 类组数

5.2.3　实验设计与分析

本实验的目的是分析 MSE 的参数敏感性和验证基于分组优化的图像抠图算法的有效性。

1. MSE 的参数敏感性分析

在基于分组优化的图像抠图算法的分组策略部分，利用 K 均值聚类方法对未知区域像素的颜色和空间距离进行处理，将 N 个未知区域像素分为 K 类。K 均值聚类方法中的参数 K 需要人为确定。为了确定分组优化策略中类别数 K 及验证参数 K 的选择是否对抠图质量有影响，本节以威尔科克森 (Wilcoxon) 符号秩检验为主，不同参数 K 与 MSE 的拟合曲线为辅，来分析不同参数 K 对抠图精度的影响，并确定 K 均值中参数 K 的取值。在本实验中，选择 MSE 作为抠图评价指标，其值越低表示抠图精度越高。首先在 [250,2000] 内，以 50 为组距选取 K 值，共有 35 组。不同 K 值与 MSE 值拟合的曲线如图 5-3 所示。在图 5-3 中，每个 K 值对应的 MSE 值为 Rhemann 等[6]公开抠图测试集中 27 幅图像 MSE 值的和。从图 5-3 看出，随着 K 值的增大，MSE

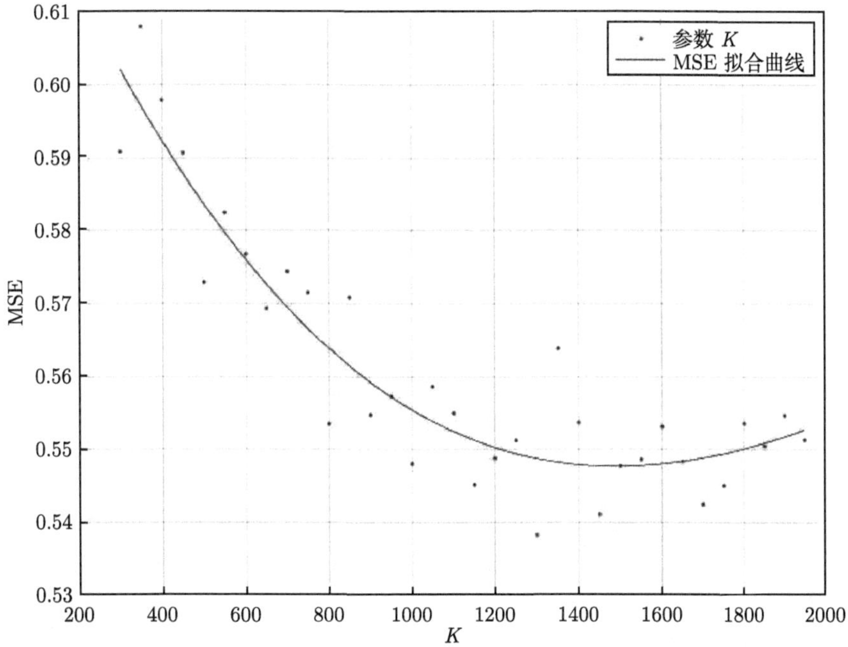

图 5-3　参数 K 与 MSE 拟合曲线

的值逐渐减小，当 K 接近 1500 时，MSE 值趋于平稳，当 K 值超过 1500 后，MSE 的值逐渐增加，说明当 K 值设置为 1500 时，整体的抠图精度比较好。为进一步分析参数 K 对抠图精度的影响，下面通过威尔科克森符号秩检验方法来检验不同参数 K 对应的 MSE 之间是否有显著差异。

在实验中，从 Rhemann 等[6] 公开包含 27 幅图像的抠图测试集中选择具有代表性的 5 幅图像进行实验，分别为 GT01、GT02、GT03、GT18、GT22。每幅图像计算 30 次，表 5-2 中的 MSE 值为 30 次 MSE 的平均值 (AVG-MSE) 和标准差 (SD-MSE)。K 值设置为 [600，700，800，900，1000，1100，1200，1300，1400，1500，1600，1700，1800，1900]。其实验结果如表 5-2 所示。从表 5-2 中可以看出，5 幅图像 MSE 的平均值和标准差随着 K 值的增大而逐渐减小，最小 MSE 的平均值和标准差在参数 K 为 1400~2000 时取得。在 Wilcoxon 中，每幅图像的每 30 次 MSE 值为一组，K 等于 1500 为固定组，将其他 K 值对应的组和固定组进行两个独立样本的检验，在表 5-2 中呈现不同 K 值的 5 幅图像对应的 MSE 是否有显著差异结果。从表 5-2 中可以看出，当 K 为 1200~1900 时，5 幅图像非显著性逐渐稳定，说明 K 在该范围内，5 幅图像的 MSE 值没有显著差异。结合参数 K 与 MSE 拟合曲线分析得出，当参数 K 设置为 1500 时具有合理性。

表 5-2 不同参数 K 对 MSE 的影响

图像编号 K 值	GT01 MSE	GT02 MSE	GT03 MSE	GT18 MSE	GT22 MSE	Wilcoxon 显著/不显著
600	2.204	3.954	16.072	3.300	4.520	4/1
700	2.168	3.815	15.171	3.243	4.220	3/2
800	2.193	3.884	15.697	3.328	4.376	4/1
900	2.111	3.814	15.492	3.394	4.315	2/3
1000	2.136	3.937	15.359	3.153	4.293	3/2
1100	2.082	3.850	14.970	3.192	4.054	1/4
1200	2.059	3.976	14.475	3.203	4.086	0/5
1300	2.034	3.605	14.431	3.195	4.091	0/5
1400	2.054	3.466	14.126	3.123	3.979	0/5
1500	2.060	3.645	14.015	3.048	4.108	NA
1600	2.023	3.603	13.802	3.071	3.847	0/5
1700	2.033	3.674	13.651	3.062	3.834	0/5
1800	2.018	3.47	13.813	3.131	3.902	0/5
1900	2.039	3.428	13.544	3.062	3.913	0/5

注：NA 表示空值，即没有有效输出结果。

2. 基于分组优化的图像抠图算法的有效性分析

为了验证算法的有效性，本节利用 Rhemann 等[6] 公开包含 27 组训练集和 8 组测试集的标清图像抠图数据集作为实验数据。其中，每组训练数据集由一幅输入原图、未知区域大小不同的两种三分图和真实透明度遮罩值组成，通过设置两组实验来验证分组优化算法的有效性。

1）基于分组优化的群体竞争优化算法（devided grouping optimization algorithm based on competitive swarm optimizer，DG-CSO）[120] 与群体竞争优化算法（CSO）[22]

的对比分析。

2）基于分组优化的粒子群优化算法（devided grouping optimization algorithm based on particle swarm optimization，DG-PSO）[120] 与粒子群优化算法（PSO）[122] 的对比分析。

两组实验的目的是验证分组优化策略是否提高了透明度遮罩值的精度，以及分组优化策略是否受不同算法的影响。为了便于分析，基于分组优化的图像抠图算法和加分组优化策略的粒子群优化算法中聚类部分参数 K 被设置为 1500，算法最大评价次数被设置为 5×10^3，27 幅图像计算 30 次。抠图结果评价选择均方误差、平均绝对误差之和和连通性误差，计算方法分别如式 (2-9)、式 (2-10) 和式 (2-12) 所示，表中呈现的是 30 次抠图误差的平均值。基于上述实验设置，接下来分析基于分组优化的图像抠图算法的有效性。其中，加分组优化策略的优化算法 DG-CSO 和 DG-PSO，未加分组优化策略的 CSO 算法和 PSO 算法的均方误差如表 5-3 所示，均方误差和连通性误差对比情况如图 5-4 所示，对应的可视化结果对比如图 5-5 所示。由表 5-3 可知，两组实验中，加分组优化策略优化算法 (DG-CSO，DG-PSO) 的透明度遮罩提取精度比未加分组优化策略优化算法 (CSO，PSO) 的透明度遮罩提取精度高，说明加分组优化策略能提高抠图精度。在加分组优化策略优化算法 (DG-CSO，DG-PSO) 中可以看出整体透明度遮罩值均方误差相差不大，但 DG-CSO 算法在 27 幅图像中的透明度遮罩值均方误差均高于

表 5-3　加分组优化策略的优化算法（DG-CSO，DG-PSO）与未加分组优化策略的优化算法（CSO，PSO）遮罩值均方误差结果

算法	GT01	GT02	GT03	GT04	GT05	GT06
DG-CSO	2.05×10^{-3}	3.62×10^{-3}	1.48×10^{-2}	1.65×10^{-2}	0.45×10^{-2}	0.73×10^{-2}
CSO	5.37×10^{-3}	46.0×10^{-3}	15.1×10^{-2}	12.4×10^{-2}	7.54×10^{-2}	8.97×10^{-2}
DG-PSO	2.28×10^{-3}	5.69×10^{-3}	1.51×10^{-2}	1.60×10^{-2}	2.11×10^{-2}	3.54×10^{-2}
PSO	5.23×10^{-3}	17.0×10^{-3}	1.22×10^{-2}	6.44×10^{-2}	2.21×10^{-2}	4.76×10^{-2}
算法	GT07	GT08	GT09	GT10	GT11	GT12
DG-CSO	3.50×10^{-3}	4.90×10^{-3}	0.86×10^{-2}	1.30×10^{-2}	1.37×10^{-2}	1.08×10^{-2}
CSO	19.6×10^{-3}	15.4×10^{-2}	17.0×10^{-2}	10.9×10^{-2}	12.8×10^{-2}	3.21×10^{-2}
DG-PSO	3.61×10^{-3}	4.77×10^{-2}	3.95×10^{-2}	3.20×10^{-2}	4.93×10^{-2}	2.54×10^{-2}
PSO	18.2×10^{-3}	4.67×10^{-2}	4.42×10^{-2}	5.23×10^{-3}	6.11×10^{-2}	1.94×10^{-2}
算法	GT13	GT14	GT15	GT16	GT17	GT18
DG-CSO	0.69×10^{-2}	1.04×10^{-2}	1.58×10^{-2}	1.55×10^{-1}	1.15×10^{-2}	0.31×10^{-2}
CSO	8.30×10^{-2}	5.03×10^{-2}	8.68×10^{-2}	3.75×10^{-1}	6.53×10^{-2}	8.28×10^{-2}
DG-PSO	4.85×10^{-2}	2.86×10^{-2}	8.59×10^{-2}	1.48×10^{-1}	3.38×10^{-2}	3.72×10^{-2}
PSO	5.47×10^{-2}	3.91×10^{-2}	7.03×10^{-2}	2.44×10^{-1}	3.96×10^{-2}	5.42×10^{-2}
算法	GT19	GT20	GT21	GT22	GT23	GT24
DG-CSO	0.55×10^{-2}	0.62×10^{-2}	1.59×10^{-2}	0.39×10^{-2}	0.74×10^{-2}	2.22×10^{-2}
CSO	8.55×10^{-2}	2.92×10^{-2}	8.17×10^{-2}	8.35×10^{-2}	2.63×10^{-2}	13.9×10^{-2}
DG-PSO	2.29×10^{-2}	1.26×10^{-2}	4.23×10^{-2}	2.23×10^{-2}	1.46×10^{-2}	10.4×10^{-2}
PSO	3.88×10^{-2}	1.32×10^{-2}	4.94×10^{-2}	3.60×10^{-2}	5.80×10^{-2}	7.15×10^{-2}
算法	GT25	GT26	GT27			
DG-CSO	6.99×10^{-2}	3.20×10^{-2}	3.86×10^{-2}			
CSO	14.0×10^{-2}	8.84×10^{-2}	15.8×10^{-2}			
DG-PSO	7.36×10^{-2}	6.90×10^{-2}	7.78×10^{-2}			
PSO	7.27×10^{-2}	6.94×10^{-2}	8.59×10^{-2}			

DG-PSO，说明优化部分的优化算法在一定程度上会影响抠图效率。加分组优化策略的优化算法 (DG-CSO，DG-PSO) 在 GT03、GT04、GT08 上遮罩值均方误差特别接近，这可能是因为 GT03、GT04、GT08 未知区域大部分涉及发丝等细状物，颜色一致性太多导致分组部分效果不佳，从而影响了抠图精度。实验结果说明，在不改变决策空间的基础上，本节所提出的算法在降低决策变量维度情况下能提高图像透明度遮罩值。

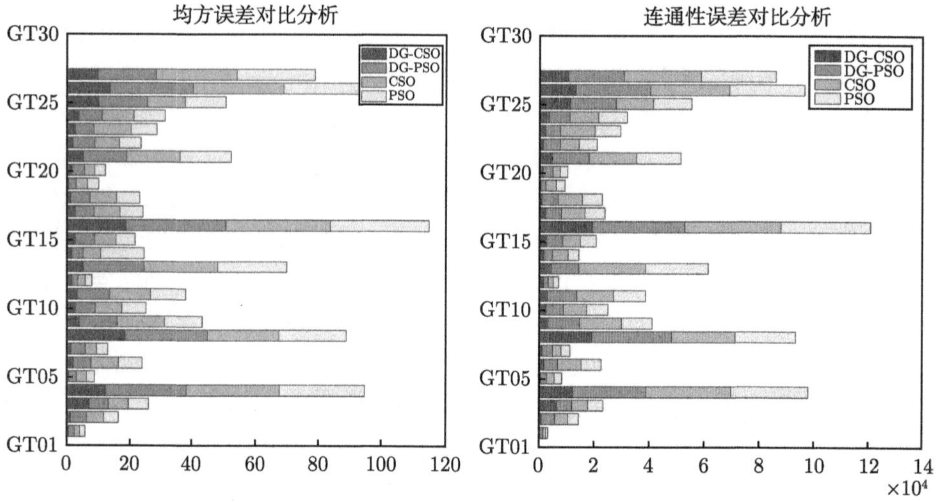

图 5-4　加分组优化策略的优化算法（DG-CSO，DG-PSO）与未加分组优化策略的优化算法（CSO，PSO）的均方误差和连通性误差对比分析

为了进一步分析算法的有效性，选择绝对误差之和和连通性误差来评价算法的透明度遮罩值。从图 5-4 可以看出，加分组优化策略的优化算法 (DG-CSO，DG-PSO) 的透明度遮罩值绝对误差之和和连通性误差都低于未加分组优化策略的优化算法 (CSO，PSO)，说明所提分组优化策略在提升抠图精度的同时也提高了透明度遮罩值的连通性。DG-CSO 提取的透明度遮罩值绝对误差之和和连通性误差大部分低于 DG-PSO，说明 DG-CSO 算法抠图精度高于 DG-PSO 算法。加分组优化策略的优化算法 (DG-CSO，DG-PSO) 和未加分组优化策略的优化算法 (CSO，PSO) 提取的透明度遮罩值绝对误差之和和连通性误差在 GT03、GT04、GT08、GT09、GT16、GT21、GT25、GT26、GT27 上都比较大，这是由于这些图像属于毛发和透明网状类，本身的连通性比较低，在分组过程中不可避免地会出现分组不佳的情况，间接导致遮罩值变化比较大和抠图精度低。整体来看，实验说明分组策略能提高抠图精度，一定程度上也提高了透明度遮罩值的连通性。

为了进一步分析基于分组优化图像抠图算法的性能，在图 5-5 中呈现了加分组优化策略的优化算法（DG-CSO，DG-PSO）与未加分组优化策略的优化算法（CSO）的可视化结果对比。为了更好地比较可视化结果，利用拉普拉斯矩阵对透明度遮罩值进行了平滑处理。从图 5-5 可以看出，加分组优化策略的优化算法 (DG-CSO，DG-PSO) 的前景物体轮廓的清晰度高于未加分组优化策略的优化算法（CSO）。从视觉上看，DG-CSO 算法提取的透明度遮罩值更接近真实值透明度遮罩值。可视化结果表明，加分组优化策略的两个优化算法（DG-CSO，DG-PSO）提取的透明度遮罩值视觉效果比较好，这进一步说明了分组优化策略能有效地提高透明度遮罩值。

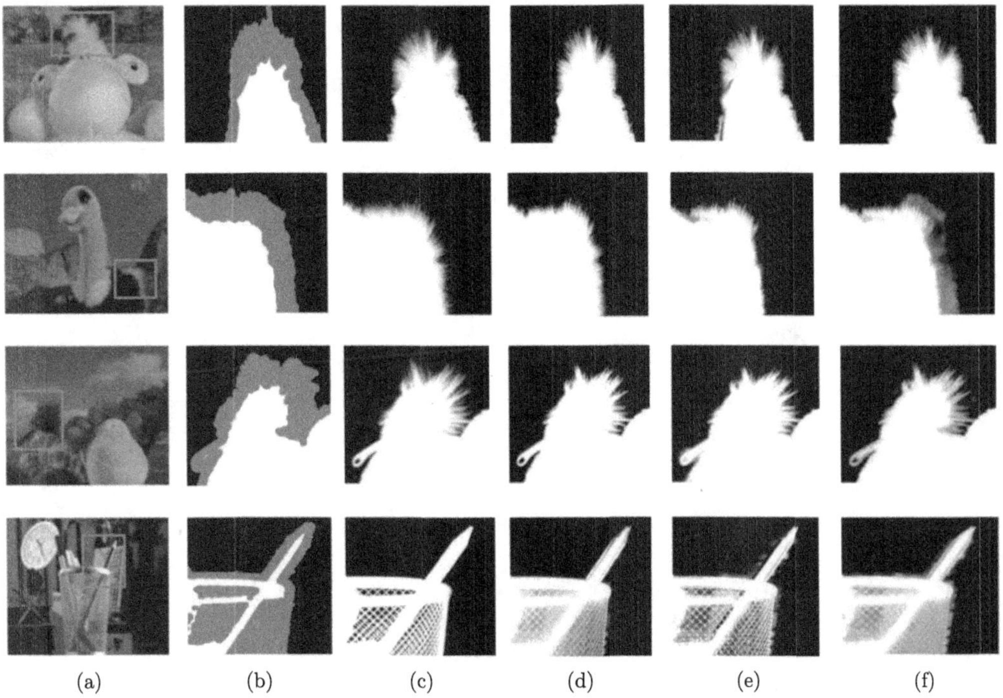

图 5-5　标清图像部分透明度遮罩值对比结果

(a) 带标定区域原图；(b) 标定区域对应三分图；(c) 标定区域真实遮罩值；(d) DG-CSO 算法提取的透明度遮罩值；(e) CSO 算法提取的透明度遮罩值；(f) DG-PSO 算法提取的透明度遮罩值。

5.3　基于群体协同优化的自然图像抠图算法

考虑到高清图像前景遮罩的提取精度问题，本节提出了基于群体协同优化的自然图像抠图算法（competitive swarm optimization algorithm based on group collaboration，GC-CSO）。该算法主要包括两部分：①基于 RGB 聚类的多类协同优化策略部分，通过在聚类结果的每一类中选取代表像素来构建新的优化目标；②基于协同目标反馈的分组优化策略，该部分主要将新的优化目标搜索的当前最优解作为子问题初始种群的启发式信息，进而通过求解每一个子问题来有效地提高算法的求解精度和搜索效率。设 P 为种群的集合，P_t 为第 t 代种群，X_i 为未知区域第 i 种颜色的像素集合（类）中所有未知像素的前景背景像素对的决策变量，$|U|$ 为未知区域像素的数量，具体的求解流程如算法 5-2 所示。

在算法 5-2 中，选用群体竞争优化算法优化目标，通过种群中个体的竞争学习进化来搜索最优解[123]。本节针对高清图像前景遮罩提取问题对群体竞争优化算法做了以下改进：①算法中决策变量的每一个元素由高清图像中未知像素的前景背景像素对组成，即种群 P 的个体维度由 C 决定，个体中每一位都是二维变量，分别由前景像素的决策变量和背景像素的决策变量两个变量组成；②种群个体中每一位的值都来自前景区域和背景区域像素的颜色值，即每一位的值为整数值，因此在评价过程中需要将实数转换为整数处理。种群中每个个体的搜索空间基于已知的前景区域和背景区域，因此在个体竞争选择过程中需要判断搜索是否越界。算法 5-2 中的第 2~10 行是基于协同目标反馈的分组优化策略部分，主要用于提高高清前景遮罩的提取精度。

算法 5-2: 基于群体协同优化的自然图像抠图算法

输入： 高分辨率图像和三分图

输出： $X_{\text{best}} = (X_{1,\text{best}}, X_{2,\text{best}}, \cdots, X_{c,\text{best}})$

1: // 基于 RGB 颜色聚类的多类协同优化策略
2: 通过 RGB 色彩空间对未知区域 U 进行聚类，生成 C 类
3: $i \Leftarrow 1$
4: **while** $i \leqslant C$ **do**
5:     $X' \Leftarrow X' \cup$ 从 X' 中随机选择未知像素 x_i'
6:     $i \Leftarrow i+1$
7: **end while**
8: 根据维度值 X' 中的 $|X'|$
9: 运行群体竞争优化算法，优化目标 X'
10: 获得最优 X'_{best}
11: // 基于协作目标反馈的分组优化策略
12: $X_{\text{best}} \Leftarrow \vec{0}_{(1\times|U|)}$
13: $i \Leftarrow 1$
14: **while** $i \leqslant C$ **do**
15:     $X_i \Leftarrow X'_{\text{best}}(i)$, 其中 $X'_{\text{best}}(i)$ 表示 X'_{best} 中第 i 个元素
16:     根据群体协同的群体竞争优化算法来优化目标 X_i
17:     操作群体竞争优化算法对目标 X 进行优化
18:     获得子问题 i 的解 $X_{i,\text{best}}$
19:     $i \Leftarrow i+1$
20: **end while**

5.3.1 基于 RGB 聚类的多类协同优化策略

算法 5-2 中的基于 RGB 聚类的多类协同优化策略部分，主要用于降低问题维度，降低算法的计算复杂度。设计的基本思想是将未知区域的高维决策变量按照像素的不同颜色信息进行聚类，从每一类中随机选择一个未知像素作为该类的代表，生成新的优化目标。

假设未知区域中相同颜色像素对应的前景背景像素对具有相似的遮罩值，令 X_i 为未知区域第 i 种颜色的像素集合（类）中所有未知像素的前景背景像素对的决策变量，I_i^U 为未知区域中第 i 个未知像素的 RGB 颜色，R_i 表示第 i 种颜色值，N 表示未知区域像素的数量，η 表示未知区域像素的 RGB 颜色数，则基于 RGB 聚类的多类协同优化策略如算法 5-3 所示。

在算法 5-3 中，首先根据 RGB 空间像素颜色将未知区域中所有未知像素划分为 η 个集合（类），在每一类中随机选取一个未知像素作为该类的代表，生成聚类后新的待优化决策变量 X，该决策变量的维度为 η，即前景提取问题决策变量的维度由 N 降为

算法 5-3: 基于 RGB 聚类的多类协同优化策略

输入： 未知像素集合 P_U
输出： X'_{best}

//RGB 聚类部分
$i \Leftarrow 1;\ j \Leftarrow 1$
while $i \leqslant \eta$ **do**
　while $j \leqslant N$ **do**
　　if $I_j^U == R_i$ **then**
　　　$X_i \Leftarrow X_i \cup x_j$
　　end if
　end while
end while
while $i \leqslant \eta$ **do**
　$X^{'} \Leftarrow X^{'} \cup$ 从 $X^{'}$ 中随机选择一个未知的 $x_i^{'}$
　$i \Leftarrow i + 1$
end while
//初始种群 P 随机生成，种群大小为 n
while $i \leqslant n$ **do**
　while $j \leqslant \eta$ **do**
　　$x_{i,j}^F \Leftarrow 1 + (|P_F| - 1) \cdot \text{rand}()$
　　$x_{i,j}^B \Leftarrow 1 + (|P_B| - 1) \cdot \text{rand}()$
　　$x_i^{'} \Leftarrow x_i^{'} \cup (x_{i,j}^F, x_{i,j}^B)$
　end while
　$P_0 \Leftarrow P_0 \cup x_i^{'}$
end while
//协同优化部分
while 不满足终止条件 **do**
　用式(5-4)评估 P_t 中的所有个体
　$P^{'} \Leftarrow P_t; P_{t+1} \Leftarrow \varnothing$
　while $P^{'} \neq \varnothing$ **do**
　　从 P_t 中随机选择两个个体 x_{r1}^t, x_{r2}^t
　　if $f(x_{r1}^t) \leqslant x_{r2}^t$ **then**
　　　$X_w^t \Leftarrow X_{r1}^t; X_l^t \Leftarrow X_{r2}^t$
　　else
　　　$X_w^t \Leftarrow X_{r2}^t; X_l^t \Leftarrow X_{r1}^t$
　　end if
　　$V_l^{t+1} \Leftarrow R_1^t \cdot V_l^t + R_2^t \cdot \left(X_w^t - X_l^t\right) + \varphi \cdot R_3^t \cdot \left(\overline{X^t} - X_l^t\right)$
　　$X_l^{t+1} \Leftarrow X_l^t + V_l^{t+1}$
　　while $i \leqslant \eta$ **do**
　　　$x_{l,j}^F \Leftarrow \min\left(x_{l,j}^F, |\mathcal{P}_F|\right); x_{l,j}^F \Leftarrow \max\left(x_{l,j}^F, 1\right)$
　　　$x_{l,j}^B \Leftarrow \min\left(x_{l,j}^B, |\mathcal{P}_B|\right); x_{l,j}^B \Leftarrow \max\left(x_{l,j}^B, 1\right)$
　　end while
　　把 X_l^{t+1} 和 X_w^t 加到新一代种群 P_{t+1}, 把 X_{r1}^t 和 X_{r2}^t 从 $P^{'}$ 中移除
　end while
　$t \Leftarrow t + 1$
end while

η。由于种群中每个个体的搜索空间位于已知的前景区域和背景区域，因此，高清图像前景遮罩提取问题具有已知的搜索上界和下界，算法 5-3 的第 15~22 行给出了初始种群的随机生成方法。为了搜索到更好的解，种群中的任意两个个体 X'_{r1} 和 X'_{r2} 通过适应值对比来选取较好的个体，对于比较中失败的个体将通过第 34 和第 35 行的学习机制向获胜者学习，学习后进入下一代种群。另外，为了避免失败个体在学习机制的计算过程中越界，第 36~39 行给出了避免越界的方法。通过基于 RGB 聚类的多类协同优化策略最终获得当前最优解 x'_{best}。

5.3.2　基于协同优化的图像抠图

本节将在 RGB 聚类的多类协同优化策略的基础上建立协同目标反馈的分组优化策略，用于提高高清图像前景遮罩的提取精度。设 $X=(X_1,X_2,\cdots,X_n)$，其中 X_i 为未知区域第 i 种颜色的像素集合（类）中所有未知像素的前景背景像素对的决策变量 (子问题)，X'_{best} 为协同目标的当前最优解。该策略的基本思想是将 X 中每一个最优元素 (最优前景背景像素对) 作为对应子问题（每个集合）种群的启发式信息，引导种群快速搜索到最优解。下面给出协同目标反馈的分组优化策略框架图，如图 5-6 所示。由图 5-6 的框架流程可知，通过多类协同的优化策略获得协同目标，结合群体竞争优化算法搜索到目前的最优解 X'_{best}，将 X'_{best} 中第 i 个元素（最优前景背景像素对）$x'_i=(x^F_{i,\text{best}},x^B_{i,\text{best}})$ 作为 X_i 中未知像素求解的启发式信息，即利用 x'_i 的已知最优前景背景像素对信息生成

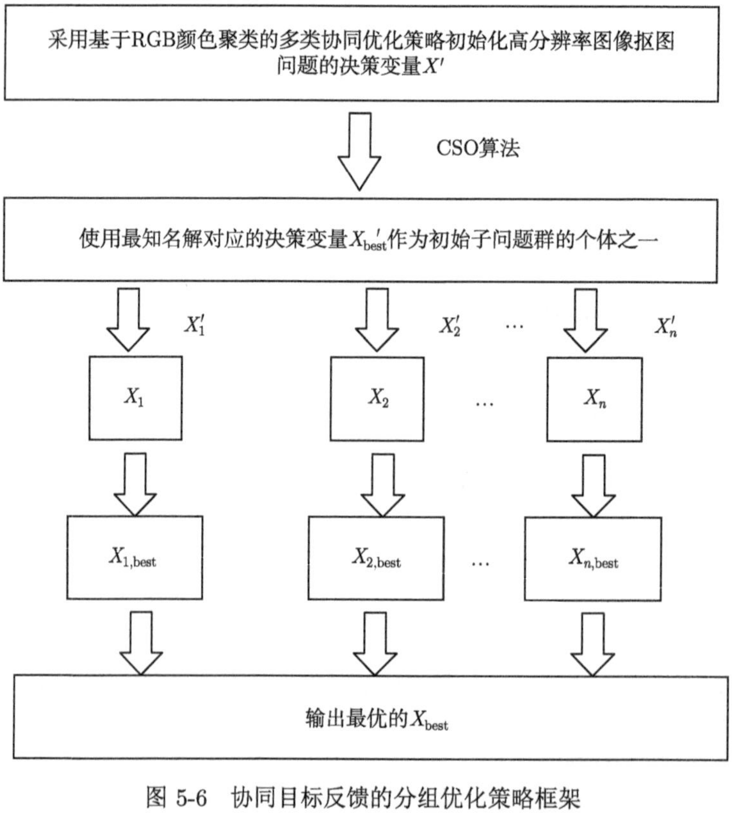

图 5-6　协同目标反馈的分组优化策略框架

X_i 类子问题初始种群 P_0 的一个已知个体，其余个体随机生成。由于群体竞争优化算法通过种群中个体的竞争学习来搜索最优解，因此，种群中其余个体将通过和已知个体竞争学习快速向最优解方向收敛。基于上述求解流程，将 X'_{best} 中每一个最优元素传递到 X 对应的类中，实现各个子问题的逐一求解，最终获得最优解 $X_{\text{best}} = (X_{1,\text{best}}, X_{2,\text{best}}, \cdots, X_{n,\text{best}})$。

基于 RGB 聚类的多类协同优化策略和基于协同目标反馈的分组优化策略刻画了群体协同优化的性质。下面通过 AlphaMatting 基准数据集[6] 对上述所提算法进行验证分析。

5.3.3 实验设计与分析

本实验的目的是验证 GC-CSO 算法在求解高清图像前景遮罩提取问题上的有效性，主要包括实验设置、所提算法的性能分析及 GC-CSO 算法与典型带分组策略的优化算法的对比分析。

1. 实验设置

本节选用 Rhemann 等[6] 提出的 AlphaMatting 基准数据集及对应的三分图作为实验数据。该基准数据集中每一幅高清图像都提供了标准的前景遮罩，为了确保实验结果的可对比性，所有算法实现均在 MATLAB 2017b 环境下进行，所有实验均在使用 Intel Xeon E5 2.4GHz CPU 及 32GB 内存的服务器上运行。以上述实验环境为基础，本节分别设置了两组实验。

1）GC-CSO 算法与群体竞争优化（CSO）算法[22] 的对比分析。该实验主要验证基于 RGB 聚类的多类协同优化策略可以显著降低问题的维度，并在问题维度显著降低的情况下提高高清图像前景遮罩的提取精度。

2）GC-CSO 算法与典型带分组策略的大规模优化算法的对比分析。本节所提算法将与协同进化粒子群优化（cooperatively coevolving particle swarm optimization，CC-PSO）算法[124]、基于离散策略的协同进化差分进化（cooperative coevolution differential evolution with a scattered strategy，CC-DE-S）算法[21] 等具有代表性的分组策略算法进行对比分析，来验证所提算法在求解高清图像前景遮罩提取问题上的性能。

为了保证所设置实验中不同算法实验结果的可对比性，本章采用均方误差这一定量指标进行评价。均方误差可以表示如下：

$$\text{MSE} = \frac{\sum_{z=1}^{N} \left(a_z - a_z^{'}\right)^2}{N} \tag{5-3}$$

式中，N 表示未知区域 U 中未知像素的数量，a_z 表示未知像素 z 估算的前景遮罩值，$a_z^{'}$ 表示未知像素 z 对应的标准前景遮罩值。基于上述实验设置，下面首先给出 GC-CSO 和 CSO 算法的对比实验。

2. GC-CSO 和 CSO 算法的对比分析

为了考查设计的 GC-CSO 算法在高清图像前景遮罩提取问题上的效果，本节实验将分别从基于 RGB 聚类的分类协同优化策略的降维效果、所提算法与群体竞争优化算法的性能对比两方面展开分析。

实验使用 Rhemann 等[6] 提供的 27 幅高清彩色图像及对应的三分图作为原始数据，对应的基准前景遮罩作为实验结果的验证标准。

为了便于分析降维效果，下面给出了采用与不采用基于 RGB 聚类的多类协同优化策略的决策变量维度的对比情况。表 5-4 给出了 AlphaMatting 基准数据集中 27 幅高清图像降维前后的对比结果。其中，X 维度表示未知区域所有未知像素的前景背景像素对的决策变量维度，X' 维度表示采用基于 RGB 聚类的多类协同优化策略后未知区域的前景背景像素对的决策变量维度。由结果可知，在 27 幅图像中，除了 GT05、GT12、GT14、GT15 4 幅图像外，其他图像未知区域的决策变量维度都在 100 万以上。因此，本节所优化的高清图像前景遮罩提取问题属于高维的组合优化问题。此外，通过观测降维前后的对比结果可知，采用基于 RGB 聚类的多类协同优化策略的决策变量的降维效果明显，且高清图像中颜色空间的分级越多聚类效果越明显。

表 5-4 AlphaMatting 基准数据集中高清图像降维前后的决策变量对比情况

决策变量维度	GT01	GT02	GT03	GT04	GT05	GT06
X 的维度	1051874	1871217	1602223	3681622	879551	1220458
X' 的维度	367432	191294	276900	824993	141777	226212
决策变量维度	GT07	GT08	GT09	GT10	GT11	GT12
X 的维度	1182974	1872160	1309282	1309983	1202842	768659
X' 的维度	181320	481223	243405	175371	288977	234301
决策变量维度	GT13	GT14	GT15	GT16	GT17	GT18
X 的维度	3411227	877021	994511	1682771	1146322	1064989
X' 的维度	215929	175579	120159	298514	179987	243954
决策变量维度	GT19	GT20	GT21	GT22	GT23	GT24
X 的维度	725149	1167945	2992362	1285129	1203427	1318789
X' 的维度	242952	278184	472514	254230	186337	266761
决策变量维度	GT25	GT26	GT27			
X 的维度	1712779	2573636	2577680			
X' 的维度	407020	500700	752028			

注：X 表示原高分辨率图像抠图问题的决策变量；X' 表示基于 RGB 颜色聚类的多类协同优化策略的高分辨率图像抠图问题的决策变量。

为了验证所提基于 RGB 聚类的多类协同优化策略和基于协同目标反馈的分组优化策略对算法性能的影响，也为了进一步验证本节所提出的 GC-CSO 算法的有效性，令求解高清图像前景遮罩提取问题的最大评价次数为 5×10^3，分别对 GC-CSO 算法和 CSO 算法求出的高清图像前景遮罩与标准前景遮罩做均方误差，27 幅图像的均方误差对比结果如表 5-5 所示。

在表 5-5 的对比结果中，虽然 GC-CSO 算法在 GT08、GT10 和 GT12 上的均方误差略高，但与 CSO 算法相比，本节所提算法求解的前景遮罩在其他 24 幅高清图像上具有较低的均方误差。此外，虽然表 5-5 所示的 GC-CSO 算法和 CSO 算法的均方误差对比结果没有大的差异，但从图 5-7 可以看出本节所提算法求解的高清图像前景遮罩结果明显优于 CSO 算法，这是由于基于 RGB 聚类的多类协同优化策略在不改变前景区域和背景区域的基础上降低了决策空间的维度，有助于降低优化目标在搜索最优前景背景像素对时的估算误差。实验结果表明，本节所提算法与 CSO 算法相比，在求解高清图像前景遮罩提取问题上具有明显优势，且进一步验证了所提 GC-CSO 算法在保证问题维度显著降低的情况下提高了高清图像前景遮罩的提取精度。

表 5-5　GC-CSO 算法和 CSO 算法的均方误差对比结果

算法	GT01	GT02	GT03	GT04	GT05	GT06
GC-CSO	$\mathbf{2.251 \times 10^{-2}}$	$\mathbf{3.847 \times 10^{-2}}$	$\mathbf{3.350 \times 10^{-2}}$	$\mathbf{6.423 \times 10^{-2}}$	$\mathbf{3.233 \times 10^{-2}}$	$\mathbf{5.971 \times 10^{-2}}$
CSO	2.340×10^{-2}	3.915×10^{-2}	3.526×10^{-2}	7.835×10^{-2}	3.362×10^{-2}	6.144×10^{-2}
算法	GT07	GT08	GT09	GT10	GT11	GT12
GC-CSO	$\mathbf{1.961 \times 10^{-2}}$	8.116×10^{-2}	$\mathbf{6.639 \times 10^{-2}}$	6.887×10^{-2}	$\mathbf{9.837 \times 10^{-2}}$	9.214×10^{-3}
CSO	1.986×10^{-2}	$\mathbf{7.761 \times 10^{-2}}$	6.899×10^{-2}	$\mathbf{6.754 \times 10^{-2}}$	9.861×10^{-2}	$\mathbf{9.110 \times 10^{-3}}$
算法	GT13	GT14	GT15	GT16	GT17	GT18
GC-CSO	$\mathbf{9.514 \times 10^{-2}}$	$\mathbf{4.112 \times 10^{-2}}$	$\mathbf{5.865 \times 10^{-2}}$	$\mathbf{2.946 \times 10^{-1}}$	$\mathbf{2.800 \times 10^{-2}}$	$\mathbf{8.400 \times 10^{-2}}$
CSO	1.085×10^{-1}	4.465×10^{-2}	6.030×10^{-2}	3.141×10^{-1}	2.875×10^{-2}	8.661×10^{-2}
算法	GT19	GT20	GT21	GT22	GT23	GT24
GC-CSO	$\mathbf{8.385 \times 10^{-2}}$	$\mathbf{2.171 \times 10^{-2}}$	$\mathbf{7.367 \times 10^{-2}}$	$\mathbf{3.569 \times 10^{-2}}$	$\mathbf{4.167 \times 10^{-2}}$	$\mathbf{1.546 \times 10^{-1}}$
CSO	8.433×10^{-2}	2.226×10^{-2}	7.370×10^{-2}	3.662×10^{-2}	4.230×10^{-2}	1.605×10^{-1}
算法	GT25	GT26	GT27			
GC-CSO	$\mathbf{2.254 \times 10^{-1}}$	$\mathbf{1.365 \times 10^{-1}}$	$\mathbf{1.938 \times 10^{-1}}$			
CSO	2.442×10^{-1}	1.411×10^{-1}	1.966×10^{-1}			

注：加粗字体为每列最优值。

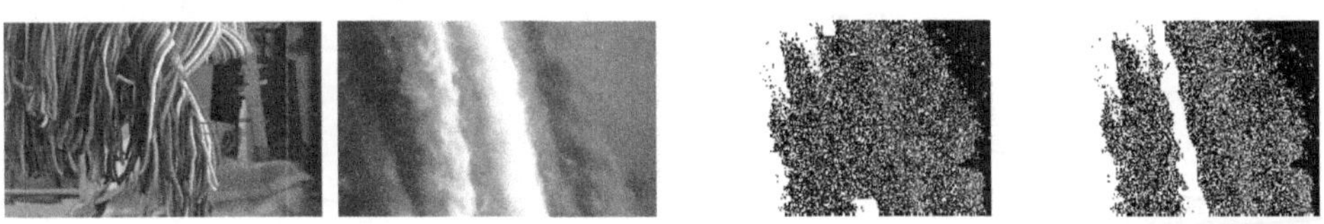

(a)　(b)　(c)　(d)

图 5-7　GC-CSO 算法和 CSO 算法在高清图像（GT27）上的前景遮罩对比结果

(a) 带标定区域的原图；(b) 标定区域；(c) CSO 算法在标定区域的前景遮罩提取结果；(d) GC-CSO 算法在标定区域的前景遮罩提取结果。

3. GC-CSO 算法与典型带分组策略的优化算法的对比分析

本节主要分析所提 GC-CSO 算法在求解高清图像前景遮罩提取问题上的性能，分别通过与 CC-PSO 和 CC-DE-S 等带分组优化策略的优化算法的对比来进行验证分析。

为了便于对比分析，将参与对比实验的算法的最大评价次数设为 5×10^3，且 CC-PSO 算法和 CC-DE-S 算法的参数分别按照文献 [26] 进行设置。分别通过估算基于 GC-CSO、CC-PSO 和 CC-DE-S 这三种带分组策略的优化算法求解的高清图像前景遮罩与标准前景遮罩的均方误差来进行对比分析，对比结果如表 5-6 所示。

由表 5-6 可知，本节所提 GC-CSO 算法在 27 幅图像中的 21 幅上均方误差低于 CC-PSO 算法，其余 6 幅图像的均方误差略高于 CC-PSO 算法。与 CC-DE-S 算法相比，本节所提算法在 17 幅图像上获得更低的均方误差。实验结果表明，所提算法与 CC-PSO、CC-DE-S 算法相比，在求解高清图像前景遮罩提取问题上更具优势。这也进一步验证了在不改变前景区域、背景区域采样空间的基础上，采用本节所提算法在问题维度显著降低的情况下保证了高清图像前景遮罩的提取精度。

表 5-6 GC-CSO 和典型带分组策略的优化算法的均方误差对比结果

算法	GT01	GT02	GT03	GT04	GT05	GT06
GC-CSO	2.251×10^{-2}	**3.847×10^{-2}**	3.350×10^{-2}	**6.423×10^{-2}**	**3.233×10^{-2}**	5.971×10^{-2}
CC-PSO	1.959×10^{-2}	4.012×10^{-2}	**3.120×10^{-2}**	7.591×10^{-2}	4.326×10^{-2}	6.458×10^{-2}
CC-DE-S	**1.527×10^{-2}**	3.881×10^{-2}	3.6590×10^{-2}	7.944×10^{-2}	4.190×10^{-2}	**5.678×10^{-2}**
算法	GT07	GT08	GT09	GT10	GT11	GT12
GC-CSO	**1.961×10^{-2}**	**8.116×10^{-2}**	**6.639×10^{-2}**	6.887×10^{-2}	**9.837×10^{-2}**	9.214×10^{-3}
CC-PSO	2.593×10^{-2}	8.714×10^{-2}	6.830×10^{-2}	7.179×10^{-2}	1.227×10^{-1}	**1.411×10^{-2}**
CC-DE-S	2.981×10^{-2}	9.418×10^{-2}	7.406×10^{-2}	**6.639×10^{-2}**	9.844×10^{-2}	1.819×10^{-2}
算法	GT13	GT14	GT15	GT16	GT17	GT18
GC-CSO	9.514×10^{-2}	**4.112×10^{-2}**	**5.865×10^{-2}**	2.946×10^{-1}	**2.800×10^{-2}**	**8.400×10^{-2}**
CC-PSO	9.281×10^{-2}	5.564×10^{-2}	6.538×10^{-2}	3.035×10^{-1}	5.206×10^{-2}	8.427×10^{-2}
CC-DE-S	**7.343×10^{-2}**	5.055×10^{-2}	6.113×10^{-2}	**1.879×10^{-1}**	4.423×10^{-2}	8.695×10^{-2}
算法	GT19	GT20	GT21	GT22	GT23	GT24
GC-CSO	8.385×10^{-2}	**2.171×10^{-2}**	7.367×10^{-2}	**3.569×10^{-2}**	4.167×10^{-2}	**1.546×10^{-1}**
CC-PSO	**8.381×10^{-2}**	2.351×10^{-2}	7.085×10^{-2}	3.898×10^{-2}	6.251×10^{-2}	1.577×10^{-1}
CC-DE-S	8.414×10^{-2}	2.198×10^{-2}	**5.745×10^{-2}**	3.835×10^{-2}	**3.400×10^{-2}**	8.465×10^{-1}
算法	GT25	GT26	GT27			
GC-CSO	2.254×10^{-1}	**1.365×10^{-1}**	1.938×10^{-1}			
CC-PSO	2.084×10^{-1}	1.577×10^{-1}	2.060×10^{-1}			
CC-DE-S	**2.001×10^{-1}**	1.400×10^{-1}	**1.226×10^{-1}**			

注：加粗字体为每列最优值。

为了进一步分析 GC-CSO 算法在高清图像前景遮罩提取上的性能，图 5-8 给出了所提算法与 CC-PSO 算法、CC-DE-S 算法的可视化对比结果。从图 5-8 可以看出，与 CC-PSO 算法相比，本节所提算法求解的高清图像前景遮罩噪声较小，前景物体轮廓清晰，具有较好的视觉效果。与 CC-DE-S 算法相比，本节所提算法虽然在 GT11、GT16 和 GT27 上的均方误差较大，但图 5-8 中第 2 行 (GT11)、第 5 行 (GT16) 和第 6 行 (GT27) 的前景遮罩提取结果却没有明显的差异，这是因为本节所提基于 RGB 聚类的协同优化策略在对未知区域相同颜色像素聚类时没有像素位置的限制，优化的每一类子问题是对散布于整个未知区域的相同颜色像素进行优化。因此，在均方误差差异不明显的情况下，本节所提算法在视觉上优于 CC-DE-S 算法。实验结果表明，本节所提算法在求解高清图像前景遮罩提取问题方面存在明显的优势，且进一步验证了 GC-CSO 算法在保证问题维度显著降低的情况下提高了高清图像前景遮罩的提取精度。

(a)　(b)　(c)　(d)　(e)

图 5-8　高清图像前景遮罩提取的对比结果

(a) 带标定区域的原图；(b) 标定区域对应的三分图；(c) GC-CSO 算法的前景遮罩提取结果；(d) CC-PSO 算法的前景遮罩提取结果；(e) CC-DE-S 算法的前景遮罩提取结果。

5.4　基于分解优化的自然图像抠图算法

5.4.1　决策集分解策略

在定义有效决策子集的基础上，假设根据图像的颜色和空间信息可以实现对高分辨率图像前景遮罩提取问题的分解（将决策集分解为多个决策子集）。基于该假设，本节设计了决策集分解策略，该策略利用均值偏移的思想对未知区域像素的颜色与空间位置信息进行聚类降维，从而将决策集分解为多个决策子集。

由式(5-4)可知，未知区域像素集合 $U=\{P_1,P_2,\cdots,P_n\}$ 中的每个未知像素对应决策集中一组前景背景像素对，因此，整个未知区域的决策集搜索维度为 2^n。在决策集分解策略的基础上，假设高分辨率图像前景遮罩提取问题被分解为 n 个子问题，即有 $S=\{S_1,S_2,\cdots,S_n\}$，每个子问题的未知像素个数为 $|S_i|$,$i=1,2,\cdots,n$，则此时每个子问题的决策子集维度为 $z^{|S_i|}<<2^n$，搜索的空间维度远小于整个决策集的维度。

$$
\begin{aligned}
&\min G(X)\\
&\text{s.t.}G(X)=\left(G'(X_1),G'(X_2),\cdots,G'(X_\eta)\right)\\
&X=(X_1,X_2,\cdots,X_\eta)
\end{aligned}
$$

$$
\begin{aligned}
& G'(X_i) = \sum_{k=1}^{|\eta_i|} m_k(x_k) \\
& X_i = \left(x_1, x_2, \cdots, x_{|\eta_i|}\right) \\
& x_k = \left(x_k^F, x_k^B\right) \in \eta_i \\
& i = 1, 2, \cdots, |\eta|, x_k^F \in F, x_k^B \in B
\end{aligned}
\tag{5-4}
$$

因此，根据决策集分解策略，高分辨率图像这一大规模组合优化问题分解为了多个小规模的子优化问题，以将决策集分解为多个决策子集，那么，通过对有效决策子集 (分解的多个决策子集的集合) 的搜索来代替对整个决策集的搜索能够求解每一个子优化问题。本节所提的有效决策子集是分解后的决策子集的集合，也是决策集的一个子集。设未知区域 U 中的像素点个数为 n；$U = \{P_1, P_2, \cdots, P_n\}$ 为未知区域中未知像素点集合；η 为分解后的子问题个数，h 表示带宽；ϵ 为每个类中允许的最少像素点个数；M 为带宽 h 内所有像素点的信息；$m_{\text{shift}}(p_i) = \dfrac{\sum\limits_{j=1}^{n} p_j g\left(\left\|\dfrac{p_i - p_j}{h}\right\|_2\right)}{\sum\limits_{j=1}^{n} g\left(\left\|\dfrac{p_i - p_j}{h}\right\|_2\right)} - p_i$ 表示偏移向量；其中最优解 X^* 所在的决策子集被视为有效决策子集。决策集分解流程如算法 5-4 所示。

算法 5-4: 决策集分解策略

输入： 高分辨率图像和三分图

输出： $S = (S_1, S_2, \cdots, S_\eta)$

从未知区域 U 中随机选取一个像素点 P_i 作为初始中心
// 决策集分解过程
for $i = 1$ to n **do**
  while 未满足终止条件 **do**
    $M_j(P) = \left\{y \mid (p - p_i)^{\mathrm{T}} (p - p^i) \leqslant h^2\right\}$
    $S = S_{p_i \in m_j} \cup \{P\}$
    计算偏移向量 $m_{\text{shift}}(P)$
    $P_i = P_i + m_{\text{shift}}(P)$
    if $|m_{\text{shift}}(P) - m_{\text{shift}}(P)| \to 0$ **then**
      break
    end if
  end while
  for $j = 1$ to $\left|S'\right|$ **do**
    if S_j 中像素点个数 $< \varepsilon$ **then**
      $S_j = S_j + S_{j+1}$
    else
      $j = j + 1$
    end if
  end for
end for

在算法 5-4 中，高分辨率图像前景遮罩提取问题被分解为多个小规模的子优化问题。其中，第 4~6 行通过计算中心像素点与其他像素点的距离得到同一带宽中的像素点集合。第 7~11 行通过计算偏移向量之间的差值获取最终的偏移重心，确定第 η 类像素点信息。第 13~19 行用于判断某一类中的像素点个数是否小于 ϵ 个像素点，若小于 ϵ，则将该类别合并到相邻的类中，最终产生 η 个类，得到 $S=(S_1,S_2,\cdots,S_n)$。

5.4.2　优化信息传递策略

在决策集分解策略的基础上，高分辨率图像的前景遮罩提取问题被分解为多个子优化问题。根据像素之间的相关性，假设子问题 (类) 之间可以通过权重关系实现优化信息的传递。基于该假设，编者设计了优化信息传递策略，该策略通过计算子问题间的权重关系来构建图像前景遮罩提取问题的优化序列，将前一个类的最优解作为启发式信息传递到下一个类别中，作为该类的初始解，以帮助该类搜寻到最优解。下面首先给出子问题之间权重关系的定义。

定义 5-3（类的权重）：设 $S_i^\lambda=(P_i^{\mathrm{R}},P_i^{\mathrm{G}},P_i^{\mathrm{B}})$ 为第 i 类中心像素的颜色值，$S_i^d=(P_i^x,P_i^y)$ 为第 i 类中心像素的坐标，令 $g(S^\lambda)=\dfrac{S_i^\lambda-\overline{S}^\lambda}{\sigma(S^\lambda)}$ 和 $g(S^\lambda)=\dfrac{S_i^d-\overline{S}^d}{\sigma(S^d)}$，则第 i 个类与第 j 个类之间的权重公式如下：

$$\omega_{i,j}=\frac{||g(S_i^\lambda)-g(S_j^\lambda)||_2+||g(S_i^d)-g(S_j^d)||_2}{2} \tag{5-5}$$

式中，$\overline{S}^\lambda$,$\overline{S}^d$ 分别表示第 i 类中所有像素的颜色、坐标均值；$\sigma(S^\lambda)$,$\sigma(S^d)$ 分别表示第 i 类中所有像素的颜色、坐标标准差。

由定义 5-3 可知，通过计算每个类中心像素点之间的权重值，可以获取类与类之间的权重关系。假设权重值越小，则两个类之间相似程度越高，那么在优化信息传递过程中优先进行传递。通过计算所有类别之间的权重值，并按照权重大小对各类别进行排序，从而获取优化信息的传递次序。设 $V=\{V_1,V_2,\cdots,V_\eta\}$ 表示对每个类进行排序之后的有序集合，$W=\{\omega_1,\omega_2,\cdots,\omega_\eta\}$ 表示类之间的权重集合，η 为类别个数。具体优化信息传递策略如算法 5-5 所示。

算法 5-5: 优化信息传递策略

输入： 子优化问题 $S=\{S_1,S_2,\cdots,S_\eta\}$
输出： $V=\{V_1,V_2,\cdots,V_\eta\}$

从未知区域 U 中随机选取一个像素点 P_i 作为初始中心
利用式(5-4)计算所有类（子优化问题）之间的权重集合 $W=\{\omega_1,\omega_2,\cdots,\omega_\eta\}$
$i=0$
$V_i=$ 从集合 $S=\{S_1,S_2,\cdots,S_\eta\}$ 中随机选择第 i 类
while $|V|\neq|S|$ **do**
　for $i=1$ to η **do**
　　$w_i=$ 从 S 和 $S-V$ 中选择最小权重
　　$i=i+1$
　　$V_i=S_i$, 其中 V_i 表示集合 S 中权重 w_i 对应的类
　end for
end while

5.4.3 基于微搜索的前景遮罩提取算法

在决策集分解策略与优化信息传递策略的基础上，针对高分辨率图像中局部前景背景信息极为相似时易出现前景遮罩抠反的问题，本节提出基于微搜索的前景遮罩提取算法（micro-scale searching alpha matting，MS-AM）来求解高分辨率图像中的抠反问题。MS-AM 算法在决策集分解策略的基础上能够将大规模问题分解，并通过优化信息传递策略进行同类之间的信息共享。最后通过对有效决策子集（存在最优解的决策子集）的搜索替代整个决策集的搜索来寻找最优解，在有效降低计算时间复杂度的同时避免了前景背景极为相似区域的抠反情况。设 it 为迭代次数，K 为最大迭代次数，PSO(*) 表示采用 PSO 算法作为优化器搜寻最优解的过程，X^* 为每个子问题优化后所搜寻的最优解，$X_{\min}$ 为整个前景遮罩提取问题输出的最终解。MS-AM 的算法流程如算法 5-6 所示。

算法 5-6: 基于微搜索的前景遮罩提取算法

输入： 高分辨率图像和三分图
输出： $X_{\min}$

// 决策集分解策略部分
// 将高分辨率图像抠图问题分解为多个子优化问题 $S=\{S_1,S_2,\cdots,S_\eta\}$
// 优化信息传递策略部分
// 获取优化信息传递次序 $V=\{V_1,V_2,\cdots,V_\eta\}$
// 微搜索优化部分
$\theta=V_i, i=1$
while $i<=\eta$ **do**
  // 优化子问题 θ
  if 存在候选解 C **then**
    PSO(X) 更新最优解 X^*
    $X_{\min}=X_{\min}\cup X^*$
  else
    随机初始化 μ 个候选解 $C=\{c_1,c_2,\cdots,c_\mu\}$
    while $it<=K$ **do**
      利用式(5-1)计算每一个候选解 $c_j, j=1,2,\cdots,\mu$ 的颜色和空间适应值
      利用式(5-4)评估每个候选解的适应值
      PSO(C) 更新最优解 X^*
      if X^* 不需要更新 **then**
        Count $=$ Count $+1$
      else
        Count $=0$
      end if
    end while
    $X_{\min}=X_{\min}\cup X^*$
    $\theta=\theta\cup V_i$
    $i=i+1$
  end if
end while

在算法 5-6 中，选用 PSO 算法作为优化器来求解优化目标，在搜索最优解的过程中锁定有效决策子集的空间位置，从而通过在有效决策子集中的搜索来代替整个决策集的搜索。算法流程中的第 1、2 行两行为决策集分解策略部分，实现了高分辨图像大规模组合优化问题的有效分解。第 3、4 行两行为优化信息传递策略部分，该部分通过对子问题之间的权重大小进行排序获取优化信息的传递次序。第 6~27 行为微搜索优化部分，其中，第 9~12 行用于判断是否存在从上一个类中传递下来的初始解；第 13~22 行用于对第 V_1 个类的最优解进行更新；第 23~25 行实现最优解与问题的重组；第 27 行将上一个类的最优解传递到下一个类中作为初始解。

在 MS-AM 算法中，假设未知区域对应的决策集为 ψ，则求解整个未知区域的计算时间复杂性为 $O(\psi)$。由优化信息传递策略部分得到优化顺序 $(X_1, V_2, \cdots, V_\eta)$，当 MS-AM 算法在求解第一个类 V_1 时，通过优化器搜索到的最优解并锁定有效决策子集的空间位置。假设该有效决策子集为 η_r^*，则对该有效决策子集搜索的计算时间复杂性为 $O(\eta_r^*)$，其中，$\delta_r^* << \psi$，因此有 $O(\delta_r^*) << O(\psi)$。此外，根据优化信息传递次序 $(X_1, V_2, \cdots, V_\eta)$，假设每个类对应的有效决策子集为 $\delta_r^*, i = 1, 2, \cdots, \eta$，则对于 $\forall\ \delta_r^* \in \psi$，都有 $O(\delta_r^*) << O(\psi)$。因此，整个未知区域对应的计算时间复杂度为 $O(\delta_{r1}^*) + O(\delta_{r2}^*) + \cdots + O(\eta_{rn}^*)$，即 $O(\delta_{r1}^* + \delta_{r1}^* + \cdots + \delta_{r1}^*) < O(\psi)$。

5.4.4　实验设计与分析

为了验证 MS-AM 算法在高分辨率图像前景遮罩提取问题上解决抠反问题的性能。本节设置了三组实验，分别用于验证两个策略及 MS-AM 算法的有效性。

1. 实验设置

本节选用的实验数据为 Rhemann 等[6] 提出的 AlphaMatting 基准数据集，其中提供了 27 幅用于训练的彩色图像及其对应的真实前景遮罩结果与三分图。所有算法实现均在 MATLAB 2018a 环境下进行，实验均使用 Intel® Core™ i5-7500 3.4 GHz CPU 及 8 GB 内存的服务器运行。以上述实验环境为基础，本节分别设置了三组实验。

第一组实验：决策集分解策略的有效性分析，该实验主要验证决策集分解策略可以显著降低高分辨率图像前景遮罩提取问题的维度。

第二组实验：优化信息传递策略的有效性分析，该实验主要验证基于优化信息传递策略可以有助于 MS-AM 算法求解高分辨率图像抠图中的前景遮罩抠反问题。

第三组实验：MS-AM 算法与目前典型的抠图优化方法对比分析。本实验将 MS-AM 算法与协同进化粒子群优化算法（CC-PSO）[124]、基于离散策略的协同进化差分进化算法（CC-DE-S）[21]、分组协同群体竞争优化算法（GC-CSO）[30]、基于多准则分解的多目标进化算法（multiobjective evolutionary algorithm based on multicriteria decomposition，MOEAMCD）[1]、优化信息传递的图序优化算法（graph-order optimization algorithm for optimizing information transfer，OIT-GOA）[106] 及信息流抠图（information-flow matting，IF）[125] 等典型抠图优化算法进行对比分析，以验证所提算法在高分辨率图像前景遮罩提取问题上的性能与计算时间复杂性。

为了保证所设置实验中不同算法实验结果的可对比性，本文采用均方误差（MSE）

作为评价指标，且所有涉及的方法在每张图像上分别运行 30 次，以便对其性能进行统计分析。基于上述实验设置，下面首先给出决策集分解策略的有效性分析。

2. 决策集分解策略的有效性分析

为了验证决策集分解策略对高分辨率图像前景遮罩提取问题分解的有效性，本节采用决策集分解策略对高分辨率图像的未知区域进行分解，其中带宽及每个类中允许最少像素点个数的设置基于文献 [26]。分解结果如表 5-7 所示。

表 5-7 给出了 AlphaMatting 基准数据集中 27 幅高分辨率图像降维前后的对比结果。在 27 幅图像的原始决策变量中，其维度均处于几十万维甚至上百万维，由此可以看出，本节所优化的高分辨率图像前景遮罩提取问题属于超高维的优化问题。由表 5-7 的分解结果可以看出，除了其中决策变量原始维度均在百万维以上的 GT04、GT08、GT11、GT13、GT26、GT27 降维后的维度在 1 万维以上之外，其余原始维度在几十万维以上的图片均降维到了几千维，降维效果十分明显，有效降低了高分辨率图像前景遮罩提取问题的维度。由每幅图像对应的降维效果发现，高分辨率图像上相似区域越多，降维效果越明显。

表 5-7　AlphaMatting 基准数据集中高分辨率图像降维前后的决策变量维度对比

决策变量维度	GT01	GT02	GT03	GT04	GT05	GT06
X 的维度	1.63×10^5	2.24×10^5	7.09×10^5	2.16×10^6	1.36×10^5	2.37×10^5
X' 的维度	4.30×10^3	4.84×10^3	9.78×10^3	3.49×10^4	2.32×10^3	4.47×10^3
决策变量维度	GT07	GT08	GT09	GT10	GT11	GT12
X 的维度	2.79×10^5	1.06×10^6	4.55×10^5	2.87×10^5	3.76×10^5	1.87×10^5
X' 的维度	4.62×10^3	1.78×10^4	7.18×10^3	4.39×10^3	5.81×10^3	3.48×10^3
决策变量维度	GT13	GT14	GT15	GT16	GT17	GT18
X 的维度	1.05×10^6	2.19×10^5	2.88×10^5	8.96×10^5	3.55×10^5	2.23×10^5
X' 的维度	9.55×10^3	3.81×10^3	4.15×10^3	7.32×10^3	4.46×10^3	4.56×10^3
决策变量维度	GT19	GT20	GT21	GT22	GT23	GT24
X 的维度	1.22×10^5	2.97×10^5	6.60×10^5	3.21×10^5	3.37×10^5	4.68×10^5
X' 的维度	2.51×10^3	4.56×10^3	1.03×10^{-4}	6.43×10^3	4.96×10^3	7.89×10^3
决策变量维度	GT25	GT26	GT27			
X 的维度	9.45×10^5	1.11×10^6	1.11×10^6			
X' 的维度	1.81×10^4	1.10×10^4	1.93×10^4			

注：X 表示高分辨率图像前景遮罩提取问题的原始决策变量维度；X' 表示高分辨率图像前景遮罩提取问题分解降维后的决策变量维度。

3. 优化信息传递策略的有效性分析

为了验证优化信息传递策略在求解高分辨率图像上局部前景遮罩抠反问题上的有效性，本节将对基于优化信息传递策略的 MS-AM 算法与 PSO 算法进行对比分析，MS-AM 算法的优化器参数设置基于文献 [26]。

实验采用 Rhemann 等[6] 提供的 AlphaMatting 基准数据集中 27 幅高分辨率彩色图像及对应的三分图作为训练数据，以其中提供的真实遮罩图作为实验结果的评价标准。根据文献 [26] 中所设置的迭代次数，本节将求解高分辨率图像前景遮罩的最大评

估次数设置为 5×10^3。分别对 MS-AM 算法和 PSO 算法求解出的高分辨率图像前景遮罩值计算各自的均方误差（MSE），并给出 27 幅图像均方误差的对比结果，如表 5-8 所示。

表 5-8 MS-AM 和 PSO 算法的均方误差对比结果

算法	GT01	GT02	GT03	GT04	GT05	GT06
MS-AM	$\mathbf{4.52 \times 10^{-3}}$	$\mathbf{1.49 \times 10^{-2}}$	$\mathbf{8.64 \times 10^{-3}}$	$\mathbf{2.11 \times 10^{-2}}$	$\mathbf{8.80 \times 10^{-3}}$	$\mathbf{2.15 \times 10^{-2}}$
PSO	4.97×10^{-3}	1.72×10^{-2}	1.04×10^{-2}	2.20×10^{-2}	2.15×10^{-2}	2.50×10^{-2}
算法	GT07	GT08	GT09	GT10	GT11	GT12
MS-AM	$\mathbf{2.21 \times 10^{-2}}$	$\mathbf{3.50 \times 10^{-2}}$	$\mathbf{1.31 \times 10^{-2}}$	$\mathbf{3.01 \times 10^{-2}}$	7.12×10^{-2}	$\mathbf{6.05 \times 10^{-3}}$
PSO	3.14×10^{-2}	4.22×10^{-2}	8.13×10^{-3}	$.18 \times 10^{-2}$	$\mathbf{2.41 \times 10^{-2}}$	2.94×10^{-2}
算法	GT13	GT14	GT15	GT16	GT17	GT18
MS-AM	$\mathbf{2.59 \times 10^{-2}}$	2.78×10^{-2}	$\mathbf{3.73 \times 10^{-2}}$	1.15×10^{-1}	2.31×10^{-2}	$\mathbf{1.76 \times 10^{-2}}$
PSO	1.99×10^{-1}	$\mathbf{1.39 \times 10^{-2}}$	4.51×10^{-2}	$\mathbf{1.52 \times 10^{-2}}$	$\mathbf{1.88 \times 10^{-2}}$	2.24×10^{-1}
算法	GT19	GT20	GT21	GT22	GT23	GT24
MS-AM	$\mathbf{1.75 \times 10^{-2}}$	$\mathbf{7.75 \times 10^{-3}}$	$\mathbf{2.54 \times 10^{-2}}$	$\mathbf{7.91 \times 10^{-3}}$	$\mathbf{1.32 \times 10^{-2}}$	$\mathbf{5.59 \times 10^{-2}}$
PSO	2.45×10^{-2}	9.81×10^{-3}	2.59×10^{-2}	1.28×10^{-2}	1.39×10^{-2}	7.50×10^{-2}
算法	GT25	GT26	GT27			
MS-AM	$\mathbf{1.87 \times 10^{-1}}$	8.48×10^{-2}	$\mathbf{2.45 \times 10^{-1}}$			
PSO	2.07×10^{-1}	$\mathbf{2.29 \times 10^{-2}}$	2.76×10^{-1}			

注：加粗字体为每列最优值；均方误差（MSE）为各数据偏离真实值差值的平方和的平均数。

由表 5-8 可知，本节所提算法在 27 幅图像中的 23 幅上均方误差低于 PSO 算法，其余 5 幅图像上的均方误差结果略高于 PSO 算法，均方误差值越低，表明前景遮罩的精度越高。实验结果表明，在优化信息传递策略的基础上，MS-AM 算法可以通过利用子问题之间的信息传递解决高分辨率图像前景遮罩提取问题上的抠反问题，提高了高分辨率图像的前景遮罩的提取精度。

为了进一步验证 MS-AM 算法在求解抠反问题上的性能，图 5-9 给出了 MS-AM 算法与 PSO 算法的抠反可视化对比结果。由图中抠反结果的局部放大图可以看出，PSO 算法的结果主要以局部区域前景遮罩抠反为主，而通过观测 MS-AM 算法的结果可知，MS-AM 算法求解的高分辨率图像前景遮罩噪声较小，前景物体的轮廓更加清晰，具有较好的视觉效果。因此，与 PSO 算法相比，基于优化信息传递策略的 MS-AM 算法在解决高分辨率图像抠图的抠反问题上更具有优势，有效提高了前景遮罩的精度。因此，优化信息传递策略有助于提高 MS-AM 算法的性能。这主要是由于优化信息传递策略通过共享同类中的像素信息，有效求解了前景遮罩值的抠反；其次通过将前一个类的最优解作为下一个类的初始解，有效提高了优化器搜索最优解的准确性。

表 5-8 和图 5-9 的实验结果表明，在高分辨率图像前景遮罩提取中由于局部前景遮罩抠反而导致的前景遮罩提取精度低的问题上，基于优化信息传递策略的 MS-AM 算法与 PSO 算法相比具有明显的优势，进一步验证了优化信息传递策略通过子问题之间的优化信息传递及子问题内部的信息共享有助于 MS-AM 算法求解局部前景遮罩抠反问题，从而提高了高分辨率图像前景遮罩的提取精度。

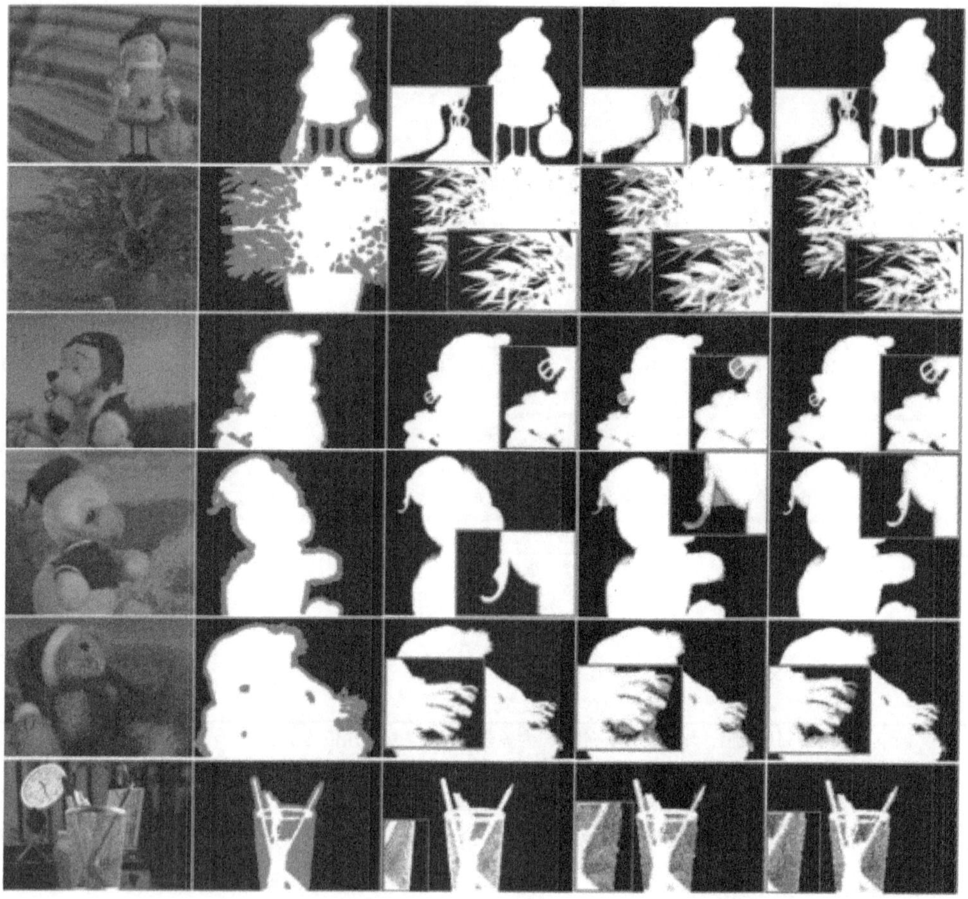

图 5-9　MS-AM 和 PSO 算法关于高分辨率图像前景遮罩提取对比结果
(a) 原图像；(b) 输入的三分图；(c) 人工提取的真实前景遮罩结果；(d) PSO 算法提取的前景遮罩结果；(e) MS-AM 算法提取的前景遮罩结果（其中绿色的点表示抠反的点）。

4. MS-AM 算法与典型抠图优化方法的对比分析

本章所提算法通过对问题的分解，将高分辨率图像大规模的组合优化问题转化为多个小规模的子优化问题。因此，为了验证本节所提算法在高分辨率图像前景遮罩提取问题上的性能，本节将 MS-AM 算法与目前典型的抠图优化算法 CC-PSO、GC-CSO、OIT-GOA、CC-DE-S、MOEAMCD、IF 进行对比分析。

为了保证实验的公平性，每种分组算法将基于 AlphaMatting 基准数据集独立地运行 30 次，最大评估次数设置为 5000。对于给定的一对前景像素颜色和背景像素颜色，未知像素的透明度值可根据式(5-6)计算得出。

$$\hat{\alpha} = \frac{(I-B)\cdot(F-B)}{\|F-B\|^2} \tag{5-6}$$

式中，$\|*\|$ 表示向量 * 的模。为了便于分析，利用均方误差（MSE）作为各算法前景遮罩提取精度的评价指标。对比结果如表 5-9 所示。

表 5-9　MS-AM 算法与典型抠图优化算法的均方误差对比结果

算法	GT01	GT02	GT03	GT04	GT05	GT06
MS-AM	$\mathbf{4.52\times10^{-3}}$	$\mathbf{1.96\times10^{-2}}$	$\mathbf{1.05\times10^{-2}}$	$\mathbf{2.11\times10^{-2}}$	$\mathbf{8.80\times10^{-3}}$	2.15×10^{-2}
MOEAMCD	8.41×10^{-3}	2.01×10^{-2}	1.28×10^{-2}	2.67×10^{-2}	2.53×10^{-2}	2.52×10^{-2}
IF	5.28×10^{-1}	6.76×10^{-1}	2.13×10^{-1}	4.25×10^{-1}	4.98×10^{-1}	4.12×10^{-1}
OIT-GOA	4.67×10^{-3}	2.06×10^{-2}	1.05×10^{-2}	3.84×10^{-2}	9.13×10^{-3}	$\mathbf{1.71\times10^{-2}}$
CC-PSO	1.96×10^{-2}	4.01×10^{-2}	7.59×10^{-2}	4.33×10^{-2}	6.46×10^{-2}	2.59×10^{-2}
CC-DE-S	1.53×10^{-2}	3.88×10^{-2}	7.94×10^{-2}	4.19×10^{-2}	4.68×10^{-2}	2.98×10^{-2}

算法	GT07	GT08	GT09	GT10	GT11	GT12
MS-AM	1.21×10^{-2}	$\mathbf{3.50\times10^{-2}}$	$\mathbf{1.31\times10^{-2}}$	$\mathbf{3.01\times10^{-2}}$	7.12×10^{-2}	9.72×10^{-3}
MOEAMCD	$\mathbf{9.83\times10^{-3}}$	4.25×10^{-2}	1.33×10^{-2}	3.08×10^{-2}	$\mathbf{3.97\times10^{-2}}$	1.46×10^{-2}
IF	4.77×10^{-1}	3.36×10^{-1}	3.60×10^{-1}	4.73×10^{-1}	4.45×10^{-1}	4.50×10^{-1}
OIT-GOA	9.58×10^{-3}	4.07×10^{-2}	1.59×10^{-2}	3.08×10^{-2}	4.41×10^{-2}	$\mathbf{5.83\times10^{-3}}$
CC-PSO	8.71×10^{-2}	6.83×10^{-2}	1.96×10^{-2}	7.18×10^{-2}	1.23×10^{-1}	1.41×10^{-2}
CC-DE-S	9.42×10^{-2}	6.41×10^{-2}	1.52×10^{-2}	5.64×10^{-2}	9.74×10^{-2}	1.82×10^{-2}

算法	GT13	GT14	GT15	GT16	GT17	GT18
MS-AM	3.24×10^{-2}	$\mathbf{2.78\times10^{-2}}$	$\mathbf{3.73\times10^{-2}}$	$\mathbf{1.15\times10^{-1}}$	2.31×10^{-2}	$\mathbf{1.76\times10^{-2}}$
MOEAMCD	$\mathbf{2.07\times10^{-2}}$	2.86×10^{-2}	3.98×10^{-2}	1.53×10^{-1}	1.59×10^{-2}	1.78×10^{-2}
IF	6.12×10^{-1}	4.03×10^{-1}	4.46×10^{-1}	6.35×10^{-1}	4.10×10^{-1}	5.00×10^{-1}
OIT-GOA	2.70×10^{-2}	2.86×10^{-2}	4.14×10^{-2}	1.16×10^{-1}	$\mathbf{1.61\times10^{-2}}$	1.88×10^{-2}
CC-PSO	9.28×10^{-2}	5.56×10^{-2}	6.54×10^{-2}	3.04×10^{-1}	5.21×10^{-2}	8.43×10^{-2}
CC-DE-S	7.34×10^{-2}	4.06×10^{-2}	5.11×10^{-2}	1.88×10^{-1}	4.42×10^{-2}	6.70×10^{-2}

算法	GT19	GT20	GT21	GT22	GT23	GT24
MS-AM	$\mathbf{2.67\times10^{-2}}$	$\mathbf{7.75\times10^{-3}}$	$\mathbf{2.54\times10^{-2}}$	$\mathbf{7.91\times10^{-3}}$	$\mathbf{1.32\times10^{-2}}$	$\mathbf{5.59\times10^{-2}}$
MOEAMCD	4.87×10^{-2}	1.15×10^{-2}	4.19×10^{-2}	1.24×10^{-2}	1.58×10^{-2}	7.64×10^{-2}
IF	4.71×10^{-1}	4.34×10^{-1}	6.59×10^{-1}	4.20×10^{-1}	4.13×10^{-1}	3.15×10^{-1}
OIT-GOA	3.46×10^{-2}	8.17×10^{-3}	2.92×10^{-2}	7.59×10^{-3}	1.43×10^{-1}	8.33×10^{-2}
CC-PSO	8.32×10^{-2}	2.32×10^{-2}	7.09×10^{-2}	3.90×10^{-2}	6.25×10^{-2}	1.58×10^{-1}
CC-DE-S	6.41×10^{-2}	2.19×10^{-2}	5.75×10^{-2}	3.84×10^{-2}	3.40×10^{-2}	8.47×10^{-2}

算法	GT25	GT26	GT27
MS-AM	$\mathbf{1.87\times10^{-1}}$	$\mathbf{8.48\times10^{-2}}$	2.45×10^{-1}
MOEAMCD	1.96×10^{-1}	8.54×10^{-2}	$\mathbf{1.23\times10^{-1}}$
IF	6.43×10^{-1}	5.34×10^{-1}	7.27×10^{-1}
OIT-GOA	1.93×10^{-1}	9.14×10^{-2}	1.35×10^{-1}
CC-PSO	2.09×10^{-1}	1.58×10^{-1}	2.06×10^{-1}
CC-DE-S	2.00×10^{-1}	1.30×10^{-1}	1.23×10^{-1}

注：加粗字体为每列最优值。

表 5-9 中展示了所提 MS-AM 算法与其余 5 种算法的对比结果，其中，在 27 幅训练图像中有 22 幅图像的 MSE 值低于 MEOAMCD 算法的结果，20 幅图像的 MSE 值低于 OIT-GOA 算法的结果，27 幅图像的 MSE 值全部低于所对比的 IF 算法、CC-DE-S 算法、CC-PSO 算法的结果，即 MS-AM 算法的前景遮罩提取精度优于所对比算法的提取精度。对于 MS-AM 算法中提取精度略低的几幅图像，其主要原因在于 MS-AM 算法在对问题进行分解时，同一子问题中的像素信息为等价关系（即像素之间信息共享），没有考虑像素点之间本身存在的细微变化，导致最终的 MSE 值略高于所对比算法的结果。

为了进一步验证 MS-AM 算法的计算时间复杂性，本节统计了 MS-AM 算法与所对比算法的计算时间（表 5-10）。在表 5-10的时间对比结果中，MS-AM 算法的计算时间明显优于 CC-PSO、MOEAMCD 两种算法。与 GC-CSO 算法的计算时间差异较小，且每幅图像的计算时间相近。计算时间最短的为 IF 算法，其时间分布较为均匀，但该算法的前景遮罩提取精度明显低于 MS-AM 算法。在记录不同算法的计算时间过程中，由于 CC-DE-S 算法在计算超过 24 小时之后仍无法求解出最终的前景遮罩值，因此结束该算法的计算。实验结果表明 MS-AM 算法通过对有效决策子集的搜索有效降低了计算时间复杂度。此外，也进一步验证了所提决策集分解策略有助于 MS-AM 算法提升高分辨率图像前景遮罩提取问题的求解速度。

表 5-10　MS-AM 算法与典型抠图优化算法的计算时间对比结果

算法	GT01	GT02	GT03	GT04	GT05	GT06
MS-AM	1.78×10^3	2.05×10^3	8.01×10^3	2.41×10^4	1.66×10^3	3.30×10^3
CC-PSO	7.58×10^4	1.23×10^5	1.33×10^5	2.37×10^5	8.05×10^4	1.13×10^5
MOEAMCD	1.29×10^4	1.84×10^4	2.81×10^4	6.24×10^4	8.71×10^3	1.44×10^4
GC-CSO	2.01×10^3	2.14×10^3	8.31×10^3	2.89×10^4	1.32×10^3	1.61×10^3
IF	1.97×10^2	3.19×10^2	4.74×10^2	1.09×10^3	2.13×10^2	2.64×10^2
算法	GT07	GT08	GT09	GT10	GT11	GT12
MS-AM	4.02×10^3	1.33×10^4	6.19×10^3	3.74×10^2	4.43×10^3	2.85×10^3
CC-PSO	1.10×10^5	1.46×10^5	1.17×10^5	1.25×10^5	1.17×10^5	7.33×10^4
MOEAMCD	2.02×10^4	4.85×10^4	3.05×10^4	2.81×10^4	2.05×10^4	1.46×10^{-2}
GC-CSO	3.88×10^3	1.53×10^4	3.92×10^3	2.77×10^3	5.42×10^3	2.46×10^3
IF	2.96×10^2	5.94×10^2	5.53×10^2	2.74×10^2	2.43×10^2	4.02×10^2
算法	GT13	GT14	GT15	GT16	GT17	GT18
MS-AM	8.25×10^3	4.71×10^3	5.47×10^3	6.74×10^3	5.77×10^3	4.43×10^3
CC-PSO	2.07×10^5	8.32×10^4	5.57×10^4	1.21×10^5	6.40×10^4	5.71×10^4
MOEAMCD 4	4.76×10^4	1.10×10^4	1.36×10^4	3.27×10^4	1.70×10^4	1.43×10^4
GC-CSO	1.74×10^3	2.07×10^3	2.74×10^3	9.26×10^3	3.26×10^3	3.20×10^3
IF	9.39×10^2	2.11×10^2	2.53×10^2	7.41×10^2	2.81×10^2	5.52×10^2
算法	GT19	GT20	GT21	GT22	GT23	GT24
MS-AM	2.96×10^3	3.77×10^3	4.01×10^3	3.88×10^3	4.67×10^3	1.67×10^4
CC-PSO	5.30×10^4	1.09×10^5	7.59×10^4	5.84×10^4	1.18×10^5	5.70×10^4
MOEAMCD	1.63×10^4	3.78×10^4	1.68×10^4	1.61×10^4	1.76×10^4	2.32×10^4
GC-CSO	2.55×10^3	9.41×10^3	4.89×10^3	3.09×10^3	6.05×10^3	1.35×10^3
IF	3.62×10^2	5.72×10^2	2.84×10^2	3.91×10^2	3.18×10^2	7.26×10^2
算法	GT25	GT26	GT27			
MS-AM	1.82×10^4	1.80×10^4	2.96×10^3			
CC-PSO	1.06×10^5	1.19×10^5	5.30×10^4			
MOEAMCD	4.28×10^4	3.62×10^4	1.63×10^4			
GC-CSO	1.46×10^4	1.68×10^4	2.55×10^3			
IF	6.18×10^2	5.56×10^2	3.62×10^2			

综合实验结果分析，进一步验证了 MS-AM 算法在对决策集分解的基础上，通过对有效决策子集的搜索代替对整个决策集的搜索不仅降低了算法的计算时间复杂度，而且提高了前景遮罩的提取精度。因此，与 IF、CC-PSO、OIT-GOA、GC-CSO、CC-DE-S、MOEAMCD 六种典型的优化算法相比，在高分辨率图像前景遮罩抠反问题上，MS-AM 算法更具优势。

本章小结

本章针对高分辨率图像图像抠图问题本质上是一个大规模组合优化问题，从微搜索的思想出发，提出了基于分组优化的自然图像抠图算法、基于协同优化的自然图像抠图算法与基于微搜索优化的自然图像抠图算法。其中，通过分组优化策略将图像按纹理复杂度分区处理，结合局部窗口与全局约束的动态调整，在降低计算复杂度的同时提升半透明区域的处理效果；设计分组协同优化策略，利用 RGB 色彩聚类引导空间连续性约束与颜色相似性联合建模，有效抑制复杂背景干扰；最终创新性提出微搜索优化算法，通过决策集分解将高维问题拆解为多子空间，配合跨子空间的梯度共享与动态搜索半径调整，实现 4K 级图像的精准抠图。三种方法形成“分治–协同–微调”的技术闭环，兼顾算法鲁棒性与工程实用性。

图5-1(彩图)　图5-4(彩图)　图5-9(彩图)

第 6 章　基于多目标优化的自然图像抠图算法

本章将从三个方面展开研究：①在基于优化的免采样抠图技术存在的抠图速度慢及基于采样的抠图算法存在的抠图精度低问题上，展开基于多目标优化采样的抠图算法的研究；②如何利用启发式优化技术实现对最优前景背景像素对优化问题免采样的全局搜索展开研究；③基于启发式优化的免采样抠图所面临的前景背景像素对优化精度较低的问题，研究如何利用前景背景像素对优化问题的特性进一步提高基于启发式优化的抠图算法的求解精度。

6.1　多目标优化抠图概述

抠图是一种将前景对象从背景中分离的关键技术，在计算机视觉、图像处理和图形学等领域具有重要意义。虽然当前的抠图技术已经取得了很大成就，但是仍存在抠图精度低和速度慢的问题。围绕抠图精度低和速度慢的问题，现有的研究主要关注基于传播的抠图算法、基于采样的抠图算法和基于深度学习的抠图算法三类算法。

当前研究主要存在如下问题。

1）基于传播的抠图算法利用像素的相关性，将已知区域的 α 值传播到未知区域。这类算法具有求解速度快、获得抠图透明度遮罩平滑的优点。然而，对于透明度逐渐变化区域及空间不连通的区域（如孔洞），基于传播的抠图算法所获得的抠图透明度遮罩误差较大。

2）基于采样的抠图算法主要面临最优前景背景像素对丢失的问题。

3）基于机器学习的抠图算法使用数据驱动的深度学习技术求解抠图问题，存在训练数据不足的问题。

为了解决这些问题，多目标优化方法被引入到抠图领域，为提高抠图质量和效率提供了新的思路。多目标优化是指在一个优化问题中存在多个相互独立的优化目标，通过寻找一组解来同时最小化或最大化这些目标。传统的优化问题通常只有一个目标函数需要被优化，而多目标优化则面临着多个目标之间的冲突和权衡。多目标优化的目标是找到一组解，使得这组解在所有目标上都达到最佳的折中状态，而不是单一目标的最优解。本章将基于多目标优化的思想，围绕基于抠图算法存在的抠图精度低和速度慢两个问题展开研究。

本章主要的研究内容如下。

1）针对基于启发式优化的抠图算法求解速度慢和基于采样的抠图算法存在丢失最优样本的问题，作者结合启发式优化和采样方式研究了多目标全局采样算法。通过引入多个图像特征，已有研究表明可以提高采样的性能并缓解丢失最优像素对的问题。因此，在本章中，作者将多目标优化技术引入抠图采样算法，提出了一种像素级的多目标全局采样算法。该算法通过多目标优化来解决不同特征之间的冲突问题，并避免了多个特征之间加权带来的经验参数。作者的研究从完整的已知区域中采样样本，并结合位置像素特征为每个像素对进行样本采集，以提供更准确的像素级样本。这项研究提供了高质量的抠图采样集，既提高了基于采样抠图算法的性能，又保持了较低的计算消耗。因此，作者为自然场景下的抠图实际应用提供了可行的解决方案。

2）从启发式优化的角度研究免采样抠图优化技术。将抠图问题建模为大规模的前景背景像素对优化问题，研究利用启发式优化算法对该问题进行求解。由于免采样抠图算法不需要进行采样，理论上可避免最优像素对丢失问题。该研究探索了基于优化的抠图研究思路，提供了一种可通过迭代持续提高抠图精度的解决方案。

3）在研究内容 2）的基础上进一步研究了基于分解的多目标协同优化抠图算法。该算法利用抠图问题的启发式信息来提高启发式优化算法的搜索效率，进一步提高了抠图精度。将复杂的前景背景像素对目标函数分解为多个相对简单的优化目标，并使用多目标启发式优化算法同时优化这些目标。通过分解目标，人们能够获得更丰富的启发式信息，从而提高前景背景像素对优化问题的求解精度。此外，该算法还利用抠图中相邻像素的透明度相似性来共享前景背景像素对优化信息，以获得更准确的抠图透明度遮罩。

6.2　基于多目标优化采样的自然抠图算法

现有的抠图算法通过采样的方式减少了前景背景像素对优化问题的决策空间，从而实现了快速求解。然而，基于采样的抠图算法存在前景背景像素对优化精度较低的问题。针对上述问题，本节提出了一种基于多目标优化采样的抠图算法，将基于优化的抠图方法与基于采样的抠图方法结合起来进行研究。通过在抠图算法中引入多目标优化技术，可以同时考虑多个优化目标，并采用采样的方式对决策空间进行缩减。这样既能提高抠图算法的求解速度，又可以保持较高的优化精度。综上所述，通过将基于优化的抠图算法与基于采样的抠图算法相结合，研究基于多目标优化采样的抠图算法，可以在实际应用中获得更好的求解效果。

像素采样是关键环节，可以对决策空间进行缩减，提高算法运行效率。像素采样结果对前景背景像素对优化精度有很大影响，如果最优样本未被采集，抠图透明度遮罩将出现较大误差。如图 6-1 所示，像素采样是基于采样的抠图算法中介于预处理与像素对选择之间的一个重要环节。其为最优像素对选择提供候选的前景及背景像素样本。由于所有可能的前景背景像素对的数量是巨大的，评价所有的前景背景像素对是不可行的。因此，基于采样的抠图算法需要对已知区域进行采样以大幅减少可行解的数量，使得最优像素对采样成为可能，进而从前景及背景样本集合中为每个未知像素选择最优的前景背景像素对。

现有的采样策略存在最优前景背景像素对丢失问题，主要原因有两点。

1）没有考虑多个采样特征之间可能存在的冲突。现有的多特征采样算法通常将多个采样特征通过合并其目标函数或特征向量的方式来进行处理。然而，这种简单合并的做法并未考虑多个采样准则之间可能存在冲突的情况。实际采样过程中，可能无法同时满足所有采样准则。当多个采样准则发生冲突时，现有的采样策略可能会忽略最优的前景背景像素对。例如，在最优的前景或背景像素与未知像素的颜色相似但空间距离较远的情况下，空间距离近和颜色相似这两个采样准则会发生冲突，无法同时满足。由于空间距离近的采样准则无法满足，与满足该准则的像素（即靠近未知像素的已知区域像素）相比，最优的前景或背景像素的评分会较低，导致现有的采样算法无法找到最优的前景背景像素对。

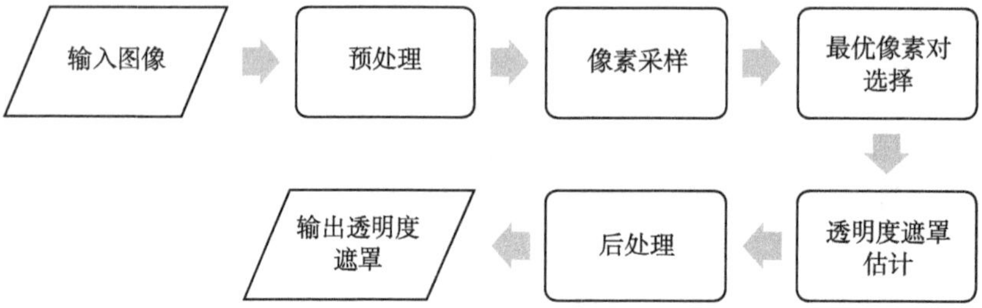

图 6-1　基于采样的抠图算法流程图

2）虽然超像素级采样可以显著地降低复杂采样算法的时间或空间复杂度，但是超像素级采样同时也使得采样空间不完整。不完整的采样空间可能未能包含最优的前景背景像素对。超像素的平均颜色往往不能代表超像素中离群像素的颜色，而这些离群像素可能为最优的前景或背景像素。图 6-2 给出了超像素级采样造成的最优前景背景像素对丢失的例子。

(a)　(b)　(c)

图 6-2　超像素级采样造成的最优前景背景像素对丢失的例子

(a) 输入图像，图中三分图的已知前景区域边界与已知背景区域边界分别用红色及蓝色表示；(b) 从上至下分别是 (a) 中紫色区域局部放大图像、(a) 中紫色区域局部放大标准抠图透明度遮罩、基于 KL 散度采样的抠图算法[22] 获得的 (a) 中紫色区域局部放大抠图透明度遮罩；(c) 从上至下分别是 (a) 中绿色区域局部放大图像、(a) 中绿色区域局部放大超像素图像，其中超像素中像素颜色使用超像素的平均颜色替代。

从图 6-2(c) 中可以发现超像素的平均颜色与超像素内的三角形标注的像素颜色出现明显的差别，而三角形标注的像素正是图 6-2(b) 中十字标注的未知像素的最优前景像素。最优前景背景像素对的丢失，造成透明度遮罩估计的较大误差 [图 6-2(b)]。这个例子说明了超像素的平均颜色往往不能代表超像素中所有像素的颜色。

本节介绍自然图像抠图中前景背景像素对优化所涉及的像素采样问题的数学模型。像素采样是从给定三分图的已知前景（背景）区域的像素所构成的集合中，通过一定的选择策略获得一个基数较小的前景（背景）像素样本集合的过程。

设 Ω_F、Ω_B 分别为给定的一个三分图中已知前景区域及背景区域的像素集合，$P(*)$ 表示一个抠图像素采样算法 P 对像素集合 $*$ 进行采样，对已知前景及背景区域像素采样问题可以建模如下：

$$\mathcal{S}_F = P\left(\Omega_F\right) \quad \text{s.t.}\, |\mathcal{S}_F| \ll |\Omega_F| \tag{6-1}$$

$$\mathcal{S}_B = P\left(\Omega_B\right) \quad \text{s.t.}\, |\mathcal{S}_B| \ll |\Omega_B| \tag{6-2}$$

式中，$\mathcal{S}_F$、$\mathcal{S}_B$ 分别为采集得到的前景、背景像素样本集合；$|*|$ 表示集合 $*$ 的基数。高质量的像素样本集合应对任意的未知像素 z 均满足以下条件：

$$\exists p \in \mathcal{S}_F,\ \exists q \in \mathcal{S}_B,\ \ |\hat{\alpha}_z^{p,q} - \tilde{\alpha}_z| < \varepsilon \tag{6-3}$$

式中，$\hat{\alpha}_z^{p,q}$ 表示将前景背景像素对 (p,q) 所对应颜色值代入式(2-5)中所估计的像素 z 的透明度值。$\tilde{\alpha}_z$ 为标准抠图透明度遮罩中像素 z 的透明度值。ε 为一个数值较小的常数。

当满足上述条件时，每一个未知像素在样本集合中均有像素对使其估计的透明度值接近标准透明度遮罩中的值。当不满足上述条件时，对于部分或全部未知像素，前景及背景样本集合中的像素任意两两组成的所有可能的前景背景像素对均与该未知像素对应的最优前景背景像素对有较大差别，导致所估计的透明度值与标准透明度遮罩中的值存在较大偏差，引发最优前景背景像素对丢失问题。

为了解决基于优化抠图算法求解速度慢的问题，本节结合基于优化的抠图算法及基于采样的抠图算法，提出了一种基于像素级多目标全局采样的抠图算法。该算法的核心是像素级多目标全局采样算法。与现有的采样算法假设最优前景背景像素对分布于特定区域不同，提出的采样算法利用多目标优化实现了像素采样。与现有采样算法相比像素级多目标全局采样算法主要有两个创新点。

1）通过多目标优化实现多个采样准则之间的自适应权衡，从而解决多采样特征对应的采样准则之间冲突的问题。对于一个未知像素，考虑多个采样特征的前景或背景像素采样问题被建模为一个离散多目标优化问题。提出的算法通过对离散多目标优化问题的求解，并将帕累托最优解集（Pareto optimal set）中的所有像素均作为样本实现了全局采样，由于帕累托最优（Pareto optimality）解与各个采样目标之间的尺度（scale）无关，因此该算法不需要进行不同采样准则的加权，不涉及经验参数的设置。

2）区别于超像素级采样通过将像素聚类为超像素实现采样空间的缩减，提出的算法在完整的采样空间中采集样本，避免了因为采样空间不完整带来的最优前景背景像素对丢失问题。因此在已知前景、背景区域的每一个像素都可能被采集为像素样本，本节将该策略称为像素级采样（pixel-level sampling）。

像素级多目标全局采样算法针对前景背景像素对评价函数设计了三个采样准则，包括与未知像素的颜色相似、空间距离相近及纹理相似。该算法将关于每一个未知像素的前景或背景像素采样问题建模为一个包含两个及以上目标的离散多目标优化问题。为了快速地求解大量的多目标优化问题，本节提出时间复杂度为 $O(kn)$、空间复杂度为 $O(n)$ 的快速离散多目标优化算法①。帕累托最优解集中的所有像素均被采集为样本。

基于像素级多目标全局采样的抠图算法在提出的像素级多目标全局采样算法基础上采用一个像素对目标函数实现最优像素对选择，进而得到对应的透明度。具体来说，像素级多目标全局采样算法所获得的前景样本集与背景样本集通过笛卡儿积的形式生成前景背景像素对候选集；通过最小化一个包含两个广泛使用评价项[19-22,124,126-131]的前景背景像素对目标函数，从像素对候选集中选择目标函数值最优的前景背景像素对；并将其对应颜色代入式(6-4)，从而估计出未知像素的透明度。所使用的前景背景像素对目标函数包含颜色失真项及空间距离项。给定一个未知像素 z 以及候选集中的一个前景背景像素对 (x_F, x_B)，其中 $x_F \in \mathcal{S}_F$ 、$x_B \in \mathcal{S}_B$，所采用的前景背景像素对目标函数可表示如下：

$$O_z(x_F, x_B) = O_z^{(c)}(x_F, x_B) \times O_z^{(s)}(x_F, x_B) \tag{6-4}$$

其中，颜色失真项 $O_z^{(c)}(x_F, x_B)$ 及空间距离项 $O_z^{(s)}(x_F, x_B)$ 的定义由以下两个式子给出。

$$O_z^{(c)}(x_F, x_B) = \exp\left(-\|C_z - (\hat{\alpha}_z C_{x_F} + (1-\hat{\alpha}_z) C_{x_B})\|\right) \tag{6-5}$$

$$O_z^{(S)}(x_F, x_B) = \exp\left(\frac{-\|S_z - S_{x_F}\|}{\frac{1}{|\Omega_F|}\sum_{x_i \in \Omega_F}\|S_z - S_{x_i}\|}\right) \times \exp\left(\frac{-\|S_z - S_{x_B}\|}{\frac{1}{|\Omega_B|}\sum_{x_j \in \Omega_B}\|S_z - S_{x_j}\|}\right) \tag{6-6}$$

下面对像素级多目标全局采样算法所涉及的像素级离散多目标采样策略及快速离散多目标优化算法进行介绍。

6.2.1 像素级离散多目标采样策略

为了解决多个采样特征对应的采样准则之间的冲突问题，本节提出了像素级离散多目标采样策略。该策略将关于每一个未知像素的前景、背景像素采样问题分别建模为一个离散多目标优化问题，针对评价函数设计可近似其最优解的采样准则，且每一个采样准则均建模为一个优化目标。不完整的采样空间会导致最优前景背景像素对丢失问题。为了避免该问题，像素级离散多目标采样策略从已知区域所有像素所组成的集合中采集样本，实现了像素级的采样；而这有别于超像素级采样策略从超像素平均颜色构成的集合中采集样本。

本节首先介绍像素级离散多目标采样策略所涉及的采样准则。Feng 等[20]指出基于单一空间相近采样准则的采样算法会导致丢失最优样本的问题。为了解决该问题，像素级离散多目标采样策略采用了颜色、空间、纹理三个采样特征，并为每一个采样特征分别设计了采样准则。

颜色是抠图的重要特征。像素级离散多目标采样策略将与给定的未知像素颜色相近作为一种有效的采样准则。给定一个未知像素 z 及已知（前景或背景）区域中的一个像

① n 为离散多目标优化问题中可行解的数量，k 为离散多目标优化问题中帕累托最优解的数量。

素 x，颜色相近采样准则可建模为以下目标函数：

$$g_1(x) = \|\boldsymbol{C}_x - \boldsymbol{C}_z\| \tag{6-7}$$

式中，$\boldsymbol{C}_x$ 与 $\boldsymbol{C}_z$ 分别表示已知区域像素 x 与未知区域像素 z 的 RGB 空间颜色向量，$\|*\|$ 表示向量 * 的模。

像素级离散多目标采样策略也考虑了广泛使用的空间距离特征，并将与给定的未知像素空间距离相近作为一个采样准则。空间距离相近采样准则可建模为以下目标函数：

$$g_2(x) = \|\boldsymbol{S}_x - \boldsymbol{S}_z\| \tag{6-8}$$

式中，$\boldsymbol{S}_x$ 与 $\boldsymbol{S}_z$ 分别表示已知区域像素 x 与未知区域像素 z 的空间坐标向量。

此外，考虑到 Shahrian 等[21] 关于纹理特征可有效提高复杂场景下的抠图像素采样性能的研究，像素级离散多目标采样策略还考虑了图像的纹理特征，并设计了基于局部二值模式（local binary pattern）纹理相似采样准则。其对应的目标函数可以表示如下：

$$g_3(x) = \|\boldsymbol{T}_x - \boldsymbol{T}_z\| \tag{6-9}$$

式中，$\boldsymbol{T}_x$ 与 $\boldsymbol{T}_z$ 分别表示已知区域像素 x 与未知区域像素 z 对应的局部二值模式特征向量。

正如本节开头所述，提出多目标采样的目的是解决多个采样准则之间冲突导致的最优前景背景像素对丢失的问题。在基于多特征的采样算法中多个特征所对应的采样准则往往不能同时满足。例如，最优前景或背景像素可能与给定未知像素具有相近的颜色但位于距离未知像素较远的区域。在这一例子中，虽然已知区域像素与未知像素之间的颜色差别较小，但两者之间的空间距离却较大，造成颜色相近采样准则与空间距离相近采样准则存在冲突，两个准则无法同时满足。

像素级离散多目标采样策略将前景、背景像素采样建模为两个离散多目标优化问题。该多目标优化问题旨在同时优化所有的目标函数。设有 n 个采样准则，前景像素采样问题所对应的多目标优化问题可以表示如下：

$$\min\ g_1(x), \min\ g_2(x), \cdots, \min\ g_n(x) \quad \text{s.t.}\ x \in \Omega_F \tag{6-10}$$

式中，$g_i(x)$ 为第 i 个需要优化的目标，$i = 1, 2, \cdots, n$。决策变量 x 为已知前景区域像素的一维索引，$x = 1, 2, \cdots, |\Omega_F|$。由于决策变量为离散的整数值，因此该问题为离散的多目标优化问题。多目标优化问题中所涉及的目标往往存在冲突，不存在一个解可以同时使所有目标达到最优。因此多目标优化问题的最优解是指不存在其他在每个目标上都比其更优的可行解，称为帕累托最优解。像素级离散多目标采样策略将上述多目标优化问题的所有帕累托最优解作为像素样本。背景像素采样问题的多目标优化模型可以通过类似思路建立，在此不再赘述。

为了避免采样空间不完整所导致的最优前景背景像素对丢失问题，本节提出了像素级采样策略，从已知前景或背景区域的所有像素所构成的集合中采集像素样本。为了获得完整的采样空间，像素级离散多目标采样策略没有采用超像素级采样算法[19-22,124,127,129-130]

中普遍采用的像素聚类步骤。因此，已知前景或背景区域的每一个像素均有可能被采集为样本。像素样本的多样性是获得高质量抠图结果的关键因素[20-21,124]。由于像素级离散多目标采样策略在完整的采样空间中采样，因此与超像素级采样相比增加了样本的多样性。

6.2.2 快速离散多目标优化算法

像素级离散多目标采样策略将未知像素的前景或背景采样问题视为离散多目标优化问题，这导致了大量的多目标采样优化问题。如何在有限时间内解决数量庞大的离散多目标优化问题是像素级离散多目标全局采样算法所面临的重要挑战。虽然离散多目标优化问题是一个组合优化问题，但考虑到涉及的离散多目标优化问题的目标数量较少、决策变量维度较低及可行解数量并不是特别庞大等因素，像素级离散多目标采样策略所涉及的单个多目标优化问题并不难以求解。

为了高效地求解像素级离散多目标采样策略所涉及的数量庞大的离散多目标优化问题，本节提出了时间复杂度为 $O(kn)$、空间复杂度为 $O(n)$ 的快速离散多目标优化（fast discrete multi-objective optimization，FDMO）算法①。快速离散多目标优化算法属于确定性算法，即其保证可以找到多目标优化问题所有的帕累托最优解。该算法的基本思想是在每轮迭代中找到一个帕累托最优解，并在算法迭代的比较过程中，将被支配的解从候选集中删除，从而避免不必要的计算量。

快速离散多目标优化算法主要包括以下四个步骤。

1）从可行解集 Ω 中选择一个可行解，对于前景像素采样问题 $\Omega=\Omega_F$；对于背景像素采样问题 $\Omega=\Omega_B$。

2）逐一比较选中的可行解与可行解全集中的其他解。若比较过程中其中一个解被另一个解支配②，则将被支配的解从 Ω 中移除。若选中的解被移除，则参与比较的另一个解成为被选中的解，并重复步骤 2）。

3）将选中的可行解加入到帕累托最优解集，并将其从 Ω 中移除。

4）重复上述步骤直到 Ω 为空。

算法 6-1 给出了快速离散多目标优化算法的具体实现方式。其中 swap() 表示交换赋值算子。每经过一轮迭代，该算法可保证找到一个帕累托最优解。假设一个给定的离散多目标采样问题包含 k 个帕累托最优解，快速离散多目标优化可以在 k 轮迭代中找到所有的帕累托最优解。在比较过程中被支配的可行解不可能为帕累托最优解，因此从 Ω 集合中移除。当可行解集中存在非帕累托最优解时（即 $k<n$），由于 Ω 集合的基数不断变小，每轮迭代所需的比较次数会逐渐减少。对于多目标采样问题，帕累托最优解的数量通常小于可行解的数量。以图像抠图基准测试集[6] 中的植物图像的前景多目标像素采样问题为例，该图像对应的多目标像素采样问题的可行解数量为 168409，其中只有 11 个可行解为帕累托最优解。在多目标像素采样问题中，帕累托最优解的数量远远小于可行解的数量。因此，快速离散多目标优化算法的每一轮迭代都会将大量的被支

① n 为离散多目标优化问题中可行解的数量，k 为离散多目标优化问题中帕累托最优解的数量。

② 在多目标优化问题中，当一个解 x 在所有的目标中均不劣于另一个解 y，且至少有一个目标上优于 y 时，称 x 支配 y[127]。

配的可行解移除，下一轮迭代所需要的比较次数将会大幅减少，从而实现了多目标优化问题的快速求解。

算法 6-1: 快速离散多目标优化算法

输入： 一个离散多目标前景或背景采样问题；包含该问题所有可行解的数组 C

输出： 修改后的可行解数组 C、i（数组 C 的前 $i-1$ 个解为帕累托最优解）

```
i ← 1
j ← 数组 C 的长度
while i ⩽ j do
   cmp ← i + 1
   while cmp ⩽ j do
      if 数组 C 中第 i 个可行解支配第 cmp 个可行解 then
         swap(C[cmp], C[j])
         j ← j − 1
      else if 数组 C 中第 cmp 个可行解支配第 i 个可行解 then
         swap(C[i], C[cmp])
         swap(C[cmp], C[j])
         j ← j − 1
         cmp ← i + 1
      else
         cmp ← cmp + 1
      end if
   end while
   i ← i + 1
end while
```

下面对提出的快速离散多目标优化算法的时间及空间复杂度进行分析。在复杂度分析中，将两个可行解的支配关系比较作为算法的基本操作，并将该操作的时间复杂度与空间复杂度均认为是 $O(1)$。首先分析算法在最优、最差及平均情况下的时间复杂度。假设对于给定多目标采样问题的可行解集为 Ω，其中包含 k 个帕累托最优解。快速离散多目标优化算法每一轮迭代均能找到一个帕累托最优解，经过 k 轮迭代后，所有的帕累托最优解均可获得，满足停机条件。由于在每一轮迭代有不少于一个可行解从 Ω 集合中移除，第 i 轮迭代所需的比较次数不多于 $2(n-1-i)$ 次，经过 k 轮迭代完成计算。由此可得快速离散多目标优化算法的平均时间复杂度为 $O(kn)$。在最好的情况下可行解全集中仅有一个可行解为帕累托最优解，即 $k=1$。在第一轮迭代即可求得所有帕累托最优解，且由于在比较中其余可行解均被该帕累托最优解支配，因此均从 Ω 集合中移除。经过第一轮迭代 Ω 集合即为空集，达到停机条件。因此最好的情况下快速离散多目标优化算法的时间复杂度为 $O(n)$。在最坏的情况下，即所有的可行解均为帕累托最优解，即 $k=n$。每轮迭代中仅有求得的帕累托最优解从 Ω 集合中移除。因此最坏情况下的时间复杂度为 $O((1+n)n/2)$，简化后得到 $O(n^2)$。由于除了包含所有可行解的数组及数量有限的临时变量外，快速离散多目标优化算法在所有情况下均不需要占用其他存储空间。因此，其在最好情况下、最坏情况下及平均情况下的空间复杂度均为 $O(n)$。表 6-1 总结了快速离散多目标优化算法的时间与空间复杂度分析结果。

表 6-1 快速离散多目标优化算法的时间与空间复杂度

	最好情况下	最坏情况下	平均情况下
时间复杂度	$O(n)$	$O(n^2)$	$O(kn)$
空间复杂度	$O(n)$	$O(n)$	$O(n)$

6.2.3 实验设计与分析

本节通过四个实验对提出的像素级多目标全局采样算法进行了全面的测试。第一个实验验证提出的采样算法是否解决了由于采样准则冲突或采样空间不完整导致的最优前景背景像素对丢失问题。第二个实验验证提出的采样算法是否能提高基于采样的抠图算法所获得的透明度遮罩的质量。第三个实验分析像素级多目标全局采样的抠图算法的时间和空间复杂度。第四个实验验证提出的快速离散多目标优化算法求解多目标像素采样问题的性能。

实验中所使用的图像来源于 Rhemann 等[6] 提出的抠图透明度遮罩客观评价基准数据集。该数据集包含 35 幅自然图像，其中 27 幅为提供标准抠图透明度遮罩的训练图像，其余 7 幅为不公开抠图透明度遮罩的测试图像。该数据集为测试集中的图像提供三种不同类型的三分图，其中一种通过用户手工标记获得，其余两种通过使用不同大小的结构元素对标准的抠图透明度遮罩做形态学操作自动产生（其中使用较小的结构元素所获得的三分图未知区域较小，使用较大的结构元素所获得的三分图未知区域较大）；对训练集中的图像则仅提供自动产生的三分图。本实验在一台配有双路 Intel Xeon E5 2620 中央处理器及 32GB 内存的服务器上进行。

1. 实验一设计及分析

像素级多目标全局采样算法性能验证实验通过将提出的像素级多目标全局采样算法与两个先进抠图像素采样算法进行对比，从而验证其采样性能。本实验采用两个评价指标定量评价提出的像素级多目标全局采样算法的采样性能。第一个评价指标为最小透明度绝对误差。本实验通过比较前景背景像素对对应的透明度绝对误差来比较不同像素采样算法的性能。首先将采样所获得的前景样本集合与背景样本集合做笛卡儿积得到前景背景像素对候选集；然后计算每个前景背景像素对对应的透明度，并与标准透明度遮罩中对应的透明度进行对比，取候选集中误差最小的透明度绝对误差作为采样算法评价指标。最小透明度绝对误差越小表示采样算法发生最优前景背景像素对丢失的情况越少，其采样性能越好。当最优前景背景像素对丢失时，候选集中的像素对所对应的透明度均与标准抠图透明度遮罩中对应的透明度存在较大偏差，造成最小透明度绝对误差指标的值显著增大。第二个评价指标为通过采样获得的前景样本集与背景样本集的笛卡儿积产生的候选像素对集合的基数。如果两个采样算法所获得的像素样本集具有相同的最小透明度绝对误差，但其中一个产生的候选集基数庞大，则产生基数较小候选集的采样算法具有更好的实用性。候选像素对集合的基数是像素级离散多目标全局采样算法中一个重要的参数，对抠图的实际应用具有重要意义。

实验中使用了基准数据集的 27 幅提供标准抠图透明度遮罩的图像及对应的自动生成的未知区域较小的三分图。所使用的 27 幅图像分别包含 38573、57461、121014、

178728、29357、55831、52970、142232、90208、51540、61930、33836、143935、37039、43538、87834、51098、56751、25462、49105、121177、65605、63437、49174、59459、153224、102471 个未知像素。

本实验使用了两个先进的抠图像素采样算法作为采样性能的基准，分别是基于 KL 散度（KL-divergence）的采样算法[22] 及综合采样算法[124]。值得一提的是，基于 KL 散度的采样算法在对 GT02 及 GT25 图像采样过程中所采集到的所有像素均落在已知前景区域，未能采集到背景像素，因此无法得到实验结果。

图 6-3(a) 以箱线图的方式分别给出了提出的像素级多目标全局采样算法及其他两个先进像素采样算法在 27 幅图像上的最小透明度绝对误差及其对应候选像素对集合的基数。图中每一个立柱描述了一个采样算法在基准数据集中一幅图像上的所有未知像素对应的最小透明度绝对误差的分布情况。如图 6-3(a) 所示，与现有的像素采样算法相

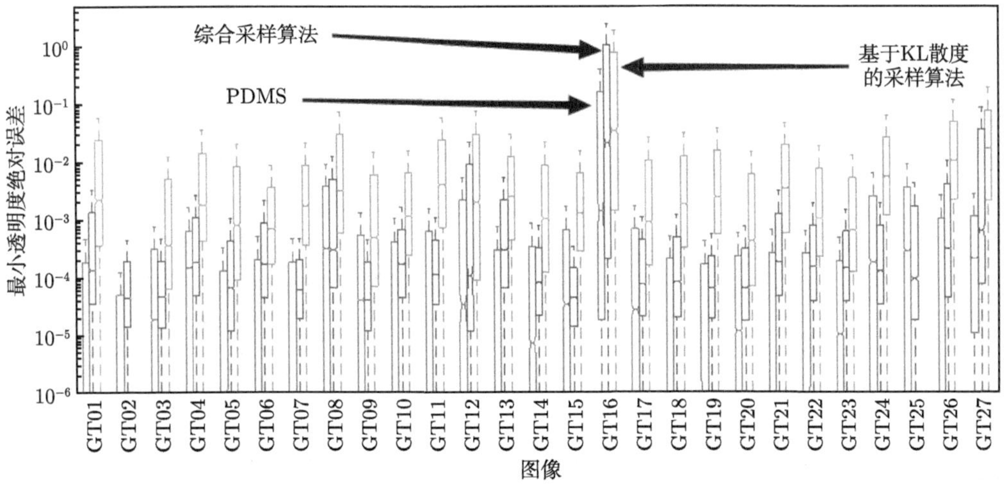

(a)

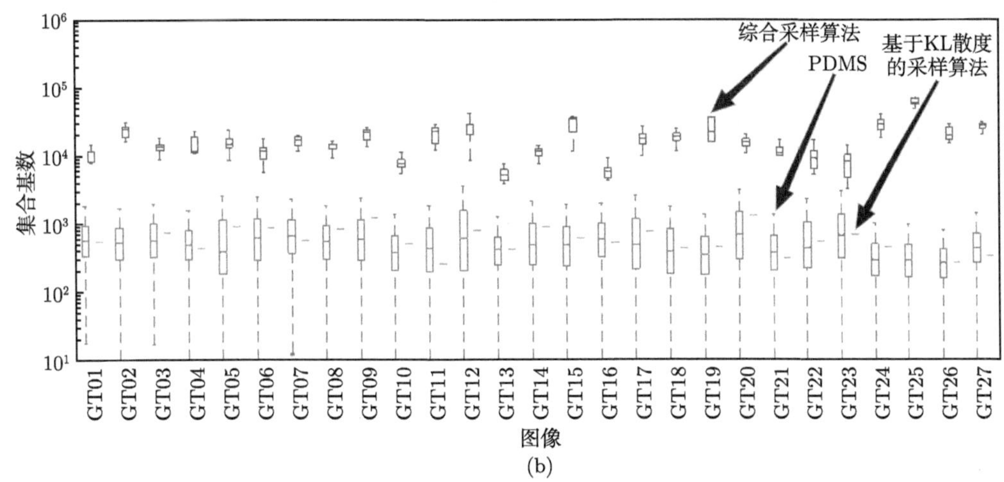

(b)

图 6-3　像素级多目标全局采样算法与先进抠图像素采样算法定量比较实验结果

(a) 采样算法所获得前景背景像素对最小透明度绝对误差对比；(b) 采样算法所获得候选前景背景像素对集基数对比。

比，提出的像素级多目标全局采样算法在绝大部分图像上最小透明度绝对误差较低，表示提出的采样算法对于不同的未知像素所获得的样本集均包含透明度误差较小的前景背景像素对。在 GT16 图像上，基于 KL 散度的采样算法及综合采样算法对于超过四分之一的未知像素的最小透明度绝对误差超过 0.5，说明在该图像采样过程中存在最优前景背景像素对丢失的问题。像素级多目标全局采样算法对应的最小透明度绝对误差四分位数仅为 0.1 左右，远低于参与比较的两个采样算法。该实验结果表明像素级多目标全局采样算法有效缓解了最优前景背景像素对丢失的问题。图 6-3(b) 为提出的像素级多目标全局采样算法及其他两个先进像素采样算法在 27 幅图像上对应候选像素对集基数的箱线图。图中每一个立柱描述了一个采样算法在基准数据集中一幅图像上的所有未知像素对应的候选像素对集基数的分布情况。此外，从图 6-3(b) 中可以发现提出的像素级多目标全局采样算法及基于 KL 散度的采样算法所获得的前景背景像素对候选集基数较小，比综合采样算法所获得的候选集基数低了一个数量级。该实验结果进一步说明了像素级多目标全局采样算法能使用较小的候选集涵盖针对不同未知像素的高质量的前景背景像素对，从而实现精准的像素样本采集。

表 6-2 对三个像素采样算法的最小透明度绝对误差的第一、第二、第三分位数进行了比较及统计分析。表 6-2 最后一列汇总了 27 幅图像中提出的像素级多目标全局采样算法最小透明度绝对误差指标在该分位数占优及不占优的图像数量。与基于 KL 散度的采样算法相比，提出的像素级多目标全局采样算法的最小透明度误差的第一、第二、第三分位数在所有的参与实验的图像中均占优。与综合采样算法相比，提出的像素级多目标全局采样算法的最小透明度误差第三分位数在所有的参与实验的图像中均占优；其最小透明度绝对误差第一、第二分位数在大部分参与实验的图像中占优。

表 6-2 像素级多目标全局采样算法与现有像素采样算法的最小透明度误差分位数对比结果

采样算法（分位数）	GT01	GT02	GT03	GT04	GT05	GT06	GT07	GT08	GT09	GT10	GT11	GT12	GT13	GT14
综合采样算法（第一分位数）	+	+	−	+	+	+	+	+	−	+	−	+	+	−
综合采样算法（第二分位数）	+	+	+	+	+	+	+	−	+	+	+	+	+	+
综合采样算法（第三分位数）	+	+	+	+	+	+	+	+	+	+	+	+	+	+
基于 KL 散度的采样算法（第一分位数）	+	N/A	+	+	+	+	+	+	+	+	+	+	+	+
基于 KL 散度的采样算法（第二分位数）	+	N/A	+	+	+	+	+	+	+	+	+	+	+	+
基于 KL 散度的采样算法（第三分位数）	+	N/A	+	+	+	+	+	+	+	+	+	+	+	+

续表

采样算法（分位数）	GT15	GT16	GT17	GT18	GT19	GT20	GT21	GT22	GT23	GT24	GT25	GT26	GT27	+/−
综合采样算法（第一分位数）	−	+	−	+	+	+	+	+	+	−	−	+	+	19/8
综合采样算法（第二分位数）	+	+	+	+	+	+	+	+	+	−	−	+	+	24/3
综合采样算法（第三分位数）	+	+	+	+	+	+	+	+	+	+	+	+	+	27/0
基于 KL 散度的采样算法（第一分位数）	+	+	+	+	+	+	+	+	+	+	N/A	+	+	25/0
基于 KL 散度的采样算法（第二分位数）	+	+	+	+	+	+	+	+	+	+	N/A	+	+	25/0
基于 KL 散度的采样算法（第三分位数）	+	+	+	+	+	+	+	+	+	+	N/A	+	+	25/0

注：+ 表示提出的像素级多目标全局采样算法获得的最小透明度误差小于参与比较的采样算法；− 表示提出的像素级多目标全局采样算法获得的最小透明度误差大于参与比较的采样算法；最小透明度绝对误差越小越好。

上述实验结果表明，提出的像素级多目标全局采样算法生成的前景背景像素对候选集具有基数小的优势，可获得较小的透明度绝对误差，且能适应不同场景的图像上不同未知像素的变化。这一实验结果说明了提出的算法能精确地覆盖大部分未知像素的最优前景背景像素对，因此具有较好的像素采样性能。

为了进一步分析采样性能，实验中以 GT16 图像为例比较了三个像素采样算法所采集样本的分布情况。

图 6-4 展示了提出的像素级多目标全局采样算法及其他两个先进采样算法所获得像素样本的分布情况。图中未知像素用 + 标注，各个采样算法采集到的前景像素样本与背景像素样本分别用红色及蓝色点表示。前景背景像素对候选集中透明度绝对误差最小的像素对用浅红色与浅蓝色标注。在这个例子中未知像素对应的最优前景背景像素对使得颜色相近与空间距离相近的采样准则冲突。如图 6-4(c) 所示，虽然综合采样算法采集了大量的样本，但是其未能采集蓝色旗子的前景样本，导致了最优前景背景像素对丢失问题。如图 6-4(a)、图 6-4(b) 所示，提出的像素级多目标全局采样算法与基于 KL 散度的采样算法均能采集到蓝色旗子样本，但像素级多目标全局采样算法所采集的样本更接近未知像素的颜色，其对应的最小透明度绝对误差为 0.37，远小于基于 KL 散度的采样算法所对应的 0.89。该实验结果说明了与现有的采样算法相比，像素级多目标全局采样算法可采集更准确的前景背景像素对。

本实验研究的像素级多目标全局采样算法能够自适应地为不同的未知像素提供一个基数较小，但具有较低最小透明度绝对误差的前景背景像素对候选集。该算法既兼具了基于 KL 散度的采样算法前景背景像素对候选集基数小的优点，也具有综合采样算法前景背景像素对候选集对应最小透明度误差小的优点。值得一提的是，即便在存在多个采样准则冲突的情况下，该算法也能够自适应权衡这些准则，覆盖最优的前景背景像素对，有效缓解了最优前景背景像素对丢失问题。因此，在实际应用中，该算法具有广泛的适用性和可行性。

(a) (b) (c)

图 6-4 像素级多目标全局采样算法与两个先进像素采样算法获得的像素样本分布对比
(a) 像素级多目标全局采样算法；(b) 基于 KL 散度的采样算法；(c) 综合采样算法。

2. 实验二设计及分析

基于像素级多目标全局采样的抠图算法性能验证实验将利用 Rhemann 等[6] 提出的抠图透明度遮罩客观评价基准数据集的在线测试，实现对基于像素级多目标全局采样抠图算法所获得的抠图透明度遮罩的客观定量分析，验证基于像素级多目标全局采样对抠图性能提升的影响。

在本实验中采用梯度误差性能指标定量评价所获得的抠图透明度遮罩。选用该指标的原因在于 Rhemann 等[6] 指出梯度误差与绝对误差之和、均方误差相比更能接近主观评价的结果。因此使用该指标可获得更准确的客观评价结果。梯度误差越小说明抠图透明度遮罩质量越好。

为了验证提出的像素级多目标全局采样算法的可扩展性，本实验使用双目标和三目标两个版本的抠图算法，并分别采用基于像素级和超像素级的多目标全局采样策略。其中，双目标版本包括颜色相近和空间距离相近两个目标，三目标版本包括颜色相近、空间距离相近和纹理特征相近三个目标。为了验证像素级采样策略的有效性，将像素级采样策略替换为现有算法中的超像素级采样策略，得到基于超像素级多目标全局采样的抠图（superpixel-level multiobjective global sampling，SDMS）算法。在实验中，将其与基于像素级多目标全局采样的抠图算法进行比较。为了实现超像素级采样策略，使用了由 Achanta 等[128] 提出的简单线性迭代聚类（simple linear iterative clustering，SLIC）算法将像素聚类为超像素。实验中所涉及的经验参数设置与文献 [124] 中的描述一致。除了与提出的像素级多目标全局采样算法相关的抠图算法外，本实验还使用了近年来提出的其他 8 种先进抠图算法作为测试基准，包括基于稀疏编码的抠图算法[126]、基于像素块的抠图算法[129]、基于 KL 散度采样的抠图算法[22]、基于综合采样的抠图算法[124]、基于颜色和纹理特征加权的抠图算法[21]、K 近邻抠图算法[130]、基于全局采样的抠图算法[19] 和基于共享的抠图算法[18]。通过对这些抠图算法进行比较，可以评估像素级多目标全局采样算法在可扩展性方面的表现及与其他算法的相对优劣势。

现有的抠图算法采用抠图预处理与后处理流程提高其估计的抠图透明度遮罩的质量。抠图预处理通过扩大已知区域、减小未知区域的方式获得更多的已知信息，从而提高抠图质量，文献 [131] 详细讨论了不同预处理算法的作用。基于采样的抠图算法没有考虑像素之间的局部平滑特性，抠图后处理可以使其获得的抠图透明度遮罩更加平滑。考虑到现有基于采样的抠图算法均采用预处理及后处理来提高抠图的质量，为了保证比较的公平性，基于像素级多目标全局采样的抠图算法及基于超像素级多目标全局采样的抠图算法采用基于综合采样的抠图算法所使用的预处理及后处理方法，参数设置也与其保持一致。下面简单介绍所使用的预处理及后处理方法。所使用的预处理算法通过比较已知区域像素与未知区域边缘处的像素的相似性，扩展三分图的已知区域。给定一个已知前景区域的像素 p，当未知区域的像素 z 满足以下条件时，未知像素 z 将被扩展为已知前景像素。

$$\begin{aligned}&\text{条件 }1: \|\boldsymbol{S}_p-\boldsymbol{S}_z\|<t_E,\ p\in\Omega_F\\&\text{条件 }2: \|\boldsymbol{C}_p-\boldsymbol{C}_z\|<t_C,\ p\in\Omega_F\end{aligned}\tag{6-11}$$

式中，$\boldsymbol{C}_p$ 、$\boldsymbol{S}_p$ 分别表示像素 p 的 RGB 空间颜色向量及空间距离向量。t_C、t_E 分别为颜色与空间距离特征的阈值，本实验中按照文献 [124] 推荐将其均设为 9。在抠图后处理中，估计的抠图透明度遮罩通过最小化一个包含拉普拉斯平滑项（Laplacian smoothness term）的目标函数从而获得更精确的抠图透明度遮罩。下式给出后处理涉及的目标函数的数学描述：

$$\alpha=\arg\min\alpha^{\mathrm{T}}\boldsymbol{L}\alpha+\lambda(\alpha-\hat{\alpha})^{\mathrm{T}}\boldsymbol{\Lambda}(\alpha-\hat{\alpha})+\gamma(\alpha-\hat{\alpha})^{\mathrm{T}}\boldsymbol{\Gamma}(\alpha-\hat{\alpha})\tag{6-12}$$

式中，λ 为数值较大的常数，取值为 1000。γ 为控制数据项与平滑项之间权重的参数，取值为 0.1。$\boldsymbol{\Lambda}$ 与 $\boldsymbol{\Gamma}$ 均为对角矩阵。$\boldsymbol{\Lambda}$ 中对应于已知前景、背景区域像素的对角元素取 1，对应于未知区域像素的对角元素取 0。$\boldsymbol{\Gamma}$ 中对应于已知区域像素的对角元素取 0，对应于未知区域像素的对角元素取其目标函数值。

实验中使用了未知区域较大、未知区域较小及用户标记的三种类型的三分图。对每一种类型三分图分别计算抠图算法在测试集中每个图像所获得抠图透明度遮罩与标准透明度遮罩之间的梯度误差，并以所有图像的平均梯度误差作为抠图算法在对应类型三分图上的性能指标。通过取三种类型三分图对应的平均梯度误差的平均值，得到总体的平均梯度误差评价指标。

表 6-3 汇总了参与实验的 11 个抠图算法在在线的图像抠图基准数据集[6] 的 7 幅测试图像上对应不同类型三分图及总体的平均梯度误差。如表 6-3 所示，两种版本的基于像素级多目标全局采样的抠图算法（双目标采样与三目标采样）均显著改善了所估计的抠图透明度遮罩的梯度误差，两种版本的基于像素级多目标全局采样的抠图算法在总体梯度误差比较汇总中分别排名第一（三目标版本）和第二（双目标版本）。三目标版本的基于像素级多目标全局采样的抠图算法在未知区域较大的三分图及人工标记三分图的平均梯度误差比较中均排名第一。基于像素级多目标全局采样的抠图算法在三目标版本上梯度误差性能优于双目标版本。该实验结果一方面说明了基于像素级多目标全局采样的抠图算法可以通过考虑更多的采样准则提高采样性能，另一方面也说明了像素级多目标全局采样算法可以自适应地权衡多个采样准则获得高质量的像素样本。此外，可以注意到基于超像素级多目标全局采样的抠图算法的梯度误差显著高于基于像素级多目标全局采样的抠图算法，该结果反映了超像素采样造成了最优前景背景像素对丢失的问题导致抠图性能显著下降。

表 6-3　基于像素级多目标全局采样的抠图算法及现有先进抠图算法在在线图像抠图基准数据集的 7 幅测试图像上的梯度误差

抠图算法	总体的平均梯度误差	平均梯度误差（未知区域较小的三分图）	平均梯度误差（未知区域较大的三分图）	平均梯度误差（人工标记的三分图）
基于像素级多目标全局采样的抠图算法（三目标）	**11.3**	13.6	**9.8**	**10.4**
基于像素级多目标全局采样的抠图算法（双目标）	12.1	12.5	12.3	11.6
基于超像素级多目标全局采样的抠图算法（双目标）	28.7	29.9	29.5	26.9
基于稀疏编码的抠图算法[126]	14.8	12.0	13.6	18.9
基于像素块的抠图算法[129]	15.1	**11.3**	14.9	19.1
基于 KL 散度采样的抠图算法[22]	15.2	13.0	14.4	18.1
基于综合采样的抠图算法[124]	16.6	16.5	17.0	16.3
基于颜色与纹理特征加权的抠图算法[21]	27.3	25.9	26.8	29.3
K 近邻抠图算法[130]	31.3	34.4	31.4	28.1
基于全局采样的抠图算法[19]	25.9	23.1	26.8	27.8
基于共享的抠图算法[18]	20.7	20.3	22.5	19.3

注：粗体表示性能最好。

图 6-5 给出了不同抠图算法获得的抠图透明度遮罩的比较。图中的箭头指示了抠图透明度遮罩误差较大的区域。如图 6-5 所示，与其他抠图算法相比，本节提出的基于像素级多目标全局采样的抠图算法获得了边缘更锐利的高质量抠图透明度遮罩。该视觉比较结果与抠图透明度遮罩的客观定量比较结果相一致。基于像素级多目标全局采样的抠图算法可获得边缘更锐利的抠图透明度遮罩的原因主要在于其采用了像素级采样策略。前景物体的边缘处经常包含阴影及高光。由于已知前景或背景像素阴影及高光区域面积很小，在超像素级采样中超像素的平均颜色不能代表阴影及高光的颜色。超像素采样的像素聚类过程往往造成最优前景背景像素对的丢失，导致估计的抠图透明度遮罩在前景边缘区域出现较大的误差。像素级多目标全局采样算法舍弃了像素聚类操作，每一个像素均可以采集作为样本，且多目标优化可自适应地权衡不同的采样准则，即便在多个采样准则发生冲突的情况下依然能采集高质量的像素样本。

然而，基于像素级多目标全局采样的抠图算法也存在一些局限。如图 6-6 所示，在前景、背景颜色分布重合的情况下，未知像素的颜色既可以由前景像素样本表示，也可以由背景像素样本表示。基于像素级多目标全局采样的抠图算法所采用的评价函数未能在该情况下准确地选择最优的前景背景像素对，导致抠图透明度遮罩估计的误差。

3. 实验三设计及分析

基于像素级多目标全局采样的抠图算法复杂度经验分析实验，通过观测不同抠图算法的平均运行时间及最大内存消耗量，对基于像素级多目标全局采样的抠图算法的时间复杂度及空间复杂度进行经验分析。提出的两个版本的基于像素级多目标全局采样的抠图算法及与其性能接近的 4 个现有抠图算法参与了本实验。所有参与实验的抠图算法均使用 MATLAB 语言实现。实验观测了抠图算法对基准数据集的测试集中 8 幅图像进行抠图所消耗的平均时间，以及抠图算法对基准数据集的 doll 图像抠图过程中的最大内存消耗量。

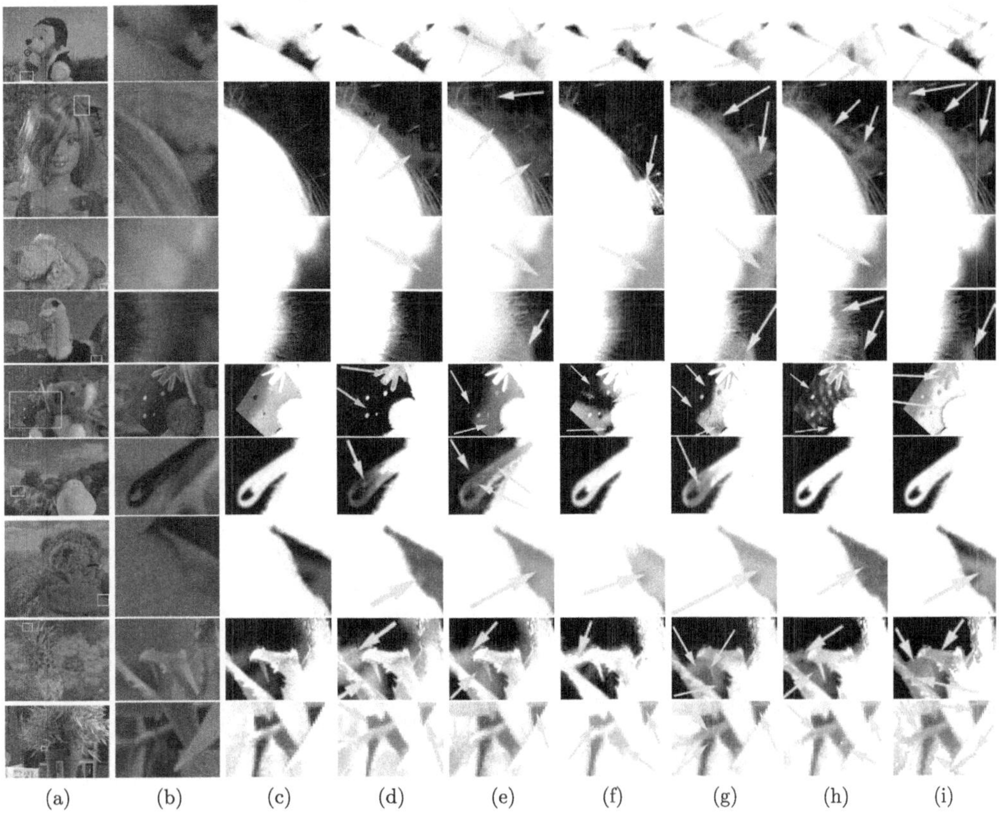

图 6-5　不同抠图算法获得的抠图透明度遮罩的比较

(a) 输入图像；(b) (a) 中方框区域局部放大图像；(c) 基于像素级多目标全局采样的抠图算法获得的抠图透明度遮罩局部放大图像；(d) 基于稀疏编码的抠图算法[126] 获得的抠图透明度遮罩局部放大图像；(e) 基于 KL 散度采样的抠图算法[22] 获得的抠图透明度遮罩局部放大图像；(f) K 近邻抠图算法[130] 获得的抠图透明度遮罩局部放大图像；(g) 基于综合采样的抠图算法[124] 获得的抠图透明度遮罩局部放大图像；(h) 基于颜色与纹理特征加权的抠图算法[21] 获得的抠图透明度遮罩局部放大图像；(i) 基于全局采样的抠图算法[19] 获得的抠图透明度遮罩局部放大图像。

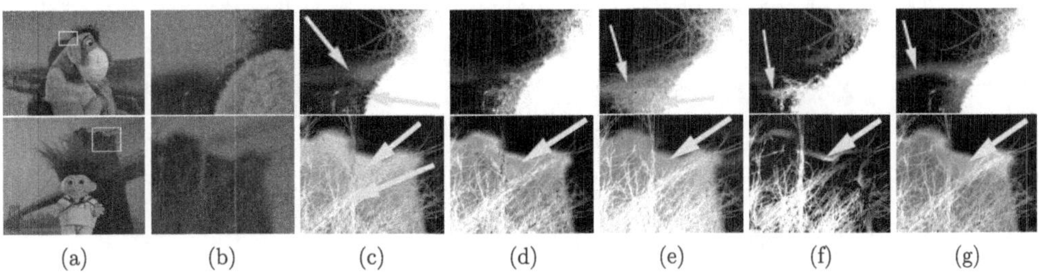

图 6-6　基于像素级多目标全局采样的抠图算法的局限性

(a) 输入图像；(b) (a) 中方框区域局部放大图像；(c) 基于像素级多目标全局采样的抠图算法获得的抠图透明度遮罩局部放大图像；(d) 基于稀疏编码的抠图算法[126] 获得的抠图透明度遮罩局部放大图像；(e) 基于 KL 散度采样的抠图算法[22] 获得的抠图透明度遮罩局部放大图像；(f) K 近邻抠图算法[130] 获得的抠图透明度遮罩局部放大图像；(g) 基于综合采样的抠图算法[124] 获得的抠图透明度遮罩局部放大图像。

本实验选择了 4 个最近提出的基于采样的抠图算法作为参考基准，分别是基于稀疏编码的抠图算法[126]、基于 KL 散度采样的抠图算法[22]、基于综合采样的抠图算法[124]、基于颜色与纹理特征加权的抠图算法[21]。此外，由于对每个未知像素的采样是独立的，提出的像素级多目标全局采样算法可以很容易地实现并行化。因此，本实验也测试双目标及三目标两种版本的基于并行化像素级多目标全局采样的抠图算法。并行化通过利用 MATLAB 提供的并行化工具将未知像素循环并行执行，即使用 parfor 命令替代 for 命令。

如图 6-7 及图 6-8 所示，与双目标版本相比较，三目标版本的基于像素级多目标全局采样的抠图算法所需的平均运行时间及最大内存消耗量未见显著增长。该实验结果说明随着采样目标数量增加，提出的像素级多目标全局采样算法的计算复杂度不会大幅增加，因此提出的算法可处理更多的采样目标数量。

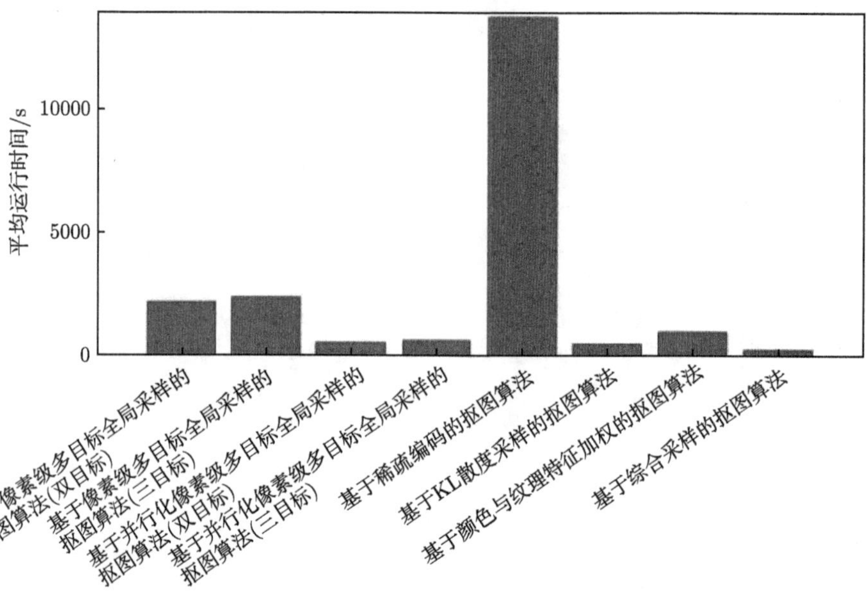

图 6-7 基于像素级多目标全局采样的抠图算法及现有的抠图算法在 8 幅测试图像上的平均运行时间

与基于稀疏编码的抠图算法相比，双目标版本及三目标版本的基于像素级多目标全局采样的抠图算法具有较低的平均运行时间及最大内存消耗量。与基于 KL 散度采样的抠图算法、基于综合采样的抠图算法、基于颜色与纹理特征加权的抠图算法相比，两个版本的基于像素级多目标全局采样的抠图算法具有较低的最大内存消耗量，但其消耗的平均运行时间较长。该问题在基于并行化像素级多目标全局采样的抠图算法得到了解决，但并行化的算法也带来了更大的内存消耗。

4. 实验四设计及分析

快速离散多目标算法时间复杂度经验分析实验将验证快速离散多目标优化算法是否能高效地求解多目标采样问题。实验通过随机选择 100 个未知像素的方式，从基准数据集的 27 幅图像上收集了 2700 个多目标采样问题作为本实验的数据集。

实验选择了两个具有代表性的多目标优化算法作为参考基准，分别是非支配排序遗传算法[132]（non-dominated sorting genetic algorithm III，NSGA-III）及排序滤波天际线算法[133]（sort filter skyline）。根据文献 [132] 的建议，非支配排序遗传算法的种群大小设置为 80。为了保证比较的公平性，非支配排序遗传算法的最大评价次数被设置为排序滤波天际线算法所消耗的评价次数。

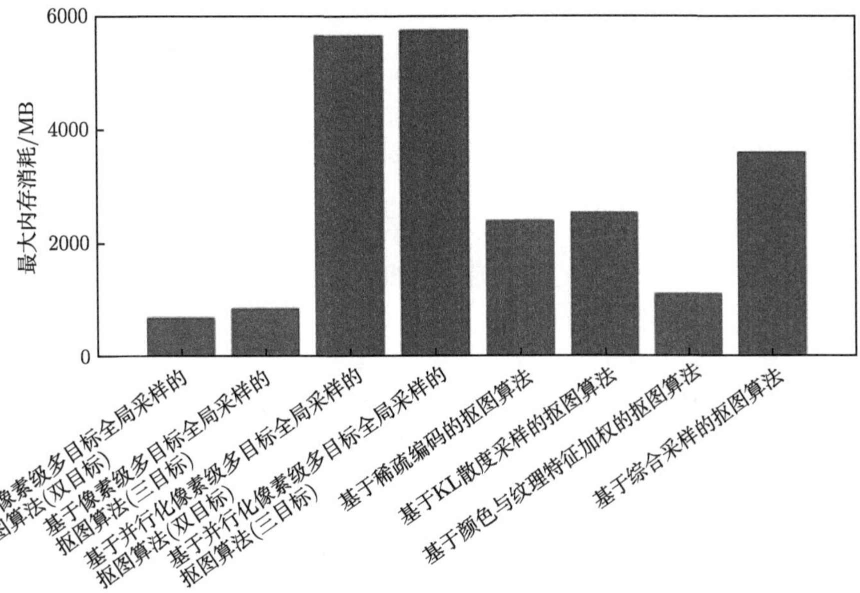

图 6-8　基于像素级多目标全局采样的抠图算法及现有的抠图算法在 doll 图像上的最大内存消耗量

首先测试快速离散多目标优化算法的求解精度。实验以数据集中一幅图像上随机选择的一个未知像素为例比较三种多目标优化算法的结果。

如图 6-9 所示，快速离散多目标优化算法与排序滤波天际线算法所得到的解完全一致且优于非支配排序遗传算法所获得的解。这是因为快速离散多目标优化算法与排序滤波天际线算法均为确定性算法，可保证找到多目标优化问题所有的帕累托最优解，而非

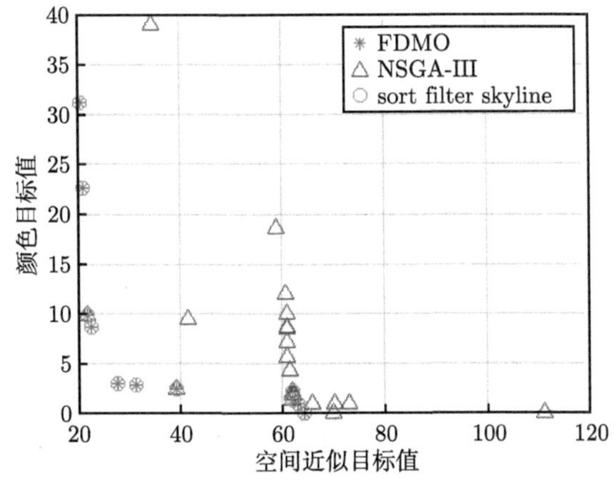

图 6-9　快速离散多目标优化算法、非支配排序遗传算法及排序滤波天际线算法求解精度对比

支配排序遗传算法为近似算法只能求得多目标优化问题的近似解。因此，快速离散多目标优化算法与排序滤波天际线算法的求解精度高于非支配排序遗传算法。

考虑到提出的像素级多目标全局采样算法涉及数量庞大的多目标优化问题，所使用的算法必须实现多目标采样问题的快速求解才能在有效时间内完成像素采样。因此，下面将讨论快速离散多目标优化算法计算运行时间。本实验使用求解 2700 个多目标采样问题的平均运行时间及所用到的平均支配关系比较次数作为性能指标。其中，平均支配关系比较次数可以排除算法实现对平均运行时间的影响。参与实验的三个多目标优化算法均使用 MATLAB 语言实现。如表 6-4 所示，快速离散多目标优化算法求解多目标采样问题的平均运行时间相比排序滤波天际线算法降低了 12%，且远小于非支配排序遗传算法的平均运行时间。

下面进一步比较快速离散多目标优化算法与排序滤波天际线算法所用到的平均支配关系比较次数。如表 6-5 所示，快速离散多目标优化算法所用到的平均支配关系比较次数相比排序滤波天际线算法降低了 10%，与平均运行时间实验结果相吻合。平均运行时间降幅高于平均支配关系比较次数降幅的原因在于，排序滤波天际线算法还需要预排序的额外计算消耗。该实验结果说明了快速离散多目标优化算法有效避免了不必要的支配关系比较，可高效地求解多目标采样问题。由于提出的像素级多目标全局采样算法涉及数十万个多目标采样问题，因此多目标采样问题计算代价的降低，可显著减少像素级多目标全局采样所消耗的时间，对实际应用具有重要意义。

表 6-4　快速离散多目标优化算法、非支配排序遗传算法及排序滤波天际线算法求解多目标采样问题时的平均运行时间对比

算法	快速离散多目标优化算法	非支配排序遗传算法 [132]	排序滤波天际线算法 [133]
平均运行时间 /s	1.3829	19.8761	1.5601

表 6-5　快速离散多目标优化算法与排序滤波天际线算法求解多目标采样问题所用到的平均支配关系比较次数

算法	快速离散多目标优化算法	排序滤波天际线算法 [133]
平均支配关系比较次数/次	5.02×10^5	5.52×10^5

6.3　基于启发式优化的免采样自然抠图算法

抠图的本质是大规模的前景背景像素对优化问题。本节将从抠图问题的本质优化问题出发，尝试利用启发式优化算法求解大规模的前景背景像素对优化问题，免去现有抠图算法的采样步骤，探索抠图问题求解的新思路。启发式优化算法是一类通过模拟自然界的进化、群体行为或其他启发式规则来寻找优化问题最优解的算法。多目标优化算法是一类专注于解决多目标优化问题，即在具有多个冲突目标的情况下，寻找一组解决方案，使得在所有目标上都能取得尽可能好的结果的算法。在多目标优化问题中，往往存在一个目标空间，其中包含很多不同的解决方案，这些解决方案构成了目标空间中的一条曲线或曲面，称为非劣前沿，也称为帕累托前沿（Pareto front）。多目标优化算法的目标就是在这个目标空间中搜索出一组非劣解，以供决策者选择。启发式优化算法可以用于解决多目标优化问题，通过引入适当的启发式规则，如进化策略、粒子群优化等，来搜索目标空间中的非劣解。这些算法能够在求解过程中同时考虑多个目标，并通过对解空间的搜索和优化来逼近非劣前沿。

启发式优化算法的优势如下。

1）解空间搜索：多目标优化问题的解空间通常较大且复杂，传统的穷举搜索方法往往难以应对。启发式优化算法通过灵活的搜索策略，在广阔的解空间中进行高效的搜索，帮助发现更多的非劣解。

2）收敛性能：启发式优化算法通过迭代优化的方式逐渐逼近最优解，其搜索过程可以根据问题的特点灵活调整。这使得多目标优化算法能够在有限的迭代次数内有效地收敛到非劣解集。

3）适应度评估：多目标优化问题需要对解进行适应度评估，常用的方法是基于帕累托支配原理或指标法。启发式优化算法可以方便地结合适应度评估方法，根据评估结果选择优良的解进行进一步优化，从而找到更好的非劣解。

4）多样性维持：多目标优化算法需要保持解集的多样性，以覆盖尽可能多的优秀解。启发式优化算法的随机性和多样性搜索策略可以避免陷入局部最优解，并增加非劣解集的多样性。因此，启发式优化算法和多目标优化算法在解决复杂优化问题上具有紧密的联系。

基于采样的抠图算法的本质是大规模的前景背景像素对组合优化问题。像素采样为大规模前景背景像素对组合优化问题提供了缩减决策空间的方法。经过决策空间的缩减，可在较短时间内求得该组合优化问题的局部最优解。

为了使缩减后的决策空间包含前景背景像素对组合优化问题的最优解，研究人员提出了不同的采样算法：局部采样算法、全局采样算法、综合采样算法。然而，现有的基于采样的抠图算法依然存在着最优前景背景像素对丢失的问题[22,126]。尽管经过多年的研究，采样性能已经有了显著提高，丢失最优像素对问题也有所缓解，基于采样的抠图算法在某些场景下表现出良好的抠图透明度遮罩效果。然而，在面对多变的抠图场景时，现有的像素采样算法采集的像素样本并不能完全覆盖每个未知像素的最优前景背景像素对。这是大规模前景背景像素对组合优化问题的复杂性导致的。前景背景像素对的目标函数是高度非线性的，仅依靠人工经验设计的像素采样算法很难准确判断每个可行解是否是最优前景背景像素对。

抠图问题的本质是前景背景像素对的组合优化问题，启发式优化算法能有效求解各类NP（non-deterministic polynomial）难复杂优化问题，可实现免采样的抠图[127]。免采样抠图技术在理论上可彻底避免最优前景背景像素对丢失的问题，而且启发式优化算法为迭代式算法，其优化精度可随着计算力的持续投入而提高，与基于采样的抠图算法相比具有显著优势。因此，研究基于启发式优化的抠图算法具有重要的意义。然而，现有的启发式优化算法求解前景背景像素对组合优化问题容易过早收敛[134]。松弛后大规模前景背景像素对优化问题为稠密多峰的复杂优化问题。其目标空间包含了数量庞大的局部最优解，导致启发式优化算法容易陷入局部最优解。一旦启发式优化算法过早收敛，所获得的抠图透明度遮罩质量将大幅下降。

下面介绍如何将自然图像抠图问题建模为大规模的前景背景像素对组合优化问题。基于采样的抠图算法通过为每个未知像素选择最优前景背景像素对实现高质量的抠图。假设给定的三分图中包含 N 个未知像素，则前景背景像素对组合优化问题可以描述如下：

$$\begin{aligned}\min G(X) \quad \text{s.t. } G(X) &= \sum_{k=1}^{N} g_k(x_k) \\ \boldsymbol{X} &= (\boldsymbol{x}_1, \boldsymbol{x}_2, \cdots, \boldsymbol{x}_N)^{\mathrm{T}} \\ \boldsymbol{x}_k &= \left(x_k^{(F)}, x_k^{(B)}\right)^{\mathrm{T}}, k = 1, 2, \cdots, N\end{aligned} \tag{6-13}$$

式中，$\boldsymbol{X}$ 表示针对所有未知像素的前景背景像素对选择问题（即整个图像的抠图问题）的决策变量。$\boldsymbol{x}_k$ 为第 k 个未知像素的前景背景像素对选择问题的决策变量。$\boldsymbol{x}_k$ 为二维变量，其中第一维 $x_k^{(F)}$ 表示前景像素的决策变量；第二维 $x_k^{(B)}$ 表示背景像素的决策变量。$g_k()$ 表示第 k 个未知像素的前景背景像素对目标函数。$G()$ 表示整个图像的（即所有未知像素的）前景背景像素对选择问题的目标函数。

该问题是一个大规模的前景背景像素对组合优化问题，其具有以下三个特点。

1）决策变量 $\boldsymbol{X}$ 的维度非常高。对于一幅 640×480 像素大小的图像，$\boldsymbol{X}$ 的维度一般在 10^5 的数量级。

2）决策变量 $\boldsymbol{X}$ 取值为离散的整数，其物理意义是前景、背景像素的下标。

3）目标函数 $G()$ 是高度非线性的。其通常包含多个子函数，且每个子函数都不可导且包含大量的局部最优值。

现有的研究提出了不同的前景背景像素对目标函数，作者采用 He 等[19] 在基于全局采样的抠图算法中提出的一种广泛使用的前景背景像素对目标函数。

给定第 k 个未知像素，所采用的前景背景像素对目标函数可以表示如下：

$$g_k(x_k^{(F)}, x_k^{(B)}) = f_1(k, x_k^{(F)}, x_k^{(B)}) + f_2(k, x_k^{(F)}) + f_3(k, x_k^{(B)}) \tag{6-14}$$

其中，$f_1(k, x_k^{(F)}, x_k^{(B)})$ 评价了前景背景像素对的颜色失真程度。假设 $\boldsymbol{C}_k^{(U)}$、$\boldsymbol{C}_{x_k^{(F)}}^{(F)}$、$\boldsymbol{C}_{x_k^{(B)}}^{(B)}$ 分别表示第 k 个未知像素、已知前景区域中第 $x_k^{(F)}$ 个像素及已知背景区域中第 $x_k^{(B)}$ 个像素的 RGB 空间颜色向量，$f_1(k, x_k^{(F)}, x_k^{(B)})$ 的计算方式可表示如下：

$$f_1(k, x_k^{(F)}, x_k^{(B)}) = \left\| \boldsymbol{C}_k^{(U)} - \left(\alpha_k \boldsymbol{C}_{x_k^{(F)}}^{(F)} + (1 - \hat{\alpha}_k) \boldsymbol{C}_{x_k^{(B)}}^{(B)} \right) \right\| \tag{6-15}$$

式中，$\hat{\alpha}_k$ 为使用前景背景像素对 $(x_k^{(F)}, x_k^{(B)})$ 估计的第 k 个未知像素的透明度值，可通过将前景背景像素对对应颜色代入式(5-6)计算得到。

$f_2(k, x_k^{(F)})$、$f_3(k, x_k^{(B)})$ 分别评价了前景背景像素对中前景、背景像素的空间代价，其定义分别由式(6-16)及式(6-17)给出。

$$f_2(k, x_k^{(F)}) = \frac{\left\| \boldsymbol{S}_{x_k^{(F)}}^{(F)} - \boldsymbol{S}_k^{(U)} \right\|}{\min\limits_{i=1}^{N} \left\| \boldsymbol{S}_i^{(F)} - \boldsymbol{S}_k^{(U)} \right\|} \tag{6-16}$$

$$f_3(k, x_k^{(B)}) = \frac{\left\| \boldsymbol{S}_{x_k^{(B)}}^{(B)} - \boldsymbol{S}_k^{(U)} \right\|}{\min\limits_{j=1}^{N} \left\| \boldsymbol{S}_j^{(B)} - \boldsymbol{S}_k^{(U)} \right\|} \tag{6-17}$$

式中，$\boldsymbol{S}_k^{(U)}$、$\boldsymbol{S}_{x_k^{(F)}}^{(F)}$ 及 $\boldsymbol{S}_{x_k^{(B)}}^{(B)}$ 分别表示第 k 个未知像素、已知前景区域中第 $x_k^{(F)}$ 个像素及已知背景区域中第 $x_k^{(B)}$ 个像素的空间坐标向量。

利用启发式优化算法可以实现免采样的抠图，避免了最优前景背景像素对丢失的问题。然而，由于前景背景像素对优化问题存在大量局部最优解，现有的启发式优化算法容易陷入局部最优解，因此直接使用这些算法求解前景背景像素对优化问题无法达到令人满意的优化精度。为了解决现有启发式优化算法存在的问题，在收敛速度控制器[134]基础上，面向抠图的前景背景像素对优化问题，提出了无参数的基于自适应收敛速度控制器的启发式优化抠图算法，该算法将自适应收敛速度控制器嵌入到启发式优化算法中，利用抠图的先验知识自适应地控制种群的收敛速度，一定程度上克服了启发式优化算法早熟的缺点，同时保留了其快速收敛的优点。自适应收敛速度控制器是该算法的核心，其基本思想是在启发式优化算法的迭代过程中根据需要自适应地调整种群的状态。通过这种方式，人们能够更好地控制算法的搜索范围，从而提高优化的准确性。算法 6-2 给出了基于自适应收敛速度控制器的启发式优化抠图算法的伪代码。

算法 6-2: 基于自适应收敛速度控制器的启发式优化抠图算法伪代码

```
输入： 种群更新算子
输出： 种群最优解
随机初始化种群
while 停机条件未满足 do
    利用输入的种群更新算子更新种群状态
    if 种群中的个体不具备竞争力 then
        执行前景背景像素对竞争重组算子更新种群，提高种群的收敛速度
    end if
    if 种群过早收敛 then
        执行前景背景像素对重置算子更新种群，降低种群的收敛速度
    end if
end while
```

基于自适应收敛速度控制器的启发式优化抠图算法与常见的改进启发式优化算法有所不同。它没有修改嵌入的启发式优化算法的演化算子，而是利用自适应收敛速度控制器在迭代过程中监测种群的状态，并根据状态自适应地调整种群。基于自适应收敛速度控制器的启发式优化抠图算法包含三个步骤：①通过随机的方式初始化种群；②更新种群状态，在每一次迭代中通过启发式优化算法的交叉、变异算子更新种群状态，并使用四舍五入操作使更新后的种群满足前景背景像素对优化问题的约束；③监测种群状态并选择性干预，根据种群状态选择性地触发前景背景像素对竞争重组算子和前景背景像素对重置算子，实现种群收敛速度的减速与加速，达到自适应控制种群的收敛速度的目的。其中，步骤②与步骤③重复执行直到满足停机条件。

自适应收敛速度控制器涉及两个算子，即前景背景像素对竞争重组算子和前景背景

像素对重置算子。这两个算子用于实现自适应控制收敛速度，自适应收敛速度控制器依据种群的状态选择性地执行前景背景像素对竞争重组算子与重置算子。当个体中大部分前景背景像素对不如种群最优解中对应像素对时，会触发竞争重组算子。它通过使个体向种群最优解“学习”，产生具有竞争力的后代。前景背景像素对重置算子通过度量两个个体对应抠图透明度遮罩之间的相似性检测种群的早熟问题，并通过重新生成种群保持种群的多样性。下面对提出的前景背景像素对竞争重组算子和前景背景像素对重置算子展开详细介绍。

6.3.1 前景背景像素对竞争重组算子

前景背景像素对竞争重组算子的基本思想是当种群中的个体不具有竞争力时，通过将该个体与种群最优解的重组干预该个体的演化，提高个体的竞争力，从而提高收敛速度。

针对现有的收敛速度控制器的加速算子存在的问题，作者提出了前景背景像素对竞争重组算子。提出的算子与现有的加速算子存在三个主要区别，分别介绍如下。

1）提出的算子依据不具备竞争力的前景背景像素对数量触发加速操作，充分利用了每一个前景背景像素对的评价信息，提供了细粒度的加速触发条件。现有的加速算子则通过监测总体适应值的方式触发加速算子。由于个体的适应值是由每个未知像素的子目标函数相加而成，大量取值不同的个体往往对应相同的适应值，现有的加速算子无法分辨这些个体的竞争力，只能提供粗粒度的触发条件。与现有的加速算子相比，本节提出的前景背景像素对竞争重组算子可更加准确地评估个体的竞争力，避免加速操作频繁地触发，有利于种群保持多样性。

2）本节提出的加速算子从个体与种群最优解中随机选择部分前景背景像素对进行重组，从而实现被选中个体的更新。现有的加速算子通过在种群最优解附近进行局部搜索更新个体，考虑到前景背景像素对优化问题的复杂性，局部搜索往往难以获得令人满意的后代。本章提出的加速算子有较大的概率能提高个体的竞争力。因为只有当个体大部分未知像素对应的前景背景像素对竞争力不足时才会触发加速操作。前景背景像素对重组一方面使竞争力不足的个体向种群最优解“学习”，保证种群的收敛速度；另一方面保留个体中的部分前景背景像素对不仅可以保持种群的多样性，还有一定概率产生适应值更优的解。

3）本节提出的前景背景像素对竞争重组算子不需要调节参数；而现有的加速算子涉及两个敏感的参数，需要根据求解的问题人工调节。

前景背景像素对竞争重组算子从种群中随机选择一个个体，并比较该个体与种群最优解的各个像素对的适应值。当选中的个体大部分前景背景像素对适应值不如种群最优解的时候，将选中的个体与种群最优解进行重组产生新的解。

算法 6-3 给出了前景背景像素对竞争重组算子的伪代码。其中，$\mathrm{rand}i(*)$ 表示随机正整数生成器，* 为一个正整数，生成的随机数范围为 $1, 2, \cdots, *$。由于个体的适应值为每个未知像素对应的前景背景像素对的适应值之和，在个体评价过程中已经计算了每个像素的适应值，前景背景像素对竞争重组算子不需要消耗额外的计算量即可获得每个前景背景像素对的适应值。因此，每次检查前景背景像素对重组操作的触发条件只需消耗很少的计算量。现有的加速算子由于计算量的限制，只能周期性地检查启发式优化算法的种群状态；前景背景像素对竞争重组算子在每次迭代时均检查种群的状态，从而可以及时对种群进行干预。

算法 6-3: 前景背景像素对竞争重组算子的伪代码

输入： 种群 P; 种群最优解 $x^{(\mathrm{Best})}$

输出： 更新后的种群 P

从种群 P 中随机选择一个个体 P_i，令 $n=0$
for $k=1$ to N **do**
　　$x_{k1}=(P_{i,2k-1},P_{i,2k})$, $\mathrm{fitness}_1=g_k(x_{k1})$;
　　$x_{k2}=(x_{2k-1}^{(\mathrm{Best})},x_{2k}^{(\mathrm{Best})})$, $\mathrm{fitness}_2=g_k(x_{k2})$;
　　if $\mathrm{fitness}_1>\mathrm{fitness}_2$ **then**
　　　　$n=n+1$;
　　end if
end for
if $n>N/2$ **then**
　　$j_1=\mathrm{rand}i(N), j_2=\mathrm{rand}i(N-j_1)$;
　　for $j=j_1$ to j_2 **do**
　　　　$P_{i,2j-1}=x_{2j-1}^{(\mathrm{Best})}$, $P_{i,2j}=x_{2j}^{(\mathrm{Best})}$
　　end for
end if

6.3.2 前景背景像素对重置算子

前景背景像素对重置算子的基本思想是通过准确检测种群的过早收敛并对其进行干预，自适应地降低种群的收敛速度，避免启发式优化算法早熟的问题。该算子依据从种群中随机选择的两个个体之间的相似性判断种群是否过早收敛。不同于收敛速度控制器中的减速算子利用余弦相似性（cosine similarity）在决策空间比较个体的相似性，本节提出的算子在目标空间度量两个个体的相似性。当选中的两个个体高度相似时，则认为种群多样性损失并陷入早熟问题，本节提出的算子通过随机产生新的解的方式重置种群以恢复种群的多样性。

现有的收敛速度控制器中的早熟检测未能检测两个个体在目标空间中相似但在决策空间中表现为不相似的情况，而该情况在前景背景像素对优化问题中经常发生。在前景背景像素对优化问题中，由于透明度的求解方式 [参见式(5-6)]，不同的前景背景像素对可能对应相似甚至拥有相同的透明度值。使用现有的早熟检测方式不能有效地检测出种群在目标空间高度相似的早熟问题，导致其无法及时对种群进行干预。本节提出的算子通过计算在种群中随机选择的两个个体对应的各未知像素的透明度之间的绝对误差来度量种群的收敛程度。

前景背景像素对重置算子主要包括以下三个步骤。

1）计算选中个体对应的抠图透明度遮罩。

2）比较抠图透明度遮罩并计算对应透明度高度相似的未知像素点数量。现有的比色分析研究表明，当绝对误差小于 3 时人眼难以分辨两个颜色的差异[135]。因此当一个未知像素对应透明度值的绝对误差小于 3 时，认为该像素是高度相似的。

3）依据透明度高度相似的未知像素数量判断两个个体是否相似，当透明度高度相似的未知像素数量超过未知像素总量的一半时，则认为两个个体是相似的。若个体相似，则执行种群重置操作，重新随机生成种群。

算法 6-4 展示了前景背景像素对重置算子的伪代码。值得一提的是，使用抠图透明度遮罩度量个体相似性并未显著增加该算子的计算复杂度，因为每个前景背景像素对对应的透明度的计算在个体评价时已经完成，在相似度度量中可直接使用，无须重复计算。

算法 6-4: 前景背景像素对重置算子的伪代码

输入： 种群 P、种群速度矩阵 $\boldsymbol{V}$

输出： 更新后的种群 P

```
从种群 P 中随机选择两个个体 P_m 及 P_n
分别计算 P_m 及 P_n 对应的抠图透明度遮罩
计算抠图透明度遮罩中对应透明度相似像素的数量
if 对应透明度相似的像素数量 > 像素总数的一半 then
    for i = 1 to N_p do
        for j = 1 to N do
            P_{i,2j-1} = randi(N_f), V_{i,2j-1} = 0;
            P_{i,2j} = randi(N_b), V_{i,2j} = 0;
        end for
    end for
end if
```

6.3.3 实验设计与分析

本节将通过两个实验讨论作者提出的自适应收敛速度控制器的性能。实验一用于验证自适应收敛速度控制器对启发式优化算法的有效性。实验二用于测试基于自适应收敛速度控制器的启发式优化抠图算法的抠图性能。

考虑到粒子群优化算法[136] 有着广泛的应用但容易过早收敛，实验中使用粒子群优化版本的基于自适应收敛速度控制器的启发式优化抠图算法，即将自适应收敛速度控制器嵌入到粒子群优化算法中，实现基于自适应收敛速度控制器的启发式优化抠图算法。实验使用的图像数据来源于 Rhemann 等[6] 提出的在线抠图基准数据集。该数据集提供了 27 幅彩色图像及其对应的三分图，以及标准的抠图透明度遮罩。实验中所有算法均使用 MATLAB 语言实现，求解前景背景像素对优化问题的最大评价次数均设置为 3×10^6。实验使用算法估计的抠图透明度遮罩与标准透明度遮罩之间的均方误差来定量度量求得的抠图透明度遮罩的质量，均方误差越小抠图透明度遮罩质量越高。考虑到启发式优化算法为随机算法，为了排除随机因素的影响，每个算法在每个图像上均重复运行 30 次，并计算每个图像对应的均方误差的均值及标准差。实验在配置有 Intel Xeon E5 2.4GHz 的 CPU 及 32GB 内存的服务器上运行。

在实验一中，作者将自适应收敛速度控制器嵌入到粒子群优化算法中，并与基于收敛速度控制器的粒子群优化算法及传统粒子群优化算法进行对比，以验证该策略对粒子群优化算法的有效性。实验中粒子群优化算法、基于收敛速度控制器的粒子群优化算法[134]、基于自适应收敛速度控制器的启发式优化抠图算法所涉及的粒子群优化参数均按文献 [134] 中推荐的设置，即 $\gamma = 0.4$、$c_1 = 0.15$、$c_2 = 2$。参与实验的三个算法在 27 幅图像上得到的抠图透明度遮罩的均方误差的均值和标准差如表 6-6 所示。与粒子群优化算法和基于收敛速度控制器的粒子群优化算法相比，基于自适应收敛速度控制器的启发式优化抠图算法的抠图透明度遮罩具有较低的均方误差平均值。这一实验结果表明，自适应收敛速度控制器显著提高了粒子群优化算法在前景背景像素对优化问题上的性能。基于收敛速度控制器的粒子群优化算法在 13 幅图像上的平均均方误差不如传统粒子群优化算法，说明收敛速度控制器在这些前景背景像素对优化问题中未能提高粒子群优化算法的搜索性能。自适应收敛速度控制器和收敛速度控制器的设计思想相同，都是监视并有条件地干预启发式优化算法的种群状态。它们之间的性能差异主要在于所使用的算子。自适应收敛速度控制器通过引入前景背景像素对的竞争重组算子有效地提升了低质量个体的竞争力，同时引入了前景背景像素对的重置算子来避免粒子群优化算法的早熟问题。这就是自适应收敛速度控制器带来性能提升的原因所在。

表 6-6　基于自适应收敛速度控制器的启发式优化抠图算法与粒子群优化算法、基于收敛速度控制器的粒子群优化算法的抠图透明度遮罩的均方误差均值与标准差

算法		GT01	GT02	GT03	GT04	GT05	GT06	GT07	GT08	GT09
PSO-ACSC	平均值	415.3	1858.2	822.9	2585.8	657.9	1433.7	607.0	2221.2	1750.5
	标准差	7.7	10.0	4.1	7.7	6.5	6.6	4.0	11.6	9.9
PSO-CSC[134]	平均值	424.9	1885.2	824.3	2603.5	679.5	1464.8	631.6	2239.0	1772.3
	标准差	4.6	9.6	3.8	9.3	7.6	7.3	7.9	9.1	10.4
PSO[137]	平均值	425.0	1885.1	822.9	2598.2	677.5	1468.6	633.7	2237.4	1770.3
	标准差	5.0	11.9	5.0	10.2	7.5	9.0	10.0	7.5	8.9

算法		GT10	GT11	GT12	GT13	GT14	GT15	GT16	GT17	GT18
PSO-ACSC	平均值	1572.7	2388.2	218.5	3995.7	686.8	1159.0	4816.9	875.8	1476.0
	标准差	11.8	30.4	1.8	17.6	12.3	31.0	44.7	13.6	11.1
PSO-CSC[134]	平均值	1600.5	2449.8	230.9	4068.5	785.9	1289.1	4854.7	984.3	1489.3
	标准差	9.0	14.0	5.7	16.7	55.4	8.4	14.3	38.2	7.9
PSO[137]	平均值	1599.5	2451.8	230.3	4073.9	790.3	1289.1	4852.9	994.6	1488.1
	标准差	10.9	12.2	5.7	13.9	41.5	8.9	15.7	38.0	7.9

算法		GT19	GT20	GT21	GT22	GT23	GT24	GT25	GT26	GT27
PSO-ACSC	平均值	820.9	500.0	2859.3	875.6	987.2	2623.8	2883.7	4952.4	4962.0
	标准差	10.0	4.2	15.7	3.9	10.0	11.1	16.9	14.2	16.1
PSO-CSC[134]	平均值	820.0	506.8	2843.5	885.2	1087.9	2617.5	2767.1	5163.5	5029.1
	标准差	7.2	3.0	14.0	4.8	18.7	13.0	24.1	87.7	22.9
PSO[137]	平均值	819.1	506.2	2846.7	885.9	1092.8	2620.2	2762.8	5195.7	5032.9
	标准差	7.0	3.5	15.7	4.0	17.5	11.2	18.8	71.2	17.9

注：PSO-ACSC 表示基于自适应收敛速度控制器的启发式优化抠图算法；PSO-CSC 表示基于收敛速度控制器的粒子群优化算法；PSO 表示粒子群优化算法。

实验二评估了基于自适应收敛速度控制器的启发式优化抠图算法与两个最近提出的启发式优化算法在抠图透明度遮罩均方误差上的性能差异。分别使用协同进化粒子群优化算法（CCPSO）[138] 和带打散机制的协同差分进化算法（CC-DE-S）[134] 作为性能基准进行比较。协同进化粒子群优化算法及带打散机制的协同差分进化算法的参数分别按文献 [26] 及文献 [134] 设置。实验在抠图透明度遮罩基准数据集的 27 幅图像上所获得的均方误差均值与标准差如表 6-7 所示。与带打散机制的协同差分进化算法相比，本节提出的基于自适应收敛速度控制器的启发式优化抠图算法在 27 幅图像中的 15 幅图像上获得了更低的平均均方误差。与协同进化粒子群优化算法相比，本节提出的算法在 13 幅图像上获得了更低的平均均方误差。该实验结果说明了基于自适应收敛速度控制器的启发式优化抠图算法在前景背景像素对寻优能力方面是具有竞争力的。虽然协同进化粒子群优化算法在部分图像上获得了比本节提出的算法更好的结果，但是可以注意到协同进化粒子群优化算法获得的抠图透明度遮罩的均方误差标准差较大，这说明协同进化粒子群优化算法比较容易陷入局部最优，造成抠图透明度遮罩质量的不稳定。

表 6-7　基于自适应收敛速度控制器的启发式优化抠图算法与现有的启发式优化算法所获得的抠图透明度遮罩的均方误差均值与标准差

算法		GT01	GT02	GT03	GT04	GT05	GT06	GT07	GT08	GT09
PSO-ACSC	平均值	415.3	1858.2	822.9	2585.8	657.9	1433.7	607	2221.2	1750.5
	标准差	7.7	10	4.1	7.7	6.5	6.6	4	11.6	9.9
CC-DE-S [26]	平均值	304.5	1686.4	950.8	2362.6	712.1	1408.6	670.3	2666.1	1723.3
	标准差	2.3	11.4	4.6	7.8	7.2	6.5	4.8	10.9	10.0
CCPSO [138]	平均值	380.5	1839.7	806.9	2569.2	661	1406.7	637.2	2230.7	1693.4
	标准差	29	41.4	19.8	23	33.4	62.3	12	22.4	81.1
算法		GT10	GT11	GT12	GT13	GT14	GT15	GT16	GT17	GT18
PSO-ACSC	平均值	1572.7	2388.2	218.5	3995.7	686.8	1159	4816.9	875.8	1476
	标准差	11.8	30.4	1.8	17.6	12.3	31	44.7	13.6	11.1
CC-DE-S [26]	平均值	1703.7	2524.4	290.3	3273	609.3	1626.3	4908.9	1218.1	1261.5
	标准差	9.5	10.1	2.7	17.2	4.7	7.5	9.7	7.3	7.4
CCPSO [138]	平均值	1576.5	2384	245.6	4012.9	829.7	1307.2	4738.3	1051.9	1404.6
	标准差	42.3	52.1	9	31	99.8	24	47.8	46.9	43
算法		GT19	GT20	GT21	GT22	GT23	GT24	GT25	GT26	GT27
PSO-ACSC	平均值	820.9	500	2859.3	875.6	987.2	2623.8	2883.7	4952.4	4962
	标准差	10	4.2	15.7	3.9	10	11.1	16.9	14.2	16.1
CC-DE-S [26]	平均值	785.7	602.1	2994.1	996.2	912.4	2170.3	3381.2	5477.5	4210.8
	标准差	5.7	5.0	11.2	5.6	5.3	10.1	13.6	17.8	12.7
CCPSO [138]	平均值	762.4	509.3	2800.5	863.1	1105.1	2520.2	2662.1	5350.2	5061.2
	标准差	27.2	13.3	34.8	26.5	83.4	44.3	19.1	44.5	33.9

注：PSO-ACSC 表示基于自适应收敛速度控制器的启发式优化抠图算法；CC-DE-S 表示带打散机制的协同差分进化算法；CCPSO 表示协同进化粒子群优化算法。

为了进一步分析基于自适应收敛速度控制器的启发式优化抠图算法的抠图性能，本实验在视觉上比较了上述算法所获得的抠图透明度遮罩。平均抠图透明度遮罩的视觉比较结果如图 6-10 所示。其中，平均抠图透明度遮罩为上述算法重复运行 30 次所获得的抠图透明度遮罩对应像素取平均值计算所得。实验表明，基于自适应收敛速度控制器的启发式优化抠图算法所获得的平均抠图透明度遮罩噪声较少、前景物体轮廓清晰，因此视觉效果较好。该实验结果验证了自适应收敛速度控制器有效缓解了粒子群优化算法早熟的问题，在求解前景背景像素对优化问题上具有较强的竞争力，且获得的抠图透明度遮罩质量较为稳定。

然而，在最优的前景背景像素对在图像上所对应的颜色稀少的情况下，基于自适应收敛速度控制器的启发式优化抠图算法所提供的抠图透明度遮罩并不能令人满意。

图 6-10 的最后一行给出了该算法所获得的抠图透明度遮罩质量不佳的例子。该实验结果可以归因于前景背景像素对重置算子在该情况下未能有效地增加粒子群的多样性。前景背景像素对重置算子通过两个个体对应的抠图透明度遮罩的相似性判断种群是否过早收敛，若过早收敛则利用像素对随机重置恢复种群的多样性。然而，在最优像素对对应的颜色稀少的情况下，重置后的种群获得更优解的概率较小。这导致了种群重新收敛于局部最优解，种群多样性无法得到有效提升，造成所获得的抠图透明度遮罩质量的下降。

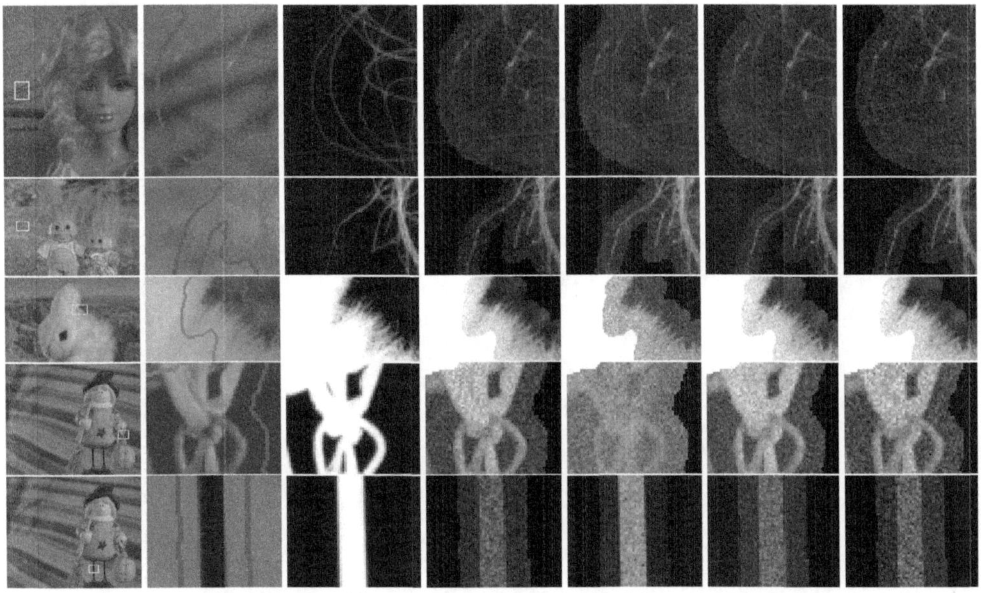

图 6-10　基于自适应收敛速度控制器的启发式优化抠图算法与现有的启发式优化算法所获得的抠图透明度遮罩的视觉比较

(a) 输入图像；(b) (a) 中方框区域局部放大图像；(c) 标准的抠图透明度遮罩；(d) 基于自适应收敛速度控制器的启发式优化抠图算法获得的抠图透明度遮罩；(e) 带打散机制的协同差分进化算法[26] 获得的抠图透明度遮罩；(f) 协同进化粒子群优化算法[138] 获得的抠图透明度遮罩；(g) 基于收敛速度控制器的粒子群优化算法[134] 获得的抠图透明度遮罩。

6.4　基于模糊评价与协同优化的免采样自然抠图算法

6.3 节介绍了基于启发式优化的免采样自然抠图算法，并探讨了其在抠图任务中的优势。然而，该算法在处理前景背景像素对时存在搜索精度较低的问题。本节将讨论如何利用前景背景像素对优化问题的启发式信息进一步提高启发式优化算法求解前景背景像素对优化问题的精度。

前景背景像素对是抠图任务中的核心问题，直接影响未知像素的透明度。目前，基于启发式优化的抠图技术提供了一种解决该问题的全局搜索技术。在该技术中，像素对选择是核心环节，主要包括像素对评价与像素对优化两部分，其所面临的优化精度较低的问题也主要反映在这两个部分。

前景背景像素对优化是像素对选择中的一大挑战。一方面由于待优化的目标函数包含多个满足程度不确定的评价准则，前景背景像素对优化问题是一个复杂的组合优化问题；另一方面该问题搜索空间巨大且涉及的决策变量数量大，使得前景背景像素对优化的难度陡增。

现有的基于启发式优化的免采样抠图算法直接对包含多个评价项组合而成的前景背景像素对评价函数进行优化。然而，由于每个评价项的启发式信息在组成目标函数的过程中被隐去，现有的算法在优化过程中未能充分利用每个评价项所提供的启发式信息，而单个评价项所提供的启发式信息往往能引导启发式优化算法跳出局部最优解，逼近全局最优解。图 6-11 给出了一个例子。

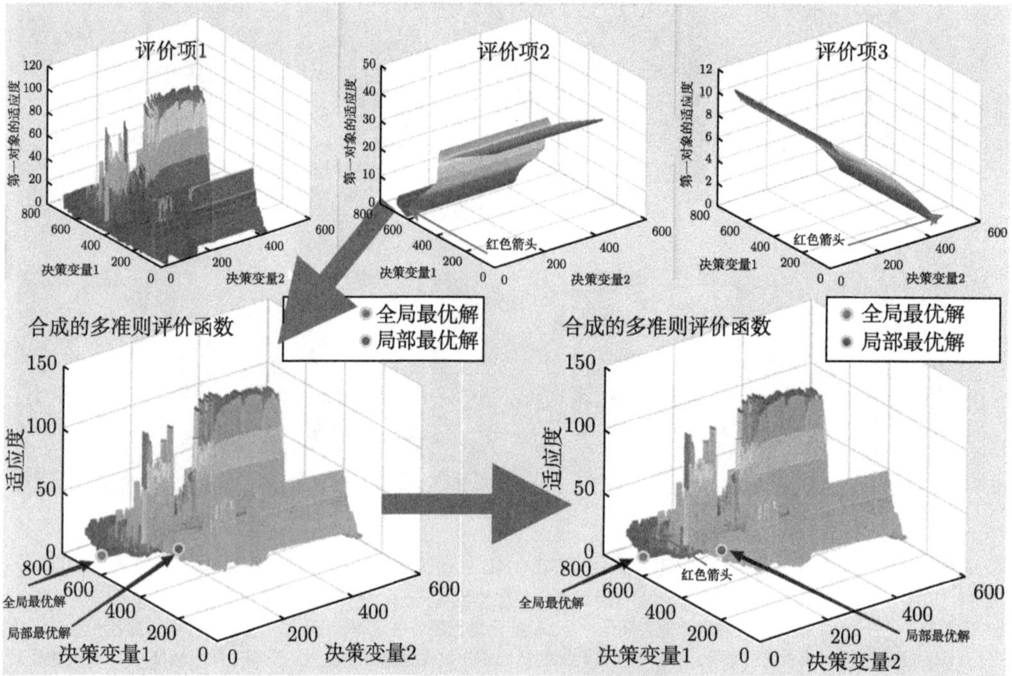

图 6-11　多准则评价函数中单个评价项提供启发式信息引导启发式优化算法跳出局部最优解逼近全局最优解的例子

注：图中的红色箭头表示启发式信息引导的搜索方向。

在该例子中三个评价项组成了复杂的多准则的评价函数。合成后的多准则的评价函数缺少足够的启发式信息，难以跳出局部最优解。评价项 2 所提供的启发式信息则可引导启发式优化算法从局部最优解向全局最优解逼近。然而，目前鲜有将单目标优化问题多目标化的研究，即将多准则单目标优化问题转化为多目标优化问题进行求解。

本节介绍了一种针对前景背景像素对评价准则不确定性和启发式优化抠图算法搜索精度低问题的解决方案，即基于模糊多准则评价与分解的多目标协同优化抠图算法。该算法包括两个部分：模糊多准则评价方法和基于分解的多目标协同优化算法。本节提出的基于分解的多目标协同优化算法基于分治思想。该算法将多准则的前景背景像素对评价函数分解为评价准则与优化目标一一对应的多个单目标函数。通过将多个优化目标建模为多目标优化问题并采用多目标优化技术对多个单目标同时进行优化，从而充分利用每个评价准则的启发式信息。最后使用提出的模糊多准则评价方法从帕累托解集中选择出最优的前景背景像素对。模糊多准则评价方法已经在第 3 章中介绍，这里不再赘述，下面对基于分解的多目标协同优化算法展开介绍。

6.4.1　基于分解的多目标协同优化算法

本小节介绍一种基于分解的多目标协同优化算法，旨在充分利用多准则前景背景像素对评价函数中每个准则提供的启发式信息。现有的基于启发式优化的免采样抠图算法使用面向单目标优化的大规模启发式优化算法直接对包含多个评价项的多准则目标函数进行优化。如图 6-11 所示，多个评价项聚合产生适应值的过程丢失了单个评价项优化过程中产生的启发式信息，而该信息可以在启发式优化算法中在迭代过程中引导种群跳出局部最优解并向全局最优解逼近。本节所提出的基于分解的多目标协同优化算法将多准则前景背景像素对优化问题转化为每个准则对应一个优化目标的多目标问题。通过这种分解策略，算法不仅可以充分利用每个评价项产生的启发式信息，还可以利用现有的成熟多目标优化技术。图 6-12 展示了基于分解的多目标协同优化算法的基本流程。

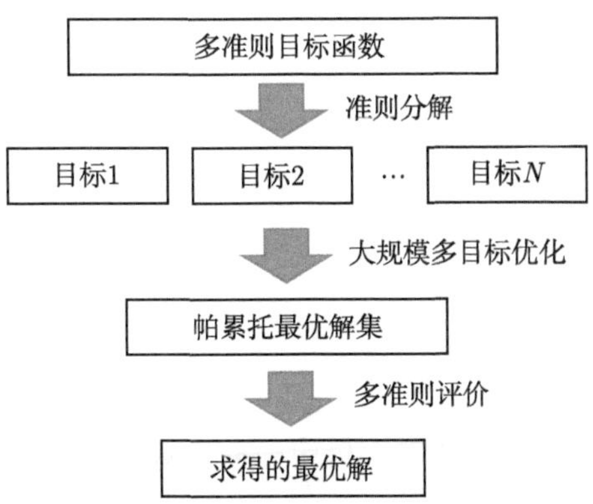

图 6-12　基于分解的多目标协同优化算法的基本流程

本小节提出的基于分解的多目标协同优化算法主要分为三个步骤。

1）使用提出的多准则评价函数分解优化策略，将多准则单目标评价函数以平均准则为单位分解为多个单准则单目标的函数。

2）使用多目标启发式优化算法对多个单准则单目标函数同时进行优化，在优化的过程中通过对决策变量进行邻域分组将问题分解为多个子问题，并依据子问题之间的相关性实现子问题之间的协同优化。本小节提出的算法基于分而治之的思想将决策变量依据未知像素空间相关性进行分组，并通过组内最优像素对竞争的方式优化算法求得的解，实现了高效的前景背景像素对优化问题求解。

3）使用模糊多准则评价方式对步骤 2）所求得的多目标优化问题的帕累托最优解集中的前景背景像素对逐一评价，并选择最优的前景背景像素对。

算法 6-5 给出了基于分解的多目标协同优化算法的伪代码。其中，Γ 为经多准则分解后的优化目标集合，$\varLambda_i$ 表示求得的第 i 个子问题的帕累托最优解，x_{best}^i 表示算法迭代过程中第 i 个子问题的当前最优解，x_m^i 表示第 i 个子问题帕累托最优解中的第 m 个解，O 表示基于邻域分组的协同多目标优化算法，MOO 表示多目标优化算法，rand() 表示随机实数生成器，随机数生成范围为 $[0,1]$。

算法 6-5: 基于分解的多目标协同优化算法的伪代码

输入： 多准则前景背景像素对评价函数 $G(X)=\sum\limits_{k=1}^{c} H\left(h_k^1(X), h_k^2(X), \cdots, h_k^{N_{\text{obj}}}(x_k)\right)$

输出： 求得的前景背景像素对解 X_{best}

// 多准则分解
$\varGamma \leftarrow \varnothing$
for $i=1$ to N_{obj} **do**
　$\varGamma \leftarrow \varGamma \cup h_k^i(X)$
end for
// 多目标优化
$\{\varLambda_1, \varLambda_2, \cdots, \varLambda_N\} \leftarrow O(\varGamma, \text{MOO}, 1)$
// 多准则前景背景像素对评价
for $i=1$ to N **do**
　$x_{\text{best}}^i \leftarrow \text{rand}()$
　for $m=1$ to $|\varLambda_i|$ **do**
　　if $g_i(x_m^i) < g_i(x_{\text{best}}^i)$ **then**
　　　$x_{\text{best}}^i \leftarrow x_m^i$
　　end if
　end for
end for
$X_{\text{best}} \leftarrow \left(x_{\text{best}}^1, x_{\text{best}}^2, \cdots, x_{\text{best}}^N\right)$
return X_{best}

接下来，详细介绍基于分解的多目标协同优化算法中涉及的两个具体策略：多准则评价函数分解优化策略和基于邻域分组的协同多目标优化策略。

多准则评价函数分解优化策略将模糊多准则前景背景像素对评价函数中每一个对应于一个评价准则的评价项均转换为一个优化目标，将所有评价准则对应的优化目标建模为一个多目标优化问题。模糊多准则前景背景像素对评价中的每一个评价项均被建模为与适应值正相关的优化目标，与适应值负相关的评价项可通过乘以 -1 的形式转换为正相关的优化目标。单个优化目标的优化在过程中能提供丰富的启发式信息，引导启发式优化算法逼近最优解。通过多目标优化对每一个准则所对应目标的优化可以充分利用单个准则所提供的启发式信息，从而提高启发式优化算法的性能。

为了提高前景背景像素对优化效率，本小节利用图像局部平滑特性提出了基于邻域分组协同多目标优化策略。该策略包括邻域分组及多目标协同优化两个步骤。图 6-13 给出了基于邻域分组协同多目标优化策略的框图。

注意到在一个局部区域内的未知像素所对应的最优前景背景像素对变化很小[130,139-141]，本小节将该特性称为图像的局部平滑特性。提出的分组策略在该特性的基础上实现了基于强空间相关性的决策变量高效分组。具体来说，给定一个未知像素，在以该点为中心的 9×9 区域内的未知像素所对应的前景背景像素对决策变量被划分为一组。不同于现有的面向黑盒优化的分组策略，本节提出的分组策略通过利用自然图像抠图的先验知识实现了准确、快速的决策变量分组。而且相对于现有的通用分组方法，该策略大大节约了计算资源。

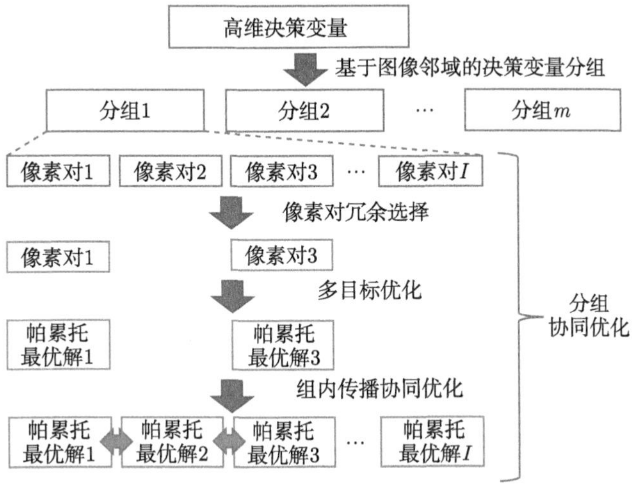

图 6-13　基于邻域分组协同多目标优化策略框图

在多目标协同优化的过程中，在每一个分组中等间距选择部分未知像素对应的前景背景像素对进行独立的优化。未知像素的采样间距设置为一个像素。采用多目标优化算法对选中的未知像素对应的前景背景像素对逐一进行独立优化。为了利用以非支配排序遗传算法[142]、基于分解的多目标演化算法[143]为代表的现有的具有较强寻优能力多目标连续优化算法，前景背景像素对组合优化问题被松弛为连续问题，即决策空间由 $\{1,2,\cdots,|\Omega_F|\}^c \times \{1,2,\cdots,|\Omega_B|\}^c$ 映射为 $[1,|\Omega_F|]^c \times [1,|\Omega_B|]^c$。连续空间中所求的解则通过四舍五入运算映射到离散的空间中，实现前景背景像素对的评价。将多准则单目标优化问题分解为多个单目标优化问题是为了充分利用每一个评价准则所提供的启发式信息，以提高启发式优化算法的寻优能力。基于分解的多目标协同优化算法采用了 Zhang 等[143]提出的基于分解的多目标演化算法独立求解选中的多目标优化问题。基于分解的多目标演化算法通过对多个目标加权等方式将多目标优化问题分解为多个单目标优化子问题，并对子问题同时进行优化[143]。基于分解的多目标演化算法的机制决定了部分子问题与单个准则所对应的单目标优化问题相同，同时部分子问题可能与多准则优化问题高度相似。前者可以充分利用单个准则提供的启发式信息，后者保证了种群优化目标与前景背景像素对多准则评价目标相一致。在求得分组后每个子问题的帕累托最优解后，对任意未知像素取对应分组内所有子问题的帕累托最优解进一步进行“竞争”，移除被支配的解，产生组内最优的帕累托最优解集。基于邻域分组协同多目标优化算法的具体实现如算法 6-6 所示。其中 $\mathcal{N}(S_i^{(U)}, S_j^{(U)})$ 为空间邻域的指示函数，当 $S_i^{(U)}$ 为 $S_j^{(U)}$ 邻域时函数值为真，否则为假。Sub_j 表示未知区域像素 j 的像素对优化子问题。

算法 6-6: 基于邻域分组协同多目标优化算法

输入: 多目标优化问题 MOP、多目标优化算法 MOO、未知像素采样间隔 ρ

输出: 各个像素对优化子问题的帕累托最优解集 $\{\Lambda_1, \Lambda_2, \cdots, \Lambda_N\}$

```
for i = 1 to N do
    //邻域像素对分组
    Ω_N ← ∅
    for j = 1 to N do
        if 𝒩(S_i^(U), S_j^(U)) then
            Ω_N ← Ω_N ∪ j
        end if
    end for
    //优化分组内冗余选择的子问题
    Λ_i ← ∅
    for each j ∈ Ω_N do
        if 像素 j 的 x, y 坐标均可被 ρ 整除 then
            if Λ_j = ∅ then
                Λ_j ← MOO(Sub_j)
            end if
        end if
    end for
end for
//组内传播协同优化
for i = 1 to N do
    if Λ_i ≠ ∅ then
        for each j ∈ Ω_N do
            if Λ_j = ∅ then
                Λ_j ← Λ_i
            else
                Λ_j ← Λ_j ∪ Λ_i 的帕累托最优解的集合
            end if
        end for
    end if
end for
```

在局部平滑性假设的前提下，对分组内（即一个局部区域）多个前景背景像素对的优化问题的解可以通过求解一个像素对优化问题的解近似得到。然而，考虑到随机算法的不稳定性及前景背景像素对优化问题的复杂性，本节提出的算法通过在分组中优化冗余的前景背景像素对提高产生抠图透明度遮罩的稳定性。邻域中不同未知像素优化得到的前景背景像素对之间的竞争改善了优化的质量并使所获得的抠图透明度遮罩更加平滑。

下面对基于邻域分组协同多目标优化算法的计算复杂度进行分析。分析过程中将子问题的优化作为基本运算。即对一个子问题进行优化的计算复杂度为 $O(1)$。由于只有坐标能被 ρ 整除的未知像素对应的子问题被选中进行优化，假设未知像素均匀分布在三分图中，子问题被选中的概率为 $\frac{\lfloor h/\rho \rfloor}{h} \cdot \frac{\lfloor w/\rho \rfloor}{w}$，其中 h 和 w 分别表示输入图像的长和宽。因为 $\frac{\lfloor h/\rho \rfloor}{h} \cdot \frac{\lfloor w/\rho \rfloor}{w} \leqslant \frac{h/\rho}{h} \cdot \frac{w/\rho}{w} = 1/\rho^2$，被选中子问题数量期望不大于 N/ρ^2。每个选中的子问题只优化一次，因此该算法的平均时间复杂度为 $O(N/\rho^2)$。其中，ρ 的值不小于 1，所以其时间复杂度可以表示为 $O(N)$。

6.4.2　实验设计与分析

首先通过实验来选择适合的基于模糊多准则评价与分解的多目标协同优化抠图算法所需的多目标优化算法。随后，进行了三个实验来验证本节提出的基于模糊多准则评价与分解的多目标协同优化抠图算法的有效性。第一个实验用于验证模糊多准则前景背景像素对评价是否能有效处理多准则评价中的不确定性。第二个实验通过比较基于分解的多目标协同优化算法与其他先进的大规模优化算法来验证其有效性。第三个实验展示了本节提出的算法采用不同多目标优化算法时的性能稳定性。第四个实验验证本节提出的基于模糊多准则评价与分解的多目标协同优化抠图算法是否能提供高质量的抠图透明度遮罩。

为了进行实验，作者使用了 Rhemann 等[6] 提供的抠图基准数据集中的 35 幅彩色图像和相应的三分图作为实验数据。其中，27 幅图像具有已知的标准抠图透明度遮罩，另外 8 幅图像仅提供了人工标记的三分图而没有提供公开的标准抠图透明度遮罩，用于在线抠图算法的性能评价。实验设置与第 3 章相同。

在模糊多准则前景背景像素对评价算法中，颜色惩罚因子与空间惩罚因子分别设置为 0.11 和 0.17。未知像素采样间距 ρ 设置为 1。所有的实验均在配置有 Intel Xeon E5 2.4GHz CPU 及 32GB 内存的服务器上运行。所有参与实验的算法均使用 MATLAB 语言实现。实验设置与第 3 章相同。

多目标优化算法选择实验选用了三个广泛使用的多目标优化算法：Zhang 等[143] 提出的基于分解的多目标演化算法（multiobjective evolutionary algorithm based on decomposition，MOEA/D）、Coello 等[144] 提出的多目标粒子群优化算法（multiple objective particle swarm optimization，MOPSO）、Deb 等[142] 提出的快速精英非支配排序遗传算法（fast elitist non-dominated sorting genetic algorithm-II，NSGA-II）。三个算法涉及的参数按对应文献推荐的设置。为了充分展示不同算法对基于模糊多准则评价与分解的多目标协同优化抠图算法性能的影响，使用了 27 幅配有标准抠图透明度遮罩的图像，以及相应的未知区域较大和未知区域较小的两种类型的三分图作为实验数据。实验选用了均方误差定量评价所获得的抠图透明度遮罩。

表 6-8、表 6-9 分别总结了基于模糊多准则评价与分解的多目标协同优化抠图算法采用不同多目标优化算法在未知区域较大及未知区域较小的三分图上的抠图透明度遮罩均方误差。未知区域较大的三分图中，使用基于分解的多目标演化算法的版本在 27 幅图像中的 17 幅与使用多目标粒子群优化算法的版本相比占优，14 幅与使用快速精英非支配排序遗传算法的版本相比占优。未知区域较大的三分图中，使用基于分解的多目标演化算法的版本在 27 幅图像中的 25 幅与使用多目标粒子群优化算法的版本相比占

优，17 幅与使用快速精英非支配排序遗传算法的版本相比占优。鉴于基于模糊多准则评价与分解的多目标协同优化抠图算法在使用基于分解的多目标演化算法时在大部分图像上比使用其余两个多目标优化算法的版本取得了更低的均方误差，基于模糊多准则评价与分解的多目标协同优化抠图算法选择基于分解的多目标演化算法作为其所需的多目标优化算子，其涉及的参数按文献 [143] 推荐的设置。

表 6-8 基于模糊多准则评价与分解的多目标协同优化抠图算法采用不同多目标优化算法在未知区域较大的三分图上的抠图透明度遮罩均方误差

算法	GT01	GT02	GT03	GT04	GT05	GT06	GT07	GT08	GT09
MOEA/D	58.8	143.1	206.5	673.5	**89.2**	**141.1**	**54.7**	774.2	**116.9**
MOPSO	**56.5**	160.7	**178.8**	654.3	115.7	217.3	68.1	**757.5**	127.0
NSGA-II	57.4	**139.7**	191.0	**637.1**	107.9	157.6	60.1	759.4	122.3
算法	GT10	GT11	GT12	GT13	GT14	GT15	GT16	GT17	GT18
MOEA/D	**240.0**	381.3	99.9	463.1	**114.1**	299.3	**2282.3**	**90.2**	**89.9**
MOPSO	266.8	377.4	108.7	453.7	143.6	320.7	2734.1	109.5	121.2
NSGA-II	244.5	**373.5**	**96.2**	**449.5**	117.8	**280.9**	2525.3	95.7	101.0
算法	GT19	GT20	GT21	GT22	GT23	GT24	GT25	GT26	GT27
MOEA/D	**199.6**	**110.8**	826.4	**74.9**	**87.7**	648.6	**1786.2**	1689.5	2797.3
MOPSO	299.6	121.4	**790.5**	87.8	110.6	615.2	1844.6	1598.8	**2273.5**
NSGA-II	240.6	111.6	813.6	83.4	97.3	**583.2**	1826.3	**1589.8**	2396.9

注：MOEA/D 表示基于分解的多目标演化算法[143]；MOPSO 表示多目标粒子群优化算法[144]；NSGA-II 表示快速精英非支配排序遗传算法[142]；粗体表示三个算法中性能最好的结果。

表 6-9 基于模糊多准则评价与分解的多目标协同优化抠图算法采用不同多目标优化算法在未知区域较小的三分图上的抠图透明度遮罩均方误差

算法	GT01	GT02	GT03	GT04	GT05	GT06	GT07	GT08	GT09
MOEA/D	**29.4**	**67.3**	**125.1**	**390.6**	**36.9**	**71.8**	**37.1**	613.8	**99.3**
MOPSO	31.8	80.7	142.3	430.5	62.4	105.2	47.7	605.2	106.2
NSGA-II	31.5	69.7	126.8	400.6	43.8	83.3	42.2	**585.3**	99.6
算法	GT10	GT11	GT12	GT13	GT14	GT15	GT16	GT17	GT18
MOEA/D	149.7	213.3	59.3	**228.3**	**63.1**	181.2	927.0	**58.6**	**44.0**
MOPSO	165.8	234.3	63.1	272.9	87.3	181.4	1325.5	76.2	74.5
NSGA-II	**145.4**	**198.2**	**53.2**	235.8	66.1	**165.4**	**815.6**	65.6	50.6
算法	GT19	GT20	GT21	GT22	GT23	GT24	GT25	GT26	GT27
MOEA/D	**76.3**	50.4	**349.6**	**40.8**	**50.7**	359.7	**1245.8**	1003.0	1311.0
MOPSO	122.3	58.0	434.6	53.8	66.0	363.6	1302.6	1053.4	1136.6
NSGA-II	94.1	**49.4**	363.7	44.0	56.0	**328.5**	1270.6	**990.6**	**1087.8**

注：MOEA/D 表示基于分解的多目标演化算法[143]；MOPSO 表示多目标粒子群优化算法[144]；NSGA-II 表示快速精英非支配排序遗传算法[142]；粗体表示三个算法中性能最好的结果。

基于分解的多目标协同优化算法寻优性能对比实验的主要目的是验证提出的基于分解的多目标协同优化算法是否能利用每个评价准则对应的启发式信息在有限的计算资源条件下提高前景背景像素对优化的质量。实验数据采用基准数据集中对应的标准抠图透明度遮罩可用的 27 幅图像及其对应的三分图。

实验中使用了三个先进的大规模启发式优化算法作为前景背景像素对优化的性能基准，分别是差分分组 2（differential grouping，DG2）[145]、竞争性群体优化算法

(CSO)[123] 及协同进化粒子群优化算法（CCPSO）[138]。此外，为了验证多准则评价函数分解优化策略及基于邻域分组协同多目标优化策略的有效性，实验中还将基于邻域分组协同多目标优化策略与竞争性群体优化算法结合产生一个名为基于邻域分组协同的竞争性群体优化算法。实验中提出的基于模糊多准则评价与分解的多目标协同优化抠图算法及涉及的四个启发式优化算法分别用于求解大规模前景背景像素对优化问题。求解过程中最大的评价次数限制为 5000 次。最后观测不同方法计算所获得前景背景像素对对应的抠图透明度遮罩与标准透明度遮罩之间的均方误差，抠图透明度遮罩均方误差越小，启发式优化算法的寻优性能越好。基于模糊多准则评价与分解的多目标协同优化抠图算法与三个启发式优化算法在 27 幅图像上获得的抠图透明度遮罩均方误差如表 6-10 所示。值得一提的是，差分分组 2 算法由于在优化过程中耗尽了 32GB 内存，无法进行本次实验。

表 6-10　基于模糊多准则评价与分解的多目标协同优化抠图算法与三个启发式优化算法的在 27 幅图像上获得的抠图透明度遮罩均方误差

算法	GT01	GT02	GT03	GT04	GT05	GT06	GT07	GT08	GT09
提出的算法	58.8	**143.1**	**206.5**	**673.5**	**89.2**	**141.1**	**54.7**	**774.2**	**116.9**
CSO-NG	**54.5**	157.9	217.2	677.4	99.4	201.7	64.9	833.9	135.7
CSO [123]	731.9	3645.5	1048.2	3261.9	1136.9	2420.3	1037.1	2857.7	2475.3
CCPSO [138]	734.4	3739.6	1043.2	3204.5	1232.4	2501.1	1105.3	2861.2	2432.7

算法	GT10	GT11	GT12	GT13	GT14	GT15	GT16	GT17	GT18
提出的算法	**240**	**381.3**	**99.9**	463.1	**114.1**	**299.3**	**2282.3**	**90.2**	**89.9**
CSO-NG	254.5	394.3	114.3	**447.3**	169.6	337.5	2739.9	108.3	149.2
CSO [123]	2530.5	3905.1	342.2	5771.3	1104.4	1728.8	5525.7	1365.5	2451.8
CCPSO [138]	2609.6	3886.7	386.8	5859	1485.9	1821.9	5442.8	1695.9	2448.2

算法	GT19	GT20	GT21	GT22	GT23	GT24	GT25	GT26	GT27
提出的算法	**199.6**	110.8	826.4	**74.9**	**87.7**	648.6	**1786.2**	1689.5	2797.3
CSO-NG	256	**109.5**	**763.9**	82.1	100.4	**620.9**	1850.6	**1647.2**	**2593.2**
CSO [123]	1603.9	757.5	4475.6	1353	1559.3	3817.6	4129	6741.4	7202.3
CCPSO [138]	1547	779.2	4486.4	1353.7	1804.1	3785.9	3878.7	7362.1	7302.5

注：CSO-NG 表示基于邻域分组协同的竞争性群体优化算法；CSO 表示竞争性群体优化算法 [123]；CCPSO 表示协同进化粒子群优化算法 [138]；粗体表示四个算法中性能最好的结果。

其中提出的基于模糊多准则评价与分解的多目标协同优化抠图算法的平均均方误差为 538.5；基于邻域分组协同的竞争性群体优化算法的平均均方误差为 562.3；竞争性群体优化算法的平均均方误差为 2777.0；协同进化粒子群优化算法的平均均方误差为 2844.1。本节提出的算法在所有 27 幅图像以及平均均方误差的比较中均获得了比现有大规模启发式优化算法更低的抠图透明度遮罩均方误差。该实验结果表明与现有的大规模启发式优化算法相比，本节提出的基于模糊多准则评价与分解的多目标协同优化抠图算法在前景背景像素对优化问题上具有更高的寻优精度。此外，在与基于邻域分组协同多目标优化策略与竞争性群体优化算法结合产生的基于邻域分组协同的竞争性群体优化算法的比较中，本节提出的算法在 27 幅图像中的 20 幅上及平均均方误差的比较中均获得了更低的均方误差。因为两个算法均采用基于邻域分组协同多目标优化策略进行子问题的划分及协同优化，所以两者的性能差异来源于优化算子。该实验结果说明了多准则评价函数分解优化策略充分利用每个评价准则所提供的启发式信息提高了种群的多样性。种群的多样性可避免启发式优化算法在包含大量局部最优解的前景背景像素对优化问题上陷入局部最优解，并引导其向全局最优解逼近，因此取得了比现有的先进大规模优化算法更好的寻优质量。值得一提的是，实验中采用基于邻域分组协同多目标优化策略的两个抠图算法（即本节提出的算法及基于邻域分组协同的竞争性群体优化算法）获得的抠图透明度遮罩均方误差显著低于其他的大规模启发式优化算法。采用基于邻域分组协同多目标优化策略的算法与不采用该策略的算法之间显著的性能差异揭示了前景背景像素对优化问题是可分解的问题；验证了基于邻域分组协同多目标优化策略可对前景背景像素对优化问题的决策变量进行快速且有效的分组。基于邻域分组协同多目标优化策略所带来的显著性能提升可以归因于该策略充分利用了问题的先验知识——局部平滑特性将复杂的大规模前景背景像素对优化问题分解为多个相对简单的子问题。

基于模糊多准则评价与分解的多目标协同优化抠图算法抠图性能对比实验旨在验证基于模糊多准则评价与分解的多目标协同优化抠图算法的性能。实验不仅在基准数据集中 27 幅配有标准抠图透明度遮罩的图像上进行测试，而且通过在线测试的方式在其余 8 幅不公开标准抠图透明度遮罩的图像上进行了测试。其中，在 27 幅图像上的实验使用了未知区域较大的及未知区域较小的两种类型的三分图；而在 8 幅图像上的实验使用了未知区域较大、未知区域较小及人工标定的三种不同类型的三分图。实验使用绝对误差之和、均方误差及梯度误差这三种被广泛使用的抠图性能指标对本节提出的算法的抠图性能进行了定量评价。

实验中采用三个先进的基于采样的抠图算法作为性能基准。采用的算法分别是基于 KL 散度采样的抠图算法[22]、基于全面采样的抠图算法[124]、基于颜色与纹理特征加权的抠图算法[21]。考虑到抠图算法的预处理及后处理流程会对抠图性能产生影响，为了保证比较的公平性，实验中所有方法均不使用预处理及后处理流程。值得一提的是，基于 KL 散度采样的抠图算法在对 GT02 及 GT25 图像抠图过程中由于所采集到的所有像素均落在已知前景区域，未能采集到背景像素，因此无法得到该算法在 GT02 及 GT25 图像上的抠图透明度遮罩实验结果。

表 6-11、表 6-12 分别展示了提出的基于模糊多准则评价与分解的多目标协同优化抠图算法及三个先进的基于采样的抠图算法在 27 幅图像及对应的两种类型三分图上的抠图透明度遮罩均方误差。在使用未知区域较大的三分图实验中，提出的算法、基于 KL 散度采样的抠图算法、基于综合采样的抠图算法及基于颜色与纹理特征加权的抠图算法在 27 幅图像上的平均均方误差分别为 538.5、559.3、755.4、666.8。在使用未知区域较小的三分图实验中，提出的算法、基于 KL 散度采样的抠图算法、基于综合采样的抠图算法及基于颜色与纹理特征加权的抠图算法在 27 幅图像上的平均均方误差分别为 292.0、410.1、547.1、460.4。提出的算法在未知区域较小及未知区域较大两种类型的三分图上所获得的平均均方误差值低于其余三种现有的先进抠图算法。提出的算法不仅在平均均方误差上取得了比现有抠图算法更好的性能，而且在绝大部分图像上也取得了更低的均方误差。在使用未知区域较大的三分图实验结果比较中，提出的算法在 27 幅图像中的 21 幅上获得了最低的均方误差。在使用未知区域较小的三分图实验结果比较中，

表 6-11　提出的基于模糊多准则评价与分解的多目标协同优化抠图算法及现有的抠图算法在 27 幅图像及对应的未知区域较小的三分图上的抠图透明度遮罩均方误差

算法	GT01	GT02	GT03	GT04	GT05	GT06	GT07	GT08	GT09
提出的算法	**29.4**	**67.3**	**125.1**	390.6	**36.9**	**71.8**	**37.1**	**613.8**	**99.3**
基于 KL 散度采样的抠图算法 [22]	48.7	N/A	157.6	**282.7**	133.8	144.2	61.2	715.5	141.4
基于综合采样的抠图算法 [124]	56.9	119.8	170.1	499.8	137.3	173.6	60.9	782.9	114.3
基于颜色与纹理特征加权的抠图算法 [21]	39.4	169.5	126.9	340.6	100.8	138.5	58.3	711.3	228.8

算法	GT10	GT11	GT12	GT13	GT14	GT15	GT16	GT17	GT18
提出的算法	**149.7**	**213.3**	**59.3**	**228.3**	**63.1**	**181.2**	**927.0**	**58.6**	**44**
基于 KL 散度采样的抠图算法 [22]	244.9	264.6	101.8	334.1	126.0	292.8	3084.8	109.1	86.0
基于综合采样的抠图算法 [124]	287.5	236.9	106.4	414.9	120.5	249.7	4553.1	194.9	114.8
基于颜色与纹理特征加权的抠图算法 [21]	183.7	319.7	79.8	363.1	153.7	279.2	4407.8	157.6	82.4

算法	GT19	GT20	GT21	GT22	GT23	GT24	GT25	GT26	GT27
提出的算法	**76.3**	**50.4**	349.6	**40.8**	**50.7**	**359.7**	1245.8	1003.0	1311.0
基于 KL 散度采样的抠图算法 [22]	91.5	113.7	**311.2**	86.7	67.2	607.3	N/A	1415.0	1231.4
基于综合采样的抠图算法 [124]	160.8	114.9	587.0	85.7	117.1	432.6	1721.4	1013.4	2085.3
基于颜色与纹理特征加权的抠图算法 [21]	93.2	129.2	589	71.8	78.4	492.2	**997.5**	**962.5**	**1075.8**

注：粗体表示四个算法中性能最好的结果。

表 6-12　提出的基于模糊多准则评价与分解的多目标协同优化抠图算法及现有的抠图算法在 27 幅图像及对应的未知区域较大的三分图上的抠图透明度遮罩均方误差

算法	GT01	GT02	GT03	GT04	GT05	GT06	GT07	GT08	GT09
提出的算法	**58.8**	**143.1**	206.5	673.5	**89.2**	**141.1**	**54.7**	**774.2**	**116.9**
基于 KL 散度采样的抠图算法 [22]	73.7	143.4	188.2	**378.9**	203.7	295	73.8	925.8	189.4
基于综合采样的抠图算法 [124]	100.5	197.3	233.1	691.4	213.2	354.6	100.0	948.7	174.0
基于颜色与纹理特征加权的抠图算法 [21]	64.9	244.2	**135.9**	531.6	155.3	203.1	87.8	883.6	246.6

算法	GT10	GT11	GT12	GT13	GT14	GT15	GT16	GT17	GT18
提出的算法	**240.0**	**381.3**	**99.9**	**463.1**	**114.1**	**299.3**	**2282.3**	**90.2**	**89.9**
基于 KL 散度采样的抠图算法	349.2	531.3	157.9	481.3	192.6	514.4	4423.0	329	195.7
基于综合采样的抠图算法	541.9	471.9	135.5	673.1	256.4	420.8	4583.9	211.5	213.3
基于颜色与纹理特征加权的抠图算法	279.8	401.3	124.8	754.0	239.8	548.8	4578.3	209.0	187.3

算法	GT19	GT20	GT21	GT22	GT23	GT24	GT25	GT26	GT27
提出的算法	**199.6**	**110.8**	826.4	**74.9**	**87.7**	**648.6**	1786.2	1689.5	2797.3
基于 KL 散度采样的抠图算法 [22]	229.4	214.0	**604.3**	217.8	128.1	854.4	N/A	**1415.0**	**1231.4**
基于综合采样的抠图算法 [124]	355.5	199.4	1152.4	213.0	174.3	777.8	2164.0	1619.2	3218.3
基于颜色与纹理特征加权的抠图算法 [21]	271.2	281.5	1053.2	101.5	133.3	741.2	**1724.5**	1757.7	2063.2

注：粗体表示四个算法中性能最好的结果。

提出的算法在 22 幅图像上获得了最低的均方误差。表 6-13 展示了提出的基于模糊多准则评价与分解的多目标协同优化抠图算法及三个先进的基于采样的抠图算法在在线抠图基准测试中的绝对误差之和、均方误差及梯度误差。提出的算法在不同类型的三分图上的全部三个抠图透明度遮罩性能指标均优于现有的抠图算法。该实验结果说明了提出的算法相对于现有算法具有更好的抠图性能。

表 6-13 提出的基于模糊多准则评价与分解的多目标协同优化抠图算法及三个先进的基于采样的抠图算法的在线抠图基准测试结果

绝对误差之和	总体的平均误差	平均误差（未知区域较小的三分图）	平均误差（未知区域较大的三分图）	平均误差（人工标记的三分图）
提出的算法	**18.3**	**15.8**	**21.9**	**17.4**
基于 KL 散度采样的抠图算法[22]	18.9	16.6	22.1	18.1
基于综合采样的抠图算法[124]	20.1	17.7	23.5	19.0
基于颜色与纹理特征加权的抠图算法[21]	21.2	19.3	24.5	19.7
均方误差	**总体的平均误差**	**平均误差（未知区域较小的三分图）**	**平均误差（未知区域较大的三分图）**	**平均误差（人工标记的三分图）**
提出的算法	**1.4**	**1.1**	**1.7**	**1.3**
基于 KL 散度采样的抠图算法[22]	1.5	1.3	1.8	1.4
基于综合采样的抠图算法[124]	1.6	1.4	2.0	1.5
基于颜色与纹理特征加权的抠图算法[21]	1.8	1.7	2.2	1.7
梯度误差	**总体的平均误差**	**平均误差（未知区域较小的三分图）**	**平均误差（未知区域较大的三分图）**	**平均误差（人工标记的三分图）**
提出的算法	**1.2**	**1.0**	**1.3**	**1.1**
基于 KL 散度采样的抠图算法[22]	1.4	1.3	1.5	1.4
基于综合采样的抠图算法[124]	1.5	1.3	1.6	1.4
基于颜色与纹理特征加权的抠图算法[21]	2.0	1.9	2.2	2.0

注：粗体表示四个算法中性能最好的结果。

图 6-14 提供了基于模糊多准则评价与分解的多目标协同优化抠图算法与以上参与实验的现有算法所得到的抠图透明度遮罩的对比。从图中可以发现，提出的基于模糊多准则评价与分解的多目标协同优化抠图算法获得的抠图透明度遮罩具有更低的噪声及清晰的边缘，在视觉上更接近于标准的抠图透明度遮罩。抠图透明度遮罩的视觉对比结果与定量对比结果一致，进一步说明了提出的抠图算法可以提供高质量的抠图透明图遮罩。

提出的基于模糊多准则评价与分解的多目标协同优化抠图算法所带来的抠图性能提升可以归因于三点：①模糊多准则前景背景像素对评价方法有效地处理了多个评价准则满足程度不确定性，为前景背景像素对优化提供了准确的目标函数；②多准则评价函数分解优化策略通过将多准则单目标优化问题转化为多个单目标优化问题，有效地利用了每一个准则所提供的额外的启发式信息，进而提高了启发式优化算法的全局搜索能力；③基于邻域分组协同多目标优化策略利用图像局部平滑假设快速而准确地将大规模前景背景像素对优化问题分解为规模较小的子问题，从而提高了前景背景像素对优化问题的搜索效率。

然而，基于模糊多准则评价与分解的多目标协同优化抠图算法依然存在一些不足。模糊多准则前景背景像素对评价方法采用了低颜色失真及空间距离相近评价准则。在

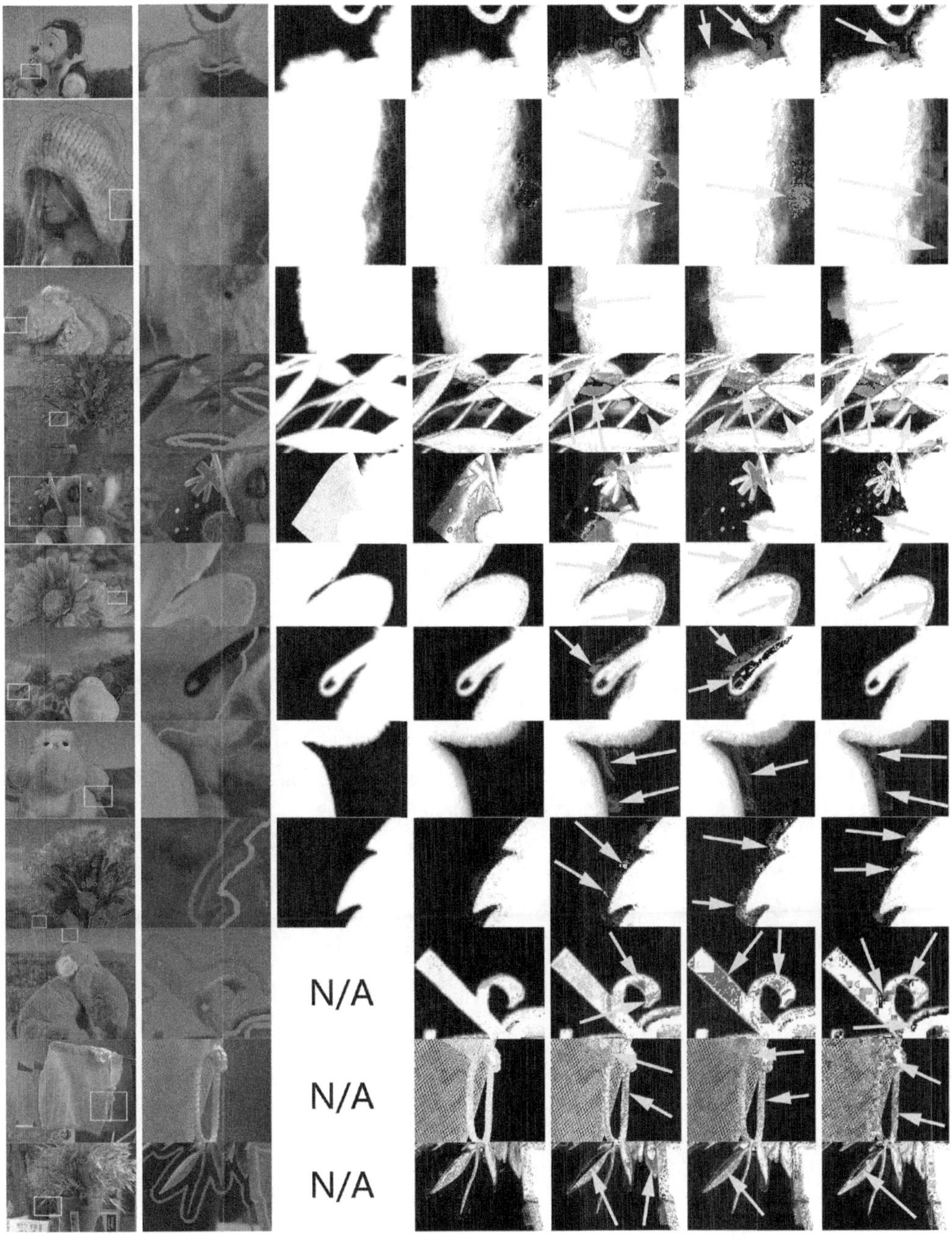

图 6-14　基于模糊多准则评价与分解的多目标协同优化抠图算法与现有抠图算法获得的抠图透明度遮罩对比

(a) 输入图像；(b) (a) 中方框区域局部放大图像；(c) 标准的抠图透明度遮罩；(d) 基于模糊多准则评价与分解的多目标协同优化抠图算法获得的抠图透明度遮罩；(e) 基于 KL 散度采样的抠图算法[22] 获得的抠图透明度遮罩；(f) 基于综合采样的抠图算法[124] 获得的抠图透明度遮罩；(g) 基于颜色与纹理特征加权的抠图算法[21] 获得的抠图透明度遮罩。

纹理丰富的图像中该评价方法可能会存在评价误差，导致获得的抠图透明度遮罩的质量下降。因此提出的基于模糊多准则评价与分解的多目标协同优化抠图算法在 GT25、GT26 及 GT27 等纹理丰富的图像上均方误差较大，不如考虑了纹理特征的算法（参见表 6-11、表 6-12）。该实验结果说明了纹理相似评价准则在这些样例中可以有效地分辨高质量的前景背景像素对，而在这些样例中颜色失真与空间准则则无法有效分辨高质量的前景背景像素对。虽然提出的算法在这些样例中性能不是最好的，得益于模糊多准则前景背景像素对评价对准则不确定性的有效处理，与其他没有考虑纹理相似评价准则的算法相比，其抠图性能依然是具有竞争力的。

本 章 小 结

本章主要围绕抠图精度低和速度慢两个问题展开研究。首先将基于优化的抠图算法与基于采样的抠图算法结合起来，研究基于多目标优化采样的抠图算法。其次，从抠图问题的本质优化问题出发，尝试利用启发式优化算法求解大规模前景背景像素对优化问题，免去现有抠图算法的采样步骤，探索抠图问题求解的新思路。最后，基于启发式优化的免采样抠图算法依然面临着前景背景像素对搜索精度较低的问题，围绕该问题，讨论如何利用前景背景像素对优化问题的启发式信息进一步提高启发式优化算法求解前景背景像素对优化问题的精度。

总之，虽然从抠图精度低和速度慢两个问题进行了研究，但是还存在纹理特征未被充分考虑的问题，导致在纹理丰富的图像上抠图性能下降，并且算法的高计算复杂度限制了其在快速任务中的应用。接下来的研究将关注在保持抠图精度的同时提高抠图速度，特别是基于局部复杂性的抠图算法，以应对这些挑战。

图6-2(彩图) 图6-3(彩图) 图6-4(彩图) 图6-5(彩图)

图6-6(彩图) 图6-10(彩图) 图6-11(彩图) 图6-14(彩图)

第 7 章　基于局部复杂性的自然图像抠图算法

抠图中难免会遇到一些复杂区域使其抠图效果不佳，本章研究了基于局部复杂性的自然图像抠图算法。首先针对传统抠图算法在处理颜色重叠和细节损失问题时存在的困难，提出了基于深度学习的抠图算法。该算法通过提取图像的高层语义特征和纹理特征，解决了传统方法中颜色分布简单或复杂时的抠图问题。然而，现有的基于深度学习的抠图算法仍然存在细节损失的问题，尤其是在输入图像和真实透明度遮罩复杂性不一致的区域。为解决这一问题，7.1 节、7.2 节描述了通过测量输入图像与真实透明度遮罩之间的复杂性差异，提取局部复杂区域的方法。通过构建差异图作为权重图，强制网络对差异较大的区域加强学习，进一步提高抠图精度。同时，引入级联网络和局部复杂性差异损失函数，进一步优化抠图结果，提高细节保留程度。其次，针对基于深度学习的抠图算法在处理确定域和待定域之间的探索程度时存在的问题，7.3 节描述了一种先验诱导信息对齐抠图网络[146]。该网络通过动态高斯调制机制和信息对齐策略[146] 来建模像素级响应图的差异和特征图的相关性。动态高斯调制机制能够动态获取像素级的响应图，以适应训练过程中的不透明度变化。信息对齐策略则通过信息匹配模块和信息聚合模块[146] 自适应地匹配和聚合相邻层特征。此外，还引入了多尺度细化模块[146]，以恢复波动的外观细节。通过这些改进，可以提高抠图算法在处理确定域和待定域之间的探索程度时的性能，提高抠图的精度和细节保留程度。本章的研究工作在基于局部复杂性差异的抠图算法方面取得了重要进展，有效解决了抠图任务中面临复杂区域时抠图效果不佳的问题，并提出了一系列改进方法，显示出良好的性能和效果。

7.1　局部复杂性差异抠图描述

这里将输入图像与训练样本中真实透明度遮罩之间的不同区域视为局部复杂区域。局部复杂区域的精度直接影响到真实透明度遮罩的整体质量。传统的抠图将颜色作为一种可区分的图像特征，因此当前景颜色和背景颜色的空间分布重叠时，传统方法的抠图结果难以直接采用；基于深度学习的抠图可以提取图像的高层语义特征和纹理特征，因此，该方法通常比传统方法在抠图任务上具有更好的性能。然而，大多数现有的基于深度学习的方法仍然存在细节问题，通常在输入图像和真实透明度遮罩复杂性不一致的困难区域表现出较差的效果，具体分为以下两种情况。

1）输入图像局部颜色分布简单，真实透明度遮罩在该区域复杂，如图 7-1 所示，红框表示输入图像的颜色分布较为简单，而该区域的真实透明度遮罩较复杂，即输入图像的前景和背景颜色接近，真实透明度遮罩的细节太多。

(a) (b) (c)

图 7-1 困难区域示例 1
(a) 输入图像；(b) 使用 L_1 损失预测结果；(c) 真实透明度遮罩。

2）输入图像局部颜色分布复杂，真实透明度遮罩在该区域简单，如图 7-2 所示。

(a) (b) (c)

图 7-2 困难区域示例 2
(a) 输入图像；(b) 使用 L_1 损失预测结果；(c) 真实透明度遮罩。

方框显示局部复杂区域，该区域输入图像具有复杂的局部颜色分布，而真实透明度遮罩简单，导致图像模糊。

因此，可以考虑将输入图像通过测量复杂性差异与真实透明度遮罩进行比较，以获得局部复杂区域。由于不同区域的训练水平影响着图像抠图的精度，在理想情况下，可以通过测量输入图像与真实透明度遮罩之间的差异来提取局部复杂区域。然而，由于像素级损失函数对样本训练中的每个像素应用相同的权重，很难对局部复杂区域进行度量，因此基于局部复杂性差异的深度图像抠图的第一步是对图像的局部复杂区域进行度量。可以度量输入图像和抠图透明度遮罩真实值间的复杂性差异，并以构成的差异图作为权重图，来强制网络对差异值较大的区域加强学习力度。另外，从文献 [35] 和 [147] 中，关注到级联网络作为精细化层可以进一步提高抠图精度。为此，这里级联了一个简单的网络并设计了一个局部复杂性差异损失函数，用于对训练样本复杂性差异较大的区域做进一步训练，挖掘样本中的困难区域，以提高抠图精度。

7.2　基于局部复杂性差异的权重图生成算法

由于像素级损失函数对图像的每个像素应用相同的权重，因此难以提取输入图像与真实透明度遮罩之间不一致的局部复杂区域，该困难区域主要体现在输入图像和抠图透明度遮罩真实值间复杂性差异较大的区域。假设可以提取图像中的局部复杂区域，则对该区域做进一步训练可以减小预测的透明度遮罩与真实透明度遮罩之间的误差。为了准确衡量输入图像与真实透明度遮罩之间的复杂性差异，作者设计了权重图生成算法（weight map generation algorithm，WMGA）来提取图像中的局部复杂区域。在这一部分，将对 WMGA 进行详细的介绍。

7.2.1　复杂性差异度量指标设计

在机器学习中，常常使用距离指标来衡量样本或特征之间的相似性。其中样本集合距离样本集合中心点的平均距离可以用来度量样本集合的多样性和复杂性。类似地，如果将输入图像的某个区域的像素点颜色视为样本集合，其中每个位置的像素点颜色视为一个样本，那么该区域像素点颜色集合与该区域颜色中心之间的距离就可以表示该区域颜色的多样性和复杂性。因此，针对输入图像，使用图像分块后的平均颜色中心距度量输入图像的颜色分布复杂性：

$$D(I,Z)=\frac{1}{|Z|}\sum_{s\in Z}\sqrt{(I_s^{\mathrm{r}}-\mu_Z^{\mathrm{r}})^2+(I_s^{\mathrm{g}}-\mu_Z^{\mathrm{g}})^2+(I_s^{\mathrm{b}}-\mu_Z^{\mathrm{b}})^2} \tag{7-1}$$

式中，Z 表示 $k\times k$ 大小的窗口，s 表示窗口内的像素点的位置。$\mu_Z^{\mathrm{r}},\mu_Z^{\mathrm{g}},\mu_Z^{\mathrm{b}}$ 分别表示滑动窗口 Z 内 RGB 三个通道的颜色平均值。$I_s^{\mathrm{r}},I_s^{\mathrm{g}},I_s^{\mathrm{b}}$ 分别表示像素点 s 处 RGB 三个通道的颜色值。当 $s\in Z$ 时，$D(I,Z)$ 表示 RGB 三通道图像颜色分布的复杂程度，然而，真实的透明度遮罩是单通道的灰度图像，为了表示灰度图像中颜色分布的聚集特性，用式(7-2)来衡量真实透明度遮罩的复杂度。

$$H(\alpha,Z)=-\sum_{i=0}^{255}p_i\log p_i \tag{7-2}$$

式中，$p_i=P_{s\in Z}(\alpha_s=i)$，通过统计滑动窗口 Z 中 α 值等于 i 的频率得到。一般通过真实透明度遮罩该窗口内透明度值的直方图 $\mathrm{H}(\alpha,Z)$ 得到 p_i。当 $s\in Z$ 时，真实透明度遮罩像素点 s 处的复杂性 H_s 等于整个窗口复杂性 $H(\alpha,Z)$，为了简化，将 $H(\alpha,Z)$ 记作 H_Z。然而，很难直接使用不同的度量指标来衡量其局部复杂性。因此，式(7-3)用于估计输入图像与目标真实透明度遮罩的局部复杂性差异。

$$W_s=\left|\frac{H_s-H_{T_U}^{\min}}{H_{T_U}^{\max}-H_{T_U}^{\min}}-\frac{D_s-D_{T_U}^{\min}}{D_{T_U}^{\max}-D_{T_U}^{\min}}\right| \tag{7-3}$$

其中，$s \in Z$、$H_{T_U}^{\min}$ 和 $H_{T_U}^{\max}$ 为真实透明度遮罩对应三分图透明度未知区域内的局部复杂性的最小值和最大值，$D_{T_U}^{\min}$ 和 $D_{T_U}^{\max}$ 为输入图像对应三分图透明度未知区域内的局部复杂性的最小值和最大值。整幅图像每个像素点的 W_s 构成一张权重图 W，该值越大表示该像素点局部复杂性差异越大，抠图越困难，因此惩罚也越多，训练时的力度也越大。

7.2.2 权重图生成算法

权重图生成算法是指基于每个训练样本的输入图像和真实透明度遮罩来计算每个样本的局部复杂性差异。设置大小为 $k \times k$ 的窗口 Z 和步长 step，采用滑动窗口的方式，分别计算输入图像分块后的平均颜色中心距 D_Z 和真实透明度遮罩分块后的图像熵 H_Z，顺序从左到右从上到下，窗口重叠部分做平均计算处理。计算步骤见算法 7-1。如图 7-3所示，局部复杂性差异可视化后的结果显示颜色越浅的地方表示输入图像和真实透明度遮罩间的局部复杂性差异越大，其预测和训练过程越困难，属于困难区域，所以该区域权重越高。

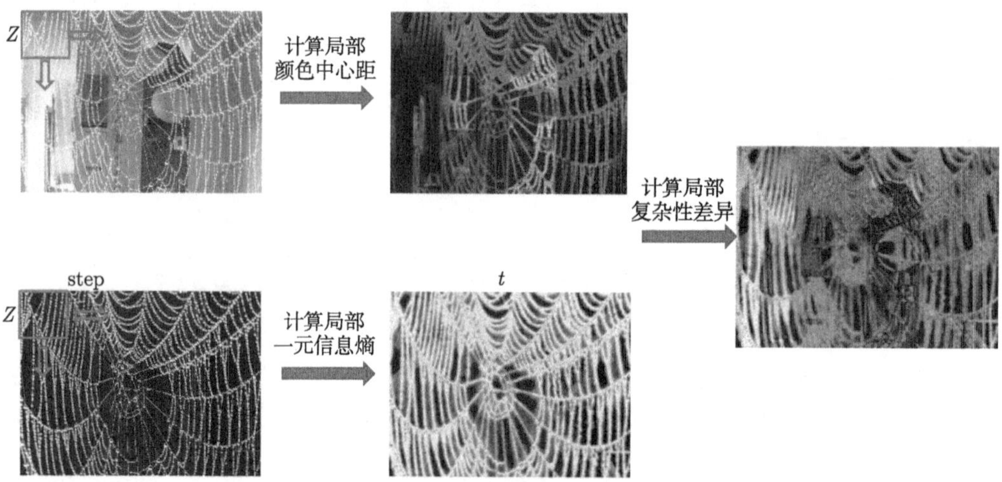

图 7-3 局部复杂性差异计算流程

在本节中，分析每个训练样本局部复杂性差异图计算过程，即最好情况下和最坏情况下该算法的时间复杂度和空间复杂度。算法 7-1中的窗口纵向和横向滑动，即第 2 行和第 3 行的前两个外层循环迭代次数分别为 $\dfrac{h}{n}$ 和 $\dfrac{w}{n}$，时间复杂度为 $O\left(\dfrac{w \cdot h}{n^2}\right)$。由式(7-1)计算输入图像窗口 Z 内的局部复杂性，其中包括对窗口内像素点 RGB 各通道做平均运算和每个像素点相对颜色中心的距离，基本运算次数为 $6 \cdot k \cdot k$，因此该步骤的时间复杂度为 $O(k^2)$。由式(7-2)计算真实透明度遮罩窗口 Z 内的局部复杂性，其中基本运算次数为 $255 + k \cdot k$，则该步的时间复杂度为 $O(k^2)$。平均处理和计数单位累加的基本运算次数为 $7 \cdot k \cdot k$，时间复杂度为 $O(k^2)$。算法 7-1 的 11 行的循环表示在透明度未知区域 T_U 上由式(7-3)计算各像素点的 W_s，最好的情况下算法的基本运算次数为 0，最坏的情况下算法的基本运算次数为 $3 \cdot w \cdot h$，时间复杂度为

$O(w \cdot h)$。因此算法 7-1 的时间复杂度最好的情况下为 $O\left(\dfrac{w \cdot h \cdot k^2}{n^2}\right)$，最坏的情况下为 $O\left(\dfrac{w \cdot h \cdot k^2}{n^2} + w \cdot h\right)$。在算法的执行过程中需要 5 个中间变量，分别为 $\boldsymbol{H}$、$\boldsymbol{D}$、$\boldsymbol{C}$、$\boldsymbol{W}$、d_Z、h_Z，其中 $\boldsymbol{H}$、$\boldsymbol{D}$、$\boldsymbol{C}$、$\boldsymbol{W}$ 大小均为 $w \times h$，d_Z、h_Z 大小均为 $k \times k$，则算法 7-1 的空间复杂度为 $O(w \cdot h + k^2)$。

算法 7-1: 权重图生成算法的伪代码

输入： 输入图像 I，真实透明度遮罩图像 α，三分图 T，图像大小均为 $w \times h$

输出： 输出数组 W，对应整幅图像的每个像素点的局部复杂性差异

$\boldsymbol{H}$,$\boldsymbol{D}$,$\boldsymbol{C}$,$\boldsymbol{W}$ 初始化为 $w \times h$ 的零矩阵
for y：0 to h step n **do**
　　for x：0 to w step n **do**
　　　　$M_x \leftarrow \min(x + k, w)$
　　　　$M_y \leftarrow \min(y + k, h)$
　　　　设置窗口 Z 为 $(x \to M_x, y \to M_y)$ 的区域
　　　　计算 I、α 的窗口 Z 内的局部复杂性
　　　　计数单位累加
　　end for
end for
for $s$inT_U **do**
　　计算 W 在 s 处的局部复杂性差异值 W_s
end for
return W

7.2.3　局部复杂性差异抠图

本节介绍基于局部复杂性差异的损失函数和抠图模型。本节设计了基于局部复杂性差异（local complexity difference，LCD）的损失函数来指导网络对图像的各个区域进行训练。损失函数表示如下：

$$L_\alpha = \frac{1}{|T_U|} \sum_{s \in T_U} W_s |\widehat{\alpha}(s) - \alpha_{gt}(s)| \tag{7-4}$$

式中，L_α 表示预测的 α 遮罩和真实 α 遮罩的损失函数。令 M 表示局部复杂性差异抠图（local complexity difference matting，LCDM）的模型。I、T 和 α 分别表示输入图像、三分图和初步预测的 α 遮罩。α 遮罩的预测模型可以重新表述如下：

$$M(I, T, \alpha) = \widehat{\alpha} \tag{7-5}$$

式中，$\widehat{\alpha}$ 表示预测的 α 遮罩，$0 \leqslant \widehat{\alpha} \leqslant 1$。式(7-5)表明，为了保证模型 M 的收敛性，需要对预测的 α 遮罩进行评估。根据局部复杂性差异的损失函数，度量了预测的 α 遮罩和真实 α 遮罩之间的局部复杂性差异的损失值。式(7-6)用于评价 α 遮罩。

$$\min_{M} L_\alpha = \frac{1}{|T_U|} \sum_{s \in T_U} W_s |\widehat{\alpha}(s) - \alpha_{gt}(s)|$$
$$\text{s.t } \widehat{\alpha}(s) \in [0,1], \alpha_{gt}(s) \in [0,1] \tag{7-6}$$

其中，M 表示局部复杂性抠图模型。根据式(7-5)和式(7-6)，对于输入图像、三分图和初步预测的 α 遮罩组成的 5 维张量信息，可以通过梯度下降的前向和后向传播训练 M 中的参数来提取 α 遮罩。图 7-4 给出了该模型的流程图。

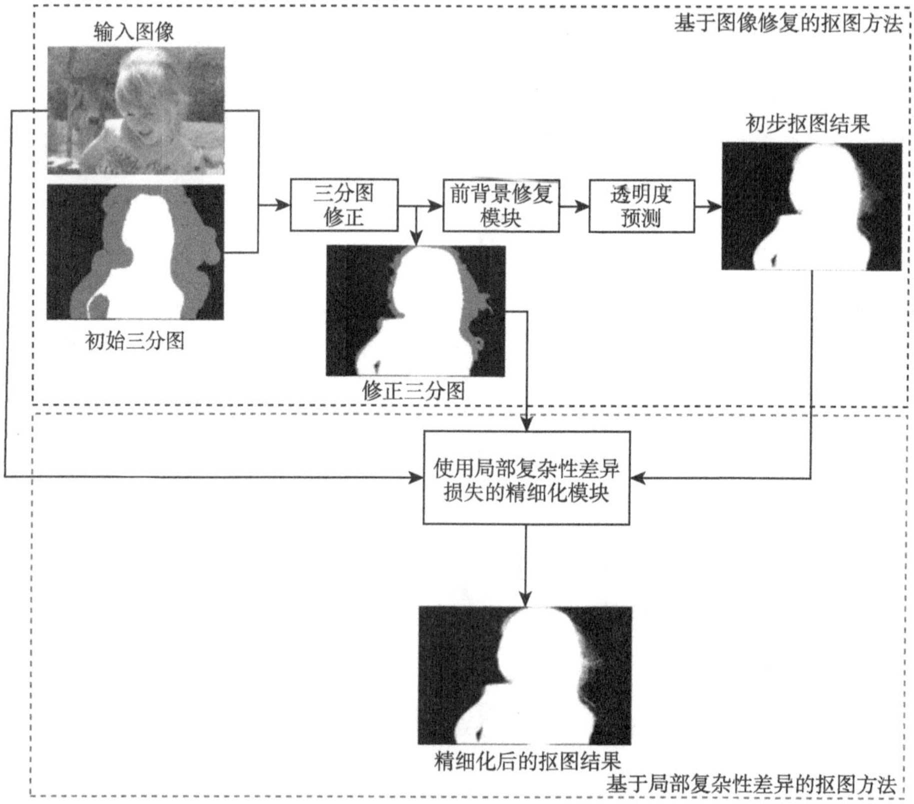

图 7-4 局部复杂性差异抠图的流程图

背景修复模块（background inpainting module)：输入图像和输入三分图分别通过 DeepFill v1[148] 的粗粒度和细粒度网络对未知 α 遮罩区域的背景部分进行补全。此外，采用 L_1 距离损失函数[147] 来惩罚合成的背景图像与输入图像之间的差异。背景修复模块将得到预测的背景图像。

前景修复模块（foreground inpainting module)：将输入图像、输入三分图和预测的背景图像作为 DeepFill v1 的粗粒度和细粒度网络的输入部分。此外，利用合成损失函数[35] 来惩罚合成的前景图像与输入图像之间的差异。前景修复模块将得到预测的前景图像。

将输入图像、输入三分图、预测前景图像和预测背景图像输入到 AlphaGan[147] 的生成器中。在此阶段结束时，模型将得到预测的 α 遮罩，作为局部复杂性差异模块的输入。之后，在局部复杂性差异模块部分将通过权重图生成算法来生成权重图。此外，通过权重图得到 LCD，并将其用于全卷积网络（fully convolutional network，FCN）[38] 的网络训练中。在第二阶段结束时，局部复杂性差异模块将得到 α 遮罩。最后，将得到的图像进行抠图。

7.2.4 实验设计与分析

为了验证本节提出方法的有效性，基于图像修复抠图方法，与不使用局部复杂性差异的算法做了消融学习实验。实验采用的数据集为 Composition-1K [35] 抠图评估数据集，其三分图生成过程膨胀和腐蚀的卷积核大小随机从 2~12 中选择。对全部训练数据计算局部复杂性差异，计算局部复杂性差异图时，设置窗口 Z 大小为 10×10，步长 $n = 2$。此外，还使用 Adam 方法[149] 作为训练优化器独立训练精化模块。在预处理阶段，将训练好的图像水平随机翻转，随机裁剪为 320×320、480×480 或 640×640 像素的大小，将预处理后的图像统一缩放到 320×320 像素大小。权重衰减设置为 10^{-4}，学习率设置为 20^{-4}。在本节中使用了两种被广泛使用的度量指标：绝对误差之和 (SAD) 和均方误差（MSE）。

对本章提出的局部复杂性差异度量指标做可视化实验，如图 7-5 所示，局部复杂性差异图中颜色越亮的区域表示其对应的输入图像与真实透明度遮罩在该区域的局部复杂性差异越大，代表该区域属于困难区域，在神经网络训练过程中的损失也越大，惩罚较大。颜色越暗的区域，其对应的输入图像与真实透明度遮罩在该区域的局部复杂性差异越小，代表该区域重要性较低，训练时损失也较低，惩罚较小。从局部复杂性差异图可视化结果中可以看出前景和背景颜色较为接近的区域，也是困难区域的一种情况。

(a) (b) (c) (d)

图 7-5 局部复杂性差异可视化图

(a) 输入图像；(b) 透明度遮罩真实值；(c) 三分图；(d) 局部复杂性差异图。

另一种情况，如人脸上具有丰富的细节，而当三分图未知区域较大覆盖人脸时，使用深度抠图算法在训练过程中通常无法忽视这些细节，无法将人脸看作一个整体，抠图结果会呈现一些多余的细节，在该例中人脸上细节较丰富的部分区域也属于困难区域。从图 7-5 中可以观察到本节提出的方法可以很好地将这两种困难区域挖掘出来。

为了进一步分析 WMGA 的性能。对于测试集的三分图，膨胀和腐蚀卷积核的大小均设置为 $2 \sim 10$。此外，卷积核的值越大，生成的三分图越粗糙。实验结果如表 7-1 和表 7-2 所示。从表中可以看出，在加入局部复杂性差异模块后，其在各种粗糙程度的三分图上，MSE 和 SAD 两个指标均小于未加局部复杂性差异模块的结果。为了验证局部复杂性差异损失函数的有效性，与局部复杂性差异模块使用 $L1$ 损失函数的方法在相同实验条件下进行了对比实验。从表 7-1 和表 7-2 中可以看到，相较于使用 $L1$ 损失函数的局部复杂性差异模块，在三分图粗糙程度不同的情况下，其抠图精度也有了进一步提升，因此，本节所提的局部复杂性差异损失函数的有效性得以验证。

表 7-1 基于不同粗糙程度的三分图的消融学习与对比实验的均方误差（MSE）

算法	不同卷积核大小的均方误差					
	2	4	5	7	9	10
基于图像修复的抠图算法	0.0359	0.0252	0.0234	0.0254	0.0303	0.0413
基于图像修复的抠图算法 + L_1 损失函数细化	0.0349	0.0233	0.0213	0.0233	0.0273	0.0363
基于图像修复的抠图算法 + 局部复杂性差异损失函数	**0.0332**	**0.0224**	**0.0205**	**0.0224**	**0.0264**	**0.0353**

注：粗体表示性能最好。

表 7-2 基于不同粗糙程度的三分图的消融学习与对比实验的绝对误差之和（SAD）

算法	不同卷积核大小的绝对误差之和					
	2	4	5	7	9	10
基于图像修复的抠图算法	69.39	75.82	72.63	81.54	94.24	112.04
基于图像修复的抠图算法 +L_1 损失函数细化	66.48	70.66	67.30	75.64	85.52	98.96
基于图像修复的抠图算法 + 局部复杂性差异损失函数	**64.82**	**69.67**	**66.58**	**74.59**	**85.34**	**98.82**

注：粗体表示性能最好。

表 7-1 和表 7-2 的 MSE 和 SAD 结果表明，在三分图的不同粗糙度下，采用 LCD 的 α 遮罩预测模块具有更高的精度，即所提出的 LCD 对于不同粗糙度的三分图上局部复杂性差异较大的图像抠图问题是可行的。

在本实验中，WMGA 与主流的抠图算法 CF[9]、KNN[12]、DCNN[63]、AlphaGAN[147] 在 Composition-1K[35] 数据集上进行对比实验。对比三分图选用了测试集中自带的三分图，没有进行额外处理，代表三分图的粗糙程度为常规情况。对比结果如表 7-3 所示，可以看到，尽管提出的 WMGA 算法主要针对三分图粗糙的情况而设计，但是在常规三分图情况下，提出的 WMGA 算法与其他抠图算法相比，抠图效果依然表现更好，在 SAD 和 MSE 两个指标上，此算法的值都小于其他抠图算法。

为了进一步分析局部复杂区域的 LCDM 性能。图 7-6 提供了本节提出的算法、CF[9]、KNN[12]、IF[125] 和 AlphaGAN[147] 得到的 α 遮罩的可视化比较。通过 LCDM

得到的 α 遮罩在对比中具有较少的涂抹和模糊边缘，因而具有良好的视觉质量。此外，图 7-6 显示，在“毛发”和“带孔洞的球体”的例子上 LCDM 提取的信息比对比的抠图算法更详细。

表 7-3　WMGA 算法与其他抠图算法在 Composition-1K[35] 测试集上的对比实验

算法	SAD	MSE
CF[9]	168.1	0.091
KNN[12]	175.4	0.103
DCNN[63]	161.4	0.087
AlphaGAN[147]	69.8	0.032
WMGA	**62.1**	**0.021**

注：粗体表示性能最好。

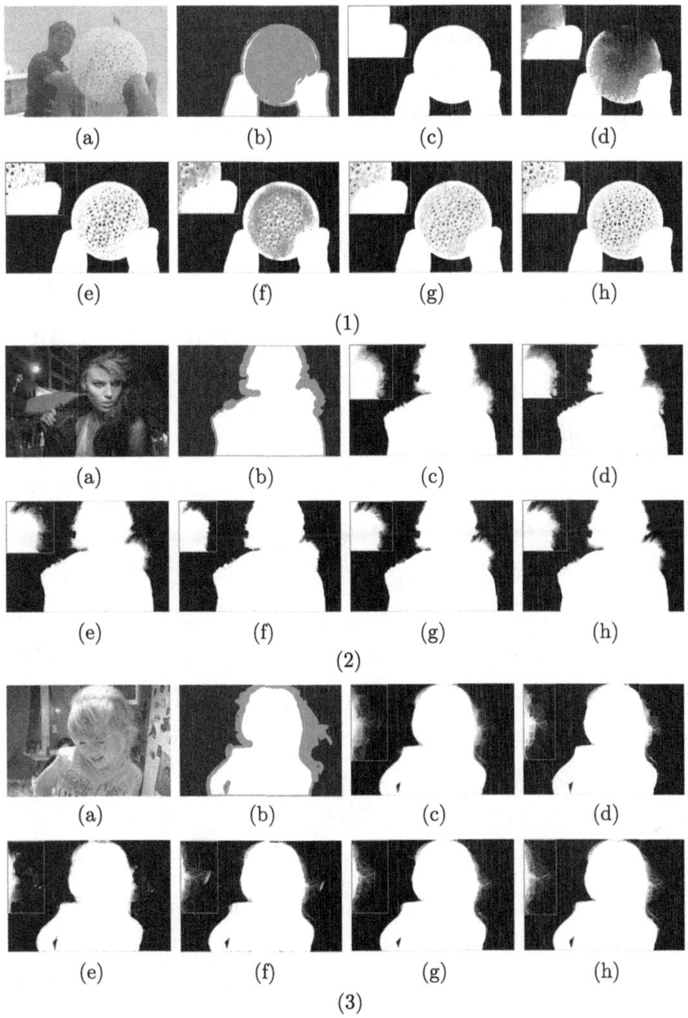

图 7-6　WMGA 算法与其他抠图算法在 Composition-1K[35] 数据集上的对比样例
(a) 输入图像；(b) 三分图；(c) CF[9]；(d) KNN[12]；(e) IF[125]；(f) AlphaGAN[147]；(g) WMGA；(h) 真实透明度遮罩。

7.3 基于局部复杂性的先验诱导信息对齐

目前基于深度学习的算法在自然图像抠图方面取得了显著的进步，这些算法中的许多算法可以生成视觉上可靠的 α 遮罩，然而大多数现有的基于深度学习的算法仍然存在粗粒度细节的问题。一般来说，这些算法不能很好地区分确定域（如某些前景和背景像素）和待定域（如不确定的中间像素）之间的探索程度，像素域之间的不均衡和信息差异会给图像抠图带来细节丢失，如未知区域的像素分布是不平衡的，确定域和待定域（不确定的中间像素）的像素数量是高度偏倚的。同时，由于三分图的约束，大量的前景和背景像素的不透明度已经给出。因此，根据局部光滑性假设[19]，信息传播更有利于未知区域中的确定性区域。另外，连续采样操作容易产生信息偏差，恶化边界细节。因此认为有偏的像素分布和信息差异都可能对像素回归和采样传播产生负面影响，从而导致 α 遮罩的缺失。本节将介绍一种新的先验诱导信息对齐抠图（prior induced information alignment matting，PIIAMatting）网络[146]，该网络可以有效地建模像素级响应图的差异和逐层特征图的相关性。该网络主要由动态高斯调制[146]（dynamic Gaussian modulation，DGM）机制和信息对齐[146]（information alignment，IA）策略组成。具体来说，DGM 机制可以从先验分布中动态获取像素级的响应图，响应图可以反映训练过程中不透明度变化与收敛过程之间的关系。另外，IA 由信息匹配模块[146]（information match module，IMM）和信息聚合模块[146]（information aggregation module，IAM）组成，它们联合调度以自适应地匹配和聚合相邻层特征。此外，还有一个多尺度细化（multi-scale refinement，MSR）[146] 模块，在细化阶段整合多尺度感受野信息，以恢复波动的外观细节。

7.3.1 动态高斯调制机制

如图 7-7 中的第 2 列所示，通常情况下，未知区域的像素可以分为确定域和待定域。确定域可以拆分为确定的前景和背景像素，而待定域可以直接表示为高度不确定的像素区域。通常的做法是使用 L_1 或 L_2 损失函数作为回归问题来解决，但它在一定程度上具有局限性。一方面，像素的分布在确定域和待定域之间是高度偏斜的。正常情况下，前景和背景像素的比例远小于中间像素。这种不平衡可能会导致模型学习过程中的不稳定，并可能会降低 α 遮罩的质量。另一方面，不透明度的探索根据像素域的位置而变化。基于卷积滑动窗口和局部平滑假设，确定域的像素直接与已知区域相连。因此，确定域上的不透明度求解过程比待定域更容易。在不考虑网络结构变化的情况下，像素不透明度的求解过程主要由目标函数进行优化。除了 L_1 和 L_2 损失函数外，合成损失也被广泛应用于 RGB 域来提高 α 遮罩。混合损失函数虽然可以改善结果，但并没有从本质上解决不成比例的问题。后期融合抠图（late fusion matting，LFM）[77] 中提出了另一种解决方案，使用不同的损失来监督不同的区域，但由于透明度是连续分布的，该方案只能表示为一个静态的预定义分区，不能完全解决动态变化的透明度。此外，确定域和待定域之间很难划一条明确的分界线。

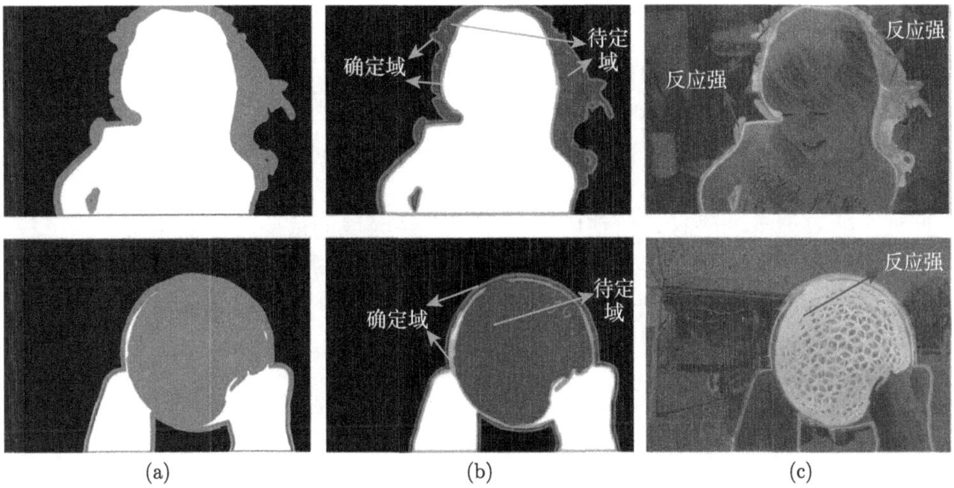

图 7-7　域响应图的可视化[146]

(a) 输入三分图；(b) 三分图中未知区域面积分配的可视化；(c) 域响应图的可视化。

基于上述观察提出了 DGM 机制。如图 7-8 所示，DGM[146] 是从 $\mu=0$，$\sigma_2=1$ 的标准高斯分布演化而来的，从上到下，待定域的响应系数越来越小。具体来说，将真值表示为 $F_{\text{ground-truth}}\in R^{1\times H\times w}$，并且输出的特征图与真值相同的大小。由于不同图像的过渡区域像素分布不同，因此这里利用对应的真值中的场景先验分布来获取领域响应图。

$$R=f^{\text{transform}}(F_{\text{ground-truth}})=\frac{1}{\sqrt{2\pi\sigma^2}}\mathrm{e}^{-\frac{(\alpha_g^i-\mu)^2}{2\sigma^2}} \tag{7-7}$$

式中，i 为像素位置，g 为真值，α_g^i 表示像素 i 的真值 α 遮罩；高斯分布的均值 μ 和

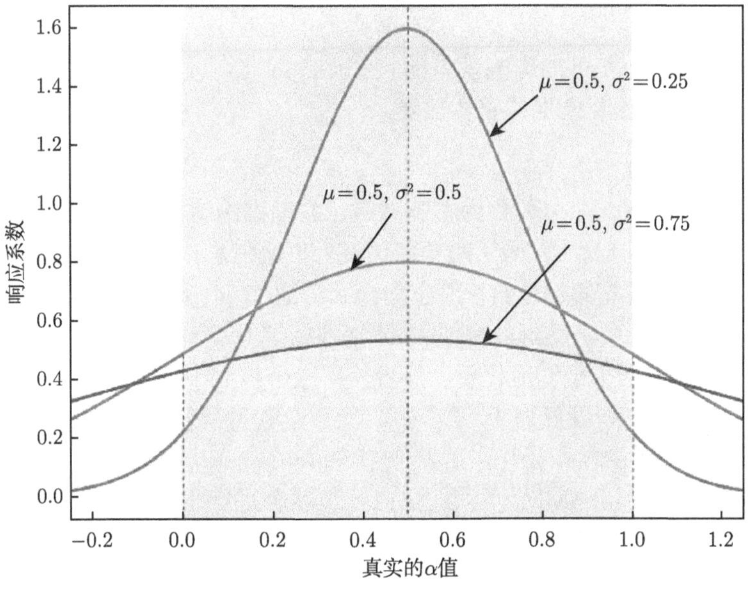

图 7-8　基于动态高斯调制机制的响应系数变化[146]

方差 σ^2 为可调参数，这里分别取 0.5 和 0.25。高斯分布会对确定域（前景和背景像素）分配更小的响应，对待定域 (像素间的不确定性) 分配更强的响应。像素的不确定度越高，响应越强。一般来说，不确定性越高，像素的不透明度越接近 0.5。这样，每幅图像上的每个像素都可以获得一个自适应的像素域响应系数，有助于网络挖掘更多有价值的信息。

此外，随着训练的进行，所使用的模型对未知区域的适应性不断增强。为了在训练过程中根据模型的拟合能力更好地匹配不透明度变化，进一步提出了动态调整响应图。直观地说，可以随着训练迭代次数的增加而逐渐减小 σ^2，从而调节确定域和待定域的响应性。如下述公式所示：

$$D(\sigma^2) = \sigma^2 + 0.005, \text{ 当迭代次数}\%2000 = 0 \text{ 时} \tag{7-8}$$

式中，σ^2 初始化为 0.25，每迭代 2000 次增加 0.005。随着迭代的进行，分配给待定域的响应系数逐渐减小。因此，可以通过先验信息诱导的 DGM 机制来实现待定域的权值分布，从而在均匀探索信息的同时稳定收敛过程。从 DGM[146] 得到的区域响应图的一些例子在图 7-7 的第三列中显示。由于像素在未知区域内部连续分布，域响应系数随像素不透明度的不同而变化。

7.3.2 模型架构与信息对齐策略

本节介绍模型架构与信息对齐策略[146]。首先，描述整个网络结构[146]；然后，在信息匹配模块和信息聚合模块[146] 中详细介绍信息对齐策略[146]；最后，介绍 MSR 模块[146]。如前所述，明确地将动态响应分配给不同的像素，以探索各种类型的区域。但随着网络的加深，特征图的分辨率逐渐降低。在这个过程中，下采样操作不可避免地会造成信息丢失，特别是平均池化舍弃了高频信息而只保留了低频信息[150]，导致边界区域模糊。同平均池化一样，下采样的另外两个流行选项最大池化和步长大于 2 的卷积，也会带来不同程度的信息损失。因此，在解码器的相应上采样阶段会出现信息差异，这会带来精度损失[151]，并可能影响模型的收敛性。因此，假设设计一种策略来有效匹配聚合的有效信息可以提高模型的整体性能。

1. 整体网络结构

该模型使用 ResNet-50[40] 作为主干网络，并根据网络深度由浅到深将其从 block0 到 block4 分割成 5 个 block。为了融合多尺度上下文信息，增强特征表示能力，选择从 block4 中提取特征，并将其传递给空洞空间金字塔池化（atrous spatial pyramid pooling, ASPP）[152]，以聚合不同感受野的特征。具体来说，考虑到计算成本，使用三个不同比率的并行空洞卷积层和一个平均池化层，然后使用一个核大小为 1×1 的卷积操作来捕获多尺度信息。膨胀率分别设置为 1、8 和 16。然后，将 4 个分支的特征串联在一起，并送入一个核大小为 3×3 的卷积操作，后跟一个 BatchNorm 和 ReLu。为了保证采样特征的完整性和有效性，利用 IMM[146] 和 IAM[146] 联合进行相邻层的信息匹配和聚合。由于信息对齐已解耦为信息匹配和信息聚合，一旦信息匹配完成，信息聚合将自动完成。此外，MSR 以并行残差的方式应用不同速率的空洞卷积，以补充更多的细节，并生成高质量的结果。图 7-9 为 PIIAMatting[146] 的示意图。

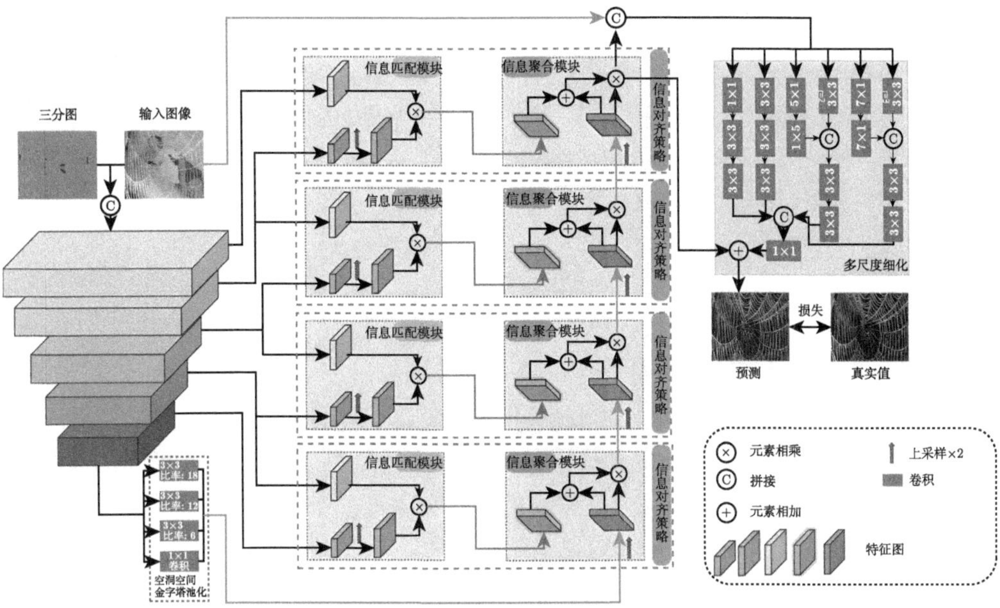

图 7-9　PIIAMatting 的示意图[146]

2. 信息对齐（IA）策略

Skip-Connection[37] 是一种引人注目的特征增强方法，适用于不同类型的视觉任务[152-154]，通过在每个下采样与上采样阶段连接或添加编码器与解码器之间的特征来弥合信息差距。虽然它在一定程度上降低了信息损失，但它只使用对等层特征，而忽略了相邻层特征之间的关系（如来自 block0 和 block1 的特征），从而在不断的采样操作中不可避免地引入了偏差。因此，它只是不加区分地直接重用特征，并没有从根本上解决信息差异。此外，低级特征和高级特征本质上不同，但又是相辅相成的，一个用于细节的保留，另一个用于语义的保留，然后共同促进 α 遮罩的生成。在 IA 策略[146] 中，执行 IMM[146] 来匹配下采样过程中相邻层之间的编码器中每个阶段的有价值信息。如表 7-4 所示，实验分析也证实了信息对齐策略[146] 的有效性。

表 7-4　IA 和 MSR[146] 在 Composition-1K[35] 数据集上的实验分析

算法	MSE↓	SAD↓	Grad↓	Conn↓
DIM[35]	54.6	0.017	36.7	55.3
DIM-IA[146]	39.9	0.015	36.6	49.5
DIM-MSR[146]	49.2	0.015	34.5	51.7
PIIAMatting-w/IA[146]	43.2	0.012	22.6	44.9
PIIAMatting-wo/IA[146]	53.8	0.015	33.1	52.2
PIIAMatting-wo/MSR[146]	40.3	0.010	20.4	37.1
PIIAMatting-Refine[146]	40.3	0.010	19.5	36.0
PIIAMatting（w/MSR）[146]	36.4	0.009	16.9	31.5

注：↓ 表示该指标值越小越好。

3. 信息匹配模块（IMM）

IMM[146] 的输入有两部分：$F_{\text{low}} \in R^{H \times W \times C}$ 和 $F_{\text{high}} \in R^{\frac{H}{2} \times \frac{W}{2} \times \frac{C}{2}}$。其中，$H$、$W$、$C$ 分别表示通道的高度、宽度和数量。首先将 F_{high} 传递到转置卷积中进行上采样，然后，将 F_{high} 和 F_{low} 乘积中有价值的细节、清晰的前景和背景特征匹配到 IAM[146] 中。具体实现过程如图 7-9 所示，具体操作可描述如下：

$$F^i_{\text{IMM}} = F^{i-1}_{\text{low}} * \tau(F^i_{\text{high}}) \tag{7-9}$$

式中，i 表示 ResNet 中 block 的索引，$\tau(\cdot)$ 表示上采样操作，$*$ 表示元素乘积。

4. 信息聚合模块（IAM）

IAM[146] 的输入也有两部分：由前一个 IAM[146] 生成的 $F^{i-1}_{\text{iam}} \in R^{\frac{H}{2} \times \frac{W}{2} \times C}$ 和由 IMM[146] 得到的 $F^i_{\text{IMM}} \in R^{H \times W \times C}$。具体来说，IAM[146] 通过逐元素求和的方式将这两种特征进行叠加，然后通过逐元素乘积的方式提取最关键的特征。这些操作可以形式化地定义如下：

$$F^i_{\text{IAM}} = \begin{cases} (F^i_{\text{IMM}} + T(F_{\text{ASPP}})) * T(F_{\text{ASPP}}), i = \text{top} \\ (F^i_{\text{IMM}} + T(F^{i-1}_{\text{IAM}})) * T(F^{i-1}_{\text{IAM}}), i = \text{其他值} \end{cases} \tag{7-10}$$

式中，$T(\cdot)$、i、和 $*$ 在 IMM[146] 和 IAM[146] 中的含义相同，top 表示与 ResNet-50[40] 中 block4 相同的深度。如图 7-9 所示，采用 ASPP[152] 的输出特征作为整个解码器过程的初始化，由于编码器的特征已经通过 IMM[146] 进行了匹配，因此直接将初始化与 IMM[146] 特征进行聚合即可。这样，通过 IA 策略[146] 对较高特征信息的利用，相邻级联特征之间可以有效地匹配和保留有价值的信息，从而在采样阶段更准确地聚合信息。

5. 多尺度细化（MSR）模块

在编码器–解码器结构中，三分图的引入有助于引导模型学习显著信息。然而，未知区域仅占整体图像的一小部分，导致自然场景下的微小细节仍然难以被学习。因此，在经过第一阶段的处理后，一些信息可能会存在潜在的丢失。受文献 [35] 和 [55] 的启发，该模型随后被扩展为 MSR 模块，以进一步提高估计 α 遮罩的质量。如图 7-9 所示，将不同核的空洞卷积（atrous convolutions）应用于编码器–解码器阶段得到的初步 α 遮罩，用于探索多尺度特征。在这一阶段还引入了原始图像，提取丰富的位置和颜色信息来指导学习过程。MSR[146] 提高的准确率也可以在表 7-4 中看到。

在表 7-4 中，w 和 wo 分别表示模型组合和禁用相应的模块部分，Refine 是指 DIM 中的细化模块。表 7-4 所示与 DIM[35] 中的原始细化模块相比，MSR 模块[146] 可以在所有 4 个指标上带来改进，就 SAD 和 Grad 指标而言，PIIAMatting （w/MSR)[146] 将 PIIAMatting-Refine 提高了 3.9 和 2.6，不仅证明了多尺度信息对于图像抠图的必要性，而且进一步通过将 DIM 中原有的精化模块替换为 MSR[146] 来验证其可用性，表示为 DIM-MSR，得到的 DIM-MSR 结果明显优于未替换前的。

这里借助 α 预测损失实现了 PIIAMatting[146] 中有效的 α 遮罩优化。损失函数定义如下：

$$L_{\alpha}^{i} = R_{g}^{i} * |\alpha_{p}^{i} - \alpha_{g}^{i}| \tag{7-11}$$

式中，i 为像素位置，$*$ 表示元素乘积，R_g^i 表示像素 i 根据真值中的先验信息得到的响应系数，α_p^i、α_g^i 分别为像素 i 处的预测 α 遮罩和真实 α 遮罩。

7.3.3 实验设计与分析

实验选择了 AlphaMatting.com dataset[6]、Adobe Composition-1K dataset[35] 和 Distinctions-646 dataset[76] 三个数据集进行实验，并评估了 PIIAMatting 网络[146] 以验证有效性。实验以 Composition-1K[35] 为例，对 PIIAMatting[146] 中各组成部分的作用进行了实验分析。最后，将 PIIAMatting[146] 应用于一些真实世界的图像，以进一步验证该方法并预测它们的 α 遮罩。其中，Distinctions - 646[76] 数据集为 646 幅不同的前景图像提供了相应的 α 遮罩，并采取与 DIM[35] 相同的规则来生成新的图像。在使用数据集时完全遵循文献 [35] 和 [76] 提供的合成规则。

实验选择的评价指标包括：绝对误差之和（SAD）、均方误差（MSE）、梯度误差（Grad）、连通性误差（Conn）。前两个指标衡量的是绝对像素空间的差异，后两个指标衡量的是生成的 α 遮罩的视觉质量。总之，所有度量指标的值越低，预测的 α 遮罩越好。

对于训练，首先随机裁剪尺寸为 320×320、512×512 和 640×640 的图像，然后将图像尺寸调整为 320×320。三分图使用基于随机选择的膨胀、腐蚀或欧氏距离[151] 生成，其卷积核大小在 $[5, 25]$ 中随机选择。实验还进行了数据增强，包括随机缩放、翻转和 $-60° \sim +60°$ 的旋转。对所有的实验，训练设置 $\mathrm{batch-size} = 64$，$\mathrm{epochs} = 50$，采用 Adam 优化器，初始学习率为 0.001，在第 30 个 epochs 和第 40 个 epochs 分别调整为 0.0001 和 0.00001。随着迭代次数的增加，采用偏差 σ^2 使高斯分布更加平坦，使模型逐渐更加公平地对待所有样本。网络选择的 GPU 服务器配置为 Intel-Xeon Gold-6240 CPU、32 GB RAM 和 3 Tesla V100 graphics card。在推理过程中，带有三分图的全分辨率输入图像作为 4 通道输入连接到网络中。

在 AlphaMatting.com[6] 数据集上评估的结果如表 7-5 所示，下面列出一些最新技术（state of the art，SOTA）方法进行比较。从表 7-5 中可以看到，PIIAMatting[146] 达到了较好的性能，在所有三个指标上的平均性能排名第一。

表 7-5　PIIAMatting[146] 算法在 AlphaMatting[6] 数据集上与其他算法的对比实验

算法	MSE	SAD	Gradient
PIIAMatting[146]	**7.6**	**4.9**	**8.0**
AdaMatting[55]	8.5	7.5	8.1
SampleNet[54]	9.7	8.4	9.7
GCA[47]	10.0	9.3	**8.0**
Context-Aware[53]	12.2	18.1	9.3
IndexNet[151]	17.8	14.1	13.3
Information-Flow[125]	14.5	13.1	20.1
DIM[35]	13.8	10.9	18.3
AlphaGAN[147]	18.8	15.7	18.1

注：粗体表示算法中性能最好的结果。

Composition-1K[35] 数据集上将本节提出的方法与 16 种最先进的方法进行了比较，包括 6 种传统的基于颜色的方法 Shared Matting[18]、Learning Based[155]、Global Matting[19]、Information-Flow[125]、Closed Form[9]、KNN Matting[12]，以及 10 种最新的基于深度学习的方法 DCNN[63]、DIM[35]、AlphaGAN[147]、SampleNet[54]、IndexNet[151]、AdaMatting[55]、Context-Aware[53]、GCA[47]、LFM[77]、HAttMatting[76]。如表 7-6 所示，与其他算法相比，该算法在四个指标上达到了 SOTA 的结果，证明了 PIIAMatting[146] 的优越性能。具体来说，本节的模型在没有使用额外数据增强的情况下，已经超过了 DIM[35]、LFM[77]、SampleNet[54]、IndexNet[151] 和 AdaMatting[55]。虽然该模型的结果略逊于 Context-Aware[53] 和 GCA[47]，但前者使用 ResNet-101[40] 作为其双分支主干，以学习更强的表示，而后者则通过数据增强来进行改进。为了实现公平竞争，为模型配备了数据增强和 ResNet-101[40]，分别表示为 Ours-Data 和 Ours-Big。表 7-6 结果显示，Ours-Data 和 Ours-Big 都优于 GCA[47] 和 Context-Aware[53]。

表 7-6 PIIAMatting[146] 算法在 Composition-1K[35] 数据集上与其他算法的对比实验

算法	MSE↓	SAD↓	Grad↓	Conn↓
Shared Matting[18]	128.9	0.091	126.5	135.3
Learning Based[155]	113.9	0.048	91.6	122.2
Global Matting[19]	133.6	0.068	97.6	133.3
Information-Flow[125]	75.4	0.066	63.0	
DCNN[63]	161.4	0.087	115.1	161.9
KNN Matting[12]	175.4	0.103	124.1	176.4
Closed Form[9]	168.1	0.091	126.9	167.9
AlphaGAN[147]		0.031		
DIM[35]	54.6	0.017	36.7	55.3
LFM[77]	49.0	0.020	34.3	50.6
HAttMatting[76]	48.8	0.016	25.3	48.6
SampleNet[54]	40.4	0.010		
IndexNet[151]	45.8	0.013	25.9	43.3
AdaMatting[55]	41.7	0.010	16.8	
Context-Aware[53]	35.8	**0.008**	17.3	33.2
GCA[47]	35.3	0.009	16.9	32.6
PIIAMatting[146]	36.4	0.009	16.9	**31.5**
PIIAMatting（Ours-Big）[146]	35.8	0.009	**16.2**	34.7
PIIAMatting（Ours-Data）[146]	**35.2**	0.009	16.9	33.1

注：粗体表示算法中性能最好的结果。

为了更好地可视化，图 7-10 突出每幅图像上圆圈的显著差异。可以看到，即使是 IndexNet[151] 和 GCA[47] 也能得到平滑且效果较好的结果，但对于高半透明像素效果并不理想，在其 α 遮罩上仍能观察到一些伪影。相反，本节的模型在待定域上的结果更加精细，这主要是由于该算法在训练过程中考虑了像素域的不均衡和信息对齐。DGM[146] 机制可以缓解差异像素域的不均衡，而 IA 策略可以降低信息差异，两者相辅相成。

在 Distinctions-646[76] 数据集上，采取与上述相同的标准进行比较，这里主要比较了以下几种最具代表性的方法：Shared Matting[18]、Learning Based[155]、Global Matting[19]、DIM[35]、HAttMatting[76] 和 IndexNet[151]。将本节提出的方法与上述方法进

行比较，如表 7-7 所示，PIIAMatting[146] 在 Distinctions-646[76] 测试集中的四个指标上优于其他方法，证明了本节的方法在图像抠图上的优越性能。

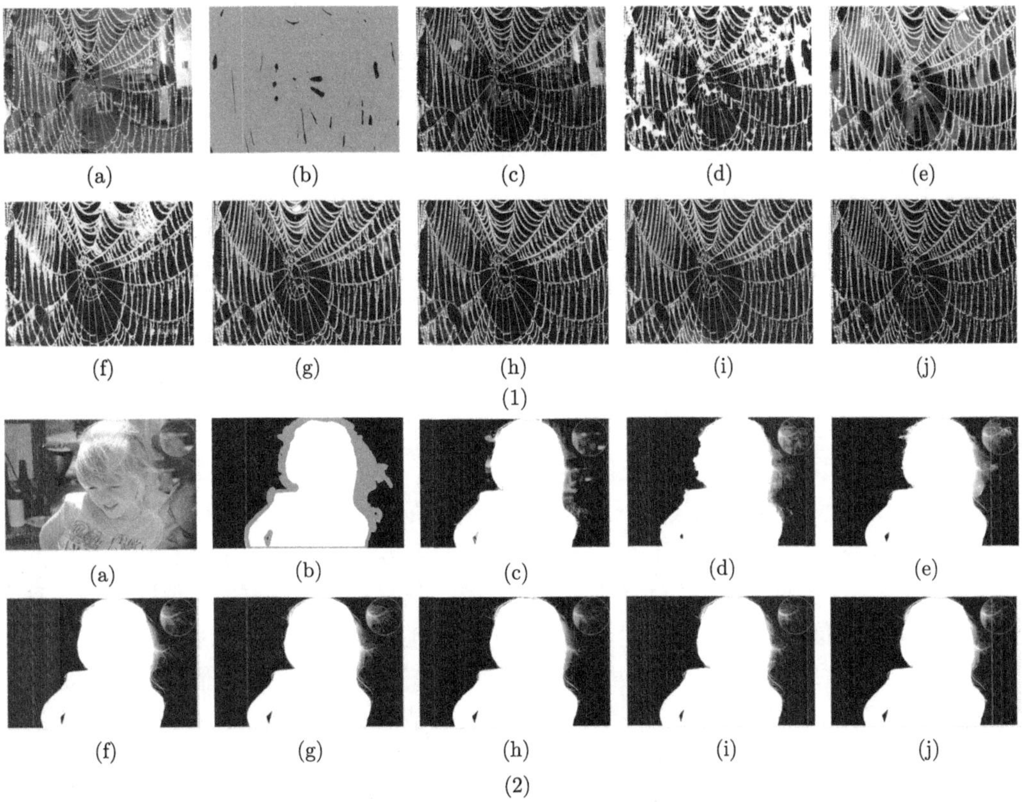

图 7-10　Composition-1K[35] 数据集上的可视化结果

(a) 输入图像；(b) 三分图；(c)Information-Flow[125]；(d)AlphaGAN[147]；(e)SampleNet[54]；(f)DIM[35]；(g)IndexNet[151]；(h)GCA[47]；(i)PIIAMatting[146]；(j) 透明度遮罩真实值。

表 7-7　PIIAMatting[146] 算法在 Distinctions-646[76] 数据集上与其他算法的对比实验

算法	MSE↓	SAD↓	Grad↓	Conn↓
Shared Matting[18]	71.5	0.064	83.2	70.9
Learning Based[155]	93.3	0.096	129.2	94.9
Global Matting[19]	63.6	0.052	76.2	64.5
DIM[35]	44.2	0.029	39.1	44.6
HAttMatting[76]	42.6	0.027	47.0	42.9
IndexNet[151]	35.5	0.019	25.1	35.6
PIIAMatting[146]	**27.7**	**0.014**	**18.2**	**20.6**

注：粗体表示算法中性能最好的结果。

表 7-8 验证了 DGM[146] 的有效性，这里通过在 PIIAMatting[146] 模型上比较不同的损失函数来说明这种有效性。其中与“DIM 中应用的损失函数”相比，结合静态高斯机制的模型能够得到明显的改善，尤其是 SAD 从 43.2 下降到 40.6，验证了 DGM[146] 适应不透明度变化的能力。同时，与 LFM[77] 中使用的 L_1+L_2 相比，PIIAMatting[146]

的 SAD 降低了 1.2。这主要是由于 $L_1 + L_2$ 只能看作一个预先定义的基于不同划分的静态加权损失函数。因此，它不能很好地处理不同域的不透明度变化。

表 7-8　Composition-1K[35] 数据集上不同损失函数的分析实验

区分损失函数的作用[146]	MSE↓	SAD↓
DIM[35] 中应用的损失函数	0.0118	43.2
LFM[77] 中应用的损失函数	0.0107	41.5
静态高斯机制[146]	0.0105	40.6
动态调制机制 + 静态高斯机制[146]	0.0102	40.3

本章小结

本章的研究工作建立在前几章研究成果的基础上，着眼于解决图像抠图任务中的局部复杂性和细节损失问题，介绍了基于局部复杂性的抠图算法的两个方面。首先，通过测量输入图像与真实透明度遮罩之间的复杂性差异，提取局部复杂区域，加强网络对这些区域的学习。同时，引入级联网络和局部复杂性差异损失函数进一步提高抠图精度，尤其是在复杂区域。其次，前几章中提到了深度学习方法在处理确定域和待定域之间的探索程度时存在的问题，这里介绍了一种先验诱导信息对齐抠图网络。该网络通过动态高斯调制机制和信息对齐策略来建模像素级响应图的差异和特征图的相关性，并引入多尺度细化模块恢复外观细节。这些改进方法有助于提高图像抠图的精度和细节保留程度，进一步解决了当图像抠图任务中面临局部复杂情形时的挑战。总而言之，本章的研究工作对于解决基于深度学习的图像抠图任务中存在的局部复杂性和细节损失问题具有重要意义，为提高抠图算法的性能和效果提供了有益的思路和方法。

图7-1(彩图)　图7-2(彩图)　图7-3(彩图)

图7-6(彩图)　图7-7(彩图)　图7-10(彩图)

第 8 章　自然图像抠图应用

自然图像抠图是计算机视觉的一项重要任务，旨在从复杂的自然场景下分离出目标物体。这项任务不局限于一般的图像编辑、虚拟增强现实、广告设计等领域的应用，还在更具特殊需求的场景下发挥着重要作用。本章将重点探讨自然图像抠图技术在红外行人分类和证件照换底领域的应用，并介绍各自的核心算法，这些方法在特定场景下取得了显著的成果。

8.1　基于抠图的行人分类算法

8.1.1　应用需求概述

行人分类是指将图像或视频中的目标区域划分为两个类别：行人和非行人。它是计算机视觉和图像处理领域的一个重要任务，旨在自动识别图像或视频中出现的行人目标。远红外图像由于其相对于可见光图像具有不受天气、光照因素影响的独特优势，受到行人分类研究人员的广泛关注。红外行人分类可以为驾驶辅助系统提供关键技术支撑。图 8-1 给出了驾驶辅助系统的结构框图。

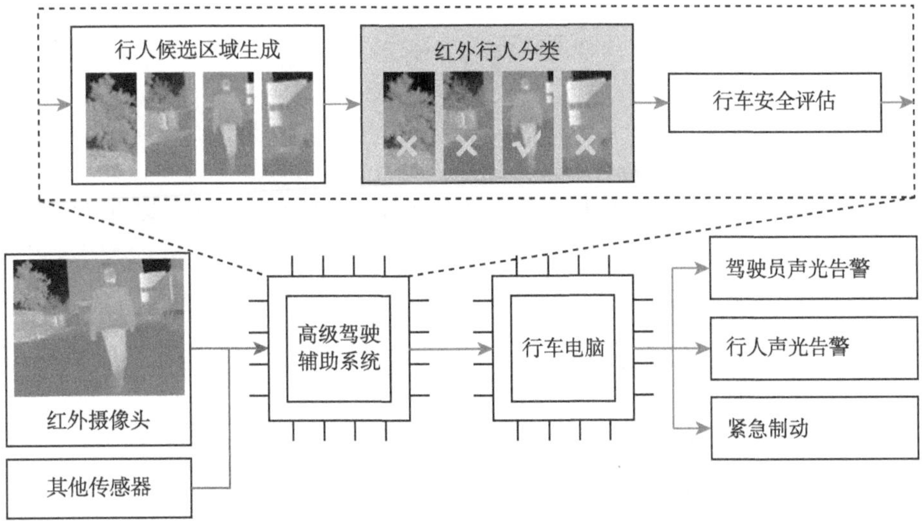

图 8-1　驾驶辅助系统的结构框图

从图 8-1 中可以发现，鲁棒的行人分类是驾驶辅助系统的重要环节，行人分类结果是行车安全评估的重要依据，在实际应用中行人分类错误可能会导致严重的交通事故。

红外行人分类的核心是对行人表征形式的提炼，其研究历程可分为专家驱动算法和数据驱动算法。专家驱动的远红外图像行人分类算法是依据行人分类领域专家经验知识设计的，这类算法通常包含特征提取与行人分类两个步骤。特征提取是为了将原始图像转换为领域专家精心设计的表征形式（如特征向量），从而使分类器在该表征形式中可以有效地分辨行人与非行人目标。表征形式的设计依赖红外行人分类领域的专家知识。虽然远红外图像在行人分类中具有独特的优势，但是其存在分辨率低及颜色信息缺失的问题，导致远红外图像所包含的信息非常有限，因此可见光图像中经常使用的（如纹理等）具有高度分辨能力的特征无法应用在远红外图像上，行人的轮廓特征成为红外行人分类的重要特征。

专家驱动算法是基于针对红外行人的局部亮度设计的经验模型。然而，随着观测行人的季节、温度甚至背景变化，远红外图像上行人的亮度特性会发生较大变化。因此专家驱动算法在行人与背景相似等复杂情况下分类性能不佳。

随着深度学习技术的发展，数据驱动的行人分类算法受到了越来越多的关注。以深度学习技术为代表的数据驱动行人分类算法可以从数据中自动学习表征信息而无须人工的干预[156]。这类算法模拟生物神经系统处理信息的方式，利用多层的卷积神经网络从高维的数据中寻找人们难以发现的数据结构特征。数据驱动算法通过通用的学习程序可以解决不同类型的问题，已在包括图像识别在内的众多计算机视觉任务中取得了重大突破[36,40,157]。

增加卷积神经网络的层数被认为是一种有效提高数据驱动分类算法性能的方式。为了处理复杂的例子（如远红外图像上行人区域受到相似亮度背景的干扰），研究人员设计了层数越来越深的深度神经网络。然而，深度神经网络的时间及空间复杂度也随着网络层数的增加而增加，神经网络的层数过深限制了其实际应用。虽然基于 GPU 加速的解决方案可以减少深度神经网络的计算耗时，然而考虑到实际应用中设备往往没有配置 GPU、内存也是有限的，网络层数很深的神经网络对于工业应用计算代价还是过于昂贵。

综上所述，研究如何以较低的代价实现深度神经网络分类性能的提升十分必要。考虑到红外行人分类中杂乱背景对行人轮廓特征的有效提取造成了较大影响，导致行人分类准确率的下降，有必要将红外目标从复杂的背景中精确分离出来，以有效提取轮廓特征。自然图像抠图技术提供了一种从杂乱背景中精确分离前景的工具，然而因为其依赖于人工标记的三分图，而在行人分类任务中对行人逐一进行三分图标定不仅相当耗时，而且在实际应用中不可行，所以鲜有研究尝试将抠图应用于目标分类任务。因此有必要研究一种不依赖于人工标记三分图的全自动的红外行人抠图算法。

8.1.2 基于全自动抠图增强的红外行人分类算法

针对红外行人分类中杂乱背景的干扰问题，本节提出了基于全自动抠图增强的红外行人分类算法。图 8-2 展示了提出的算法结构框图。

该算法将专家驱动算法与数据驱动算法有机结合起来，主要包括基于全自动抠图的红外行人预处理及基于抠图透明度遮罩的深度行人分类两个步骤。①利用全自动红外行人抠图算法实现了对远红外图像的图像增强预处理。经抠图预处理后的抠图透明度遮罩中杂乱的背景得到了有效的抑制且行人区域得到了增强，使得深度神经网络可以更好地学习行人轮廓特征。②将预处理后的抠图透明度遮罩作为分类器的输入，利用 8 层神经网络 AlexNet 分类器对图像进行分类。算法 8-1 给出了提出的算法整体实现过程。

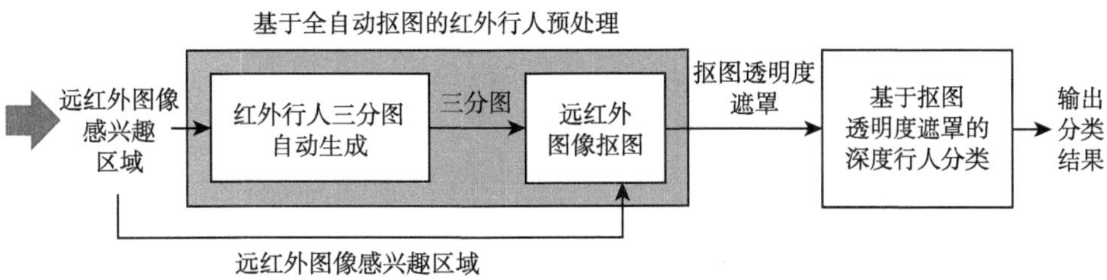

图 8-2　基于全自动抠图增强的红外行人分类算法的结构框图

算法 8-1: 基于全自动抠图增强的红外行人分类算法

输入： 远红外图像中的感兴趣区域 I

输出： 预测 I 中是否包含行人

```
标准化后的图像 Ĩ ← 标准化图像(I)
//1. 基于全自动抠图的红外行人预处理
//1.1 红外行人三分图自动生成
人头位置 ← 定位头部(Ĩ)
躯干位置 ← 定位躯干(Ĩ, 人头位置)
三分图 ← 生成三分图(人头位置, 躯干位置)
//1.2 远红外图像抠图
通过全局采样产生候选样本
for each 未知像素 do
    for each 候选前景背景像素对 do
        评价前景背景像素对
    end for
    前景背景像素对选择
    计算未知像素的透明度
end for
//2. 基于抠图透明度遮罩的深度行人分类
将预处理获得的抠图透明度遮罩输入 AlexNet 预测 I 中是否存在行人
```

基于全自动抠图的红外行人预处理是提出的基于全自动抠图增强的红外行人分类算法的关键，其本质为全自动的红外行人抠图算法，用于解决远红外图像上行人亮度与背景相似情况下难以提取轮廓特征的问题。该预处理算法主要包括两个步骤：红外行人三分图自动生成、远红外图像抠图。前者根据估计的行人头部及躯干位置自动为远红外图像的感兴趣区域生成对应的行人三分图。后者对远红外图像进行抠图输出前景透明度遮罩，实现对前景区域的精确提取。

1. 红外行人三分图自动生成算法

抠图技术能有效地从杂乱的背景中实现精确的前景提取，有望解决红外行人分类中杂乱背景带来的干扰问题。但是由于自然图像抠图算法需要三分图作为输入，现有的三分图生成方法依赖人工标记，无法对自然图像生成三分图，限制了抠图在红外行人分类中的应用。

三分图是自然图像抠图中的重要输入，三分图的质量直接影响所获得的抠图透明度遮罩的质量。自然图像抠图依据未知区域像素与已知区域像素的相似程度估计未知区域像素的透明度。已知区域与未知区域正是由三分图划分的。

传统的三分图生成方法采用人工标记的方式，实际应用中无法对大量的感兴趣区域进行人工标记。现有的自动三分图生成方法基于闪光灯拍摄等特殊拍摄，无法为现实中大量自然拍摄的图像生成三分图。现有的三分图生成方法不适用于自动行人分类任务。针对该问题，本小节提出了红外行人三分图自动生成算法。该算法无须依赖于用户交互而是根据红外行人分类的先验知识生成三分图。产生的三分图提供了行人的头部及躯干的部分区域、部分背景区域，其余为未知区域。产生的三分图提供了远红外图像抠图所必需的信息，是实现基于全自动抠图的红外行人预处理的关键。提出的红外行人三分图自动生成算法假设输入的远红外图像感兴趣区域中包含行走的行人，并尝试为行人产生合适的三分图。如图 8-3 所示，该算法主要包括三个步骤：行人头部定位、行人躯干定位及三分图生成。

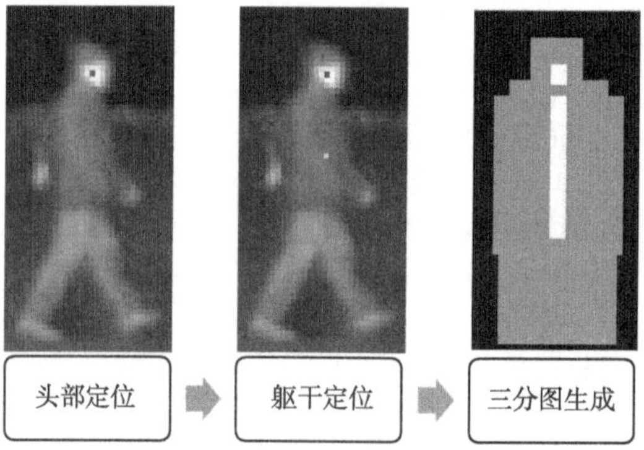

图 8-3　红外行人三分图自动生成算法主要步骤示意图

为了适应行人姿势的变化，红外行人三分图自动生成算法依据行人头部定位、解剖学研究[158] 及红外行人分类领域的专业知识设计了基于人体部位模型的红外行人关键部位定位策略。对行人各部位的定位是行人三分图自动生成的关键环节。然而，行人在感兴趣区域出现的位置及行人姿势是千变万化的，这给行人定位带来了挑战。一旦行人身体部位定位发生偏差，产生的三分图就会包含错误标记的区域，造成前景提取质量显著下降。受 Lee 等[158] 工作的启发，本节提出的红外行人三分图自动生成算法使用了人体部位模型以充分利用各个部位之间的约束。由于受到杂乱背景、人体姿势的变化及观测角度的变化等多个因素的干扰，在远红外图像的感兴趣区域中准确定位人体的所有部位非常困难。考虑到自然图像抠图在标记部分前景区域的情况下也能实现前景的精确提取，没有必要定位出人体所有部位。因此，红外行人三分图自动生成算法中仅对行人头部及躯干两个可实现鲁棒定位的关键部位进行逐一定位。

由于远红外图像是基于温度成像的，人体头部区域的亮度通常高于背景。远红外图像中头部区域的定位有额外的先验知识可以加以利用。受衣着的影响，人体躯干部分的亮度不一定高于背景区域。因此对人体头部的定位拥有更多的先验知识，其定位结果也更为准确、鲁棒。考虑到以上因素，本节提出的红外行人三分图自动生成算法首先对人体头部进行定位，然后利用头部和躯干部位之间的约束对躯干部位进行定位。值得一提的是，在进行头部定位之前，提出的算法首先对远红外图像的感兴趣区域进行标准化处理，具体来说就是将输入图像缩放为 $w \times h$ 像素的大小。其中 w、h 分别表示标准化图像的宽和高。本节提出的算法中标准化图像的大小与大部分远红外行人数据集相同，设置为 32×64 像素。下面分别介绍人体头部及躯干部位的定位方法。如图 8-4 所示，行人头部定位包括头部粗定位及头部精确定位两个步骤。

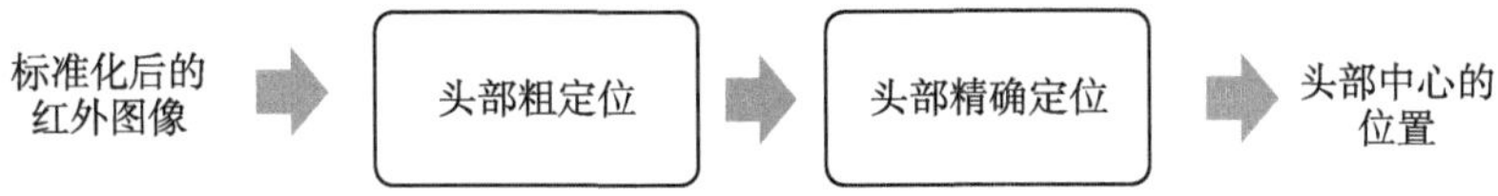

图 8-4 行人头部定位流程图

头部粗定位的目标是找到行人头部的大致位置，具体来说是找到一个属于头部区域的像素。首先利用头部区域亮度较高的先验知识，使用大津算法[159] 对标准化后的图像进行二值化，取二值化后取值为真的像素组成候选像素集合。然而，杂乱的背景区域可能存在噪声，造成定位不准确。通过观测发现行人的头部通常在图像上部的中间位置而噪声往往分布在两边。因此，在头部粗定位中加入空间位置约束，加入约束后的头部粗定位可以建模为一个优化问题：

$$\min_{(x,y)\in\Omega} D\left(x_0^h, y_0^h, x, y, \lambda\right) \quad \text{s.t. } f_B\left(x, y\right) = 1 \tag{8-1}$$

式中，$f_B\left(x, y\right)$ 表示二值化图像中坐标为 (x, y) 的像素的值，$D\left(x_0^h, y_0^h, x, y, \lambda\right)$ 表示人体头部初始位置 (x_0^h, y_0^h) 与 (x, y) 之间的距离，人体头部初始位置 (x_0^h, y_0^h) 的取值为 $(\lfloor w/2 \rfloor, \lfloor h/6 \rfloor)$。其定义如下：

$$D\left(x_0^h, y_0^h, x, y, \lambda\right) = \sqrt{\left(x_0^h - x\right)^2 + \mu\left(y_0^h - y\right)^2} \tag{8-2}$$

式中，μ 是权衡横向距离代价与纵向距离代价的权值。当 $\mu = 1$ 时，$D\left(x_0^h, y_0^h, x, y, \lambda\right)$ 表示 (x_0^h, y_0^h) 与 (x, y) 之间的欧氏距离。考虑到人体头部通常位于中间位置，因此横向距离的代价应高于纵向距离，式(8-1)中 λ 取值应大于 1。人体头部粗定位的优化问题可以通过按 $D\left(x_0^h, y_0^h, x, y, \lambda\right)$ 距离递增的顺序遍历搜索二值图像上第一个取值为真的像素点的方式快速求解。

头部精确定位的目标是寻找人体头部的中心点。由于人体的体温在大部分情况下比背景物体的温度高，因此人体的头部较背景区域辐射出更多的能量，在远红外图像上表现为人体头部区域比背景区域亮。此外，远红外成像时头部中心区域有更多的能量可以入射到传感器中，使得头部中心区域比头部的边缘区域更亮。因此，远红外图像上行人的头部中心点是个局部极大值。行人头部精确定位将头部粗定位的结果 $(\widetilde{x}^h, \widetilde{y}^h)$ 作为输入，在局部区域中搜索人体头部的中心位置，最终使用亮度最高的像素的位置作为行人头部中心位置。行人头部精确定位可以建模为以下的优化问题：

$$\max_{(x,y)\in\Omega} f_S(x,y) \quad \text{s.t. } D\left(\widetilde{x}^h, \widetilde{y}^h, x, y, 1\right) \leqslant h_1 \tag{8-3}$$

式中，$f_S(x,y)$ 表示标准化远红外图像上坐标为 (x,y) 的像素值，Ω 表示标准化远红外图像的像素集合。在以给定的粗略位置为中心的局部区域中定位人体头部中心的过程可以认为是一个单峰搜索的过程，因为在远红外图像上人体头部中心点的亮度是一个局部极大值。由于单峰优化已经有成熟的解决方案，考虑求解的稳定性及速度两个关键因素，提出的红外行人三分图自动生成算法选用爬山法来实现行人头部精确定位。算法 8-2 给出了所使用爬山法的伪代码。其中，w_1、h_1 分别表示人体头部区域包围盒的宽和高，其取值为 $\lfloor w/10\rfloor$、$\lfloor h/16\rfloor$。

算法 8-2: 行人头部精确定位所使用的爬山法的伪代码

输入： 人体头部粗定位结果 $\widetilde{x}^h, \widetilde{y}^h, h_1$

输出： 人体头部中心位置 x^h, y^h

$x^h \leftarrow \widetilde{x}^h$, $y^h \leftarrow \widetilde{y}^h$, 最大迭代次数 $\leftarrow h_1$, $i \leftarrow 0$
while $i <$ 最大迭代次数 **do**
　$x^t \leftarrow x^h$, $y^t \leftarrow y^h$
　for each $m \in \{-1,0,1\}$ **do**
　　for each $n \in \{-1,0,1\}$ **do**
　　　if $f_S(x^h+m, y^h+n) > f_S(x^t, y^t)$ **then**
　　　　$x^t \leftarrow x^h+m$, $y^t \leftarrow y^h+m$
　　　end if
　　end for
　end for
　$x^h \leftarrow x^t$, $y^h \leftarrow y^t$
end while

如前文所述，在远红外图像上人体由于体温的因素相对较亮，但是这一特性容易受到衣着的影响。人体躯干定位在行人行走的基础上，充分利用相对鲁棒的行人头部定位信息，通过对头部与躯干的偏移量估计实现躯干的定位。受 Lee 等[158] 的研究启发，人体躯干定位首先依据头部定位的结果划分了躯干的感兴趣区域。通过躯干感兴趣区域中各个像素垂直投影得到躯干感兴趣区域的累加直方图。图 8-5 展示了躯干感兴趣区域与头部定位结果相对于头部中心的位置。其中，点表示头部定位的结果，方框区域表示躯干感兴趣区域。

现有的研究通常取累加直方图中的最大值对应的 x 坐标作为躯干的水平偏移量。与现有的算法不同，本节提出的算法取累加直方图中从大到小排名前 50% 的值所对应的 x 坐标的均值作为躯干的水平偏移量 x^o。通过累加直方图中多个能量较强的位置的加权抑制了杂乱背景所带来的噪声的影响。最后，人体躯干的中心位置可以通过下式获得：

$$(x^b, y^b) = (x^h + x^o, y^h + h_2/2) \tag{8-4}$$

式中，h_2 表示人体躯干的高度，其取值为 $\lfloor 3h/8 \rfloor$。此外，人体躯干定位根据人体模型的研究[158] 对估计的人体躯干的中心位置增加了一个约束：头部中心位置与躯干中心位置的连线与垂线之间的夹角不大于 12°。一旦该约束不满足，人体躯干的水平偏移量 x^o 将被置为零，并重新计算人体躯干的中心位置。

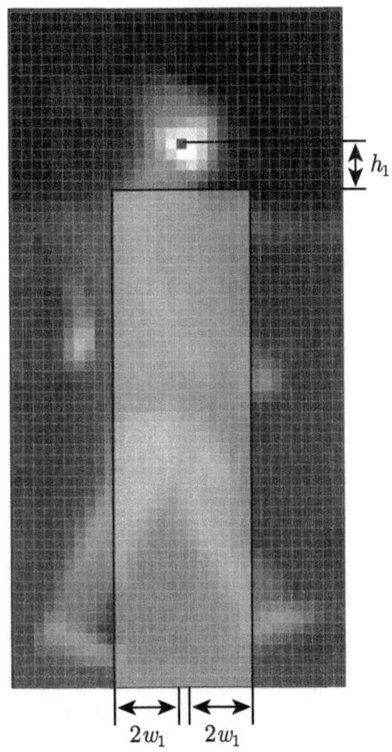

图 8-5　人体躯干的感兴趣区域示意图

下面介绍三分图的生成方式。行人三分图依据上述步骤所获得的人体头部及躯干的中心停靠各个部位的三分图模板产生。初始的三分图设置为标准化后图像同样大小的取值全为 0 的单通道图像。将头部的三分图模板及躯干的三分图模板的锚点分别与估计的人体头部中心位置及人体躯干中心位置对齐。人体下肢三分图模板的锚点则对齐到估计的躯干中心点。

头部、躯干及下肢的三分图模板如图 8-6 所示。其中，模板中的锚点用星号表示。当模板区域重合的时候保留较大值。例如，白色与灰色重合时保留白色，灰色与黑色区域重合时保留灰色。

2. 远红外图像抠图

远红外图像抠图的研究目标是利用远红外图像及其对应的三分图生成可提供清晰轮廓特征的抠图透明度遮罩。通过远红外图像抠图，行人区域得到增强，而无关的杂乱背景区域则得到有效抑制，从而为行人分类提供清晰的行人轮廓。

如图 8-7 所示，基于传播的抠图算法在传播透明度过程中容易受噪声的干扰，导致行人的腿部不能得到较好的提取；而基于采样的抠图算法在噪声干扰的情况下依然能提供高质量的抠图透明度遮罩；而基于机器学习的抠图算法由于缺少训练数据，不适用于该任务。

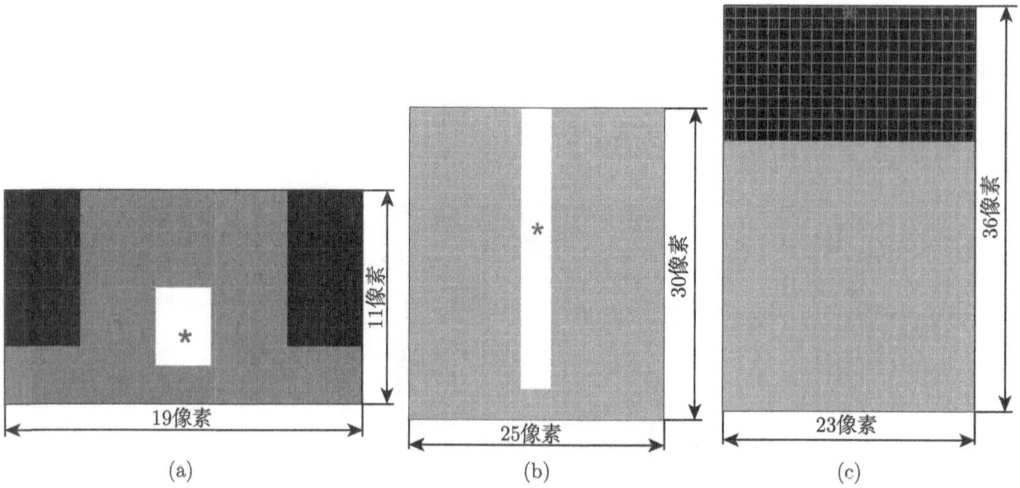

图 8-6 三分图生成中所用到的人体头部、躯干及下肢三分图模板
(a) 头部三分图模板；(b) 躯干三分图模板；(c) 下肢三分图模板。

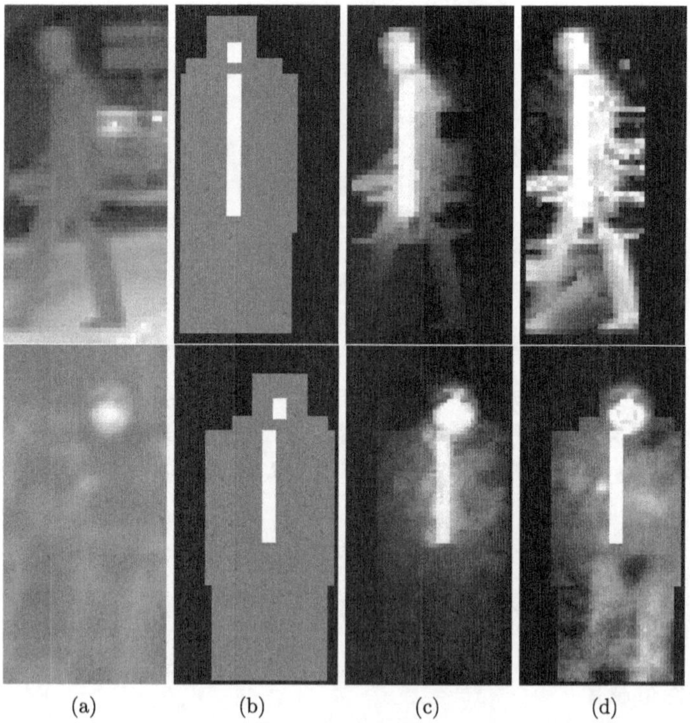

图 8-7 带干扰情况下基于传播的抠图算法与基于采样的抠图算法获得的抠图透明度遮罩对比
(a) 红外图像；(b) 三分图；(c) 基于传播的抠图算法（K 近邻抠图算法[130]）所获得的抠图透明度遮罩；(d) 基于采样的抠图算法（基于全局采样的抠图算法[19]）所获得的抠图透明度遮罩。

远红外图像抠图中，在抠图速度与抠图精度之间权衡后选择了 He[19] 等提出的基于全局采样的抠图算法。该算法包括已知像素采样、前景背景像素对评价及透明度估计三个步骤。

在已知像素采样中，只有落在已知区域边缘上的像素被采集为样本。对于彩色可见光图像，最优的前景背景像素对往往由于没有落在已知区域的边缘上而没有被采集为样本，造成最优前景背景像素对丢失问题。然而，该问题在远红外图像中不容易发生。远红外图像由于成像原理不同分辨率远小于彩色可见光图像。低分辨率造成更大比例的已知像素将会落在已知区域的边缘区域。此处以 Rhemann 等[96] 提出的抠图基准数据集中名为 GT01 的图像为例进行说明。该彩色图像分辨率为 800×497 像素，三分图已知前景区域包含 2372 个像素，1.1% 落在前景区域的边缘。若将该图像及三分图缩放到与标准化后的图像一致的 32×64 像素的大小，则缩放后的三分图的已知前景区域包含 172 个像素，15.7% 落在已知前景区域的边缘。由于已知区域的边缘所覆盖的像素比例大幅提高，最优前景背景像素对丢失问题在远红外图像中可得到有效缓解。

将采样所获得的前景样本集合与背景样本集合做笛卡儿积可得到前景背景像素对候选集合 $\varGamma$，通过前景背景像素对评价函数对每个候选像素对进行评价从而选出最优的前景背景像素对。由于远红外图像无法提供颜色或纹理信息，针对彩色可见光图像设计的前景背景像素对评价函数不能直接应用于远红外图像。因此，在远红外图像抠图中，在基于全局采样的抠图算法的目标函数的基础上提出了面向远红外图像抠图的前景背景像素对评价函数：

$$\varepsilon = \varepsilon_i + \varepsilon_s \tag{8-5}$$

式中，ε_i 与 ε_s 分别表示亮度失真与空间代价。两者的定义如下：

$$\varepsilon_i = |i^{(U)} - (\hat{\alpha} i_k^{(F)} + (1-\hat{\alpha}) i_k^{(B)})| \tag{8-6}$$

$$\varepsilon_s = \frac{\left\| s^{(U)} - s_k^{(F)} \right\|}{\min\limits_{j=1}^{|\varGamma|} \left\{ \left\| s^{(U)} - s_j^{(F)} \right\| \right\}} + \frac{\left\| s^{(U)} - s_k^{(B)} \right\|}{\min\limits_{j=1}^{|\varGamma|} \left\{ \left\| s^{(U)} - s_j^{(B)} \right\| \right\}} \tag{8-7}$$

式中，$i^{(U)}$ 和 $s^{(U)}$ 分别表示给定的未知像素的亮度及空间坐标；$i_k^{(F)}$、$i_k^{(B)}$ 分别表示候选集 $\varGamma$ 中第 k 个前景背景像素对的前景像素亮度及背景像素亮度；$s_k^{(F)}$、$s_k^{(B)}$ 分别表示候选集 $\varGamma$ 中第 k 个前景背景像素对的前景像素空间坐标及背景像素空间坐标。$\hat{\alpha}$ 表示给定的未知像素的估计的透明度值，其计算方式如下：

$$\hat{\alpha} = \min \left\{ 1, \frac{|i_z^{(U)} - i_k^{(B)}|}{|i_k^{(F)} - i_k^{(B)}| + \epsilon} \right\} \tag{8-8}$$

式中，ϵ 是一个很小的常数，用于避免除零错误。确定了最优的前景背景像素对后即可通过式(8-8)计算出抠图透明度遮罩。

8.1.3 深度红外行人分类工具的结果与分析

基于抠图透明度遮罩的深度红外行人分类利用深度神经网络从基于全自动抠图的红外行人预处理所产生的远红外图像抠图透明度遮罩中学习行人的表征。本节提出的算法假设每个输入的红外图像均包含行人，基于全自动抠图的红外行人预处理作用于每个输入图像。其工作原理如下：当输入图像确实包含行人时，经预处理获得的抠图透明度遮罩中将出现清晰的行人轮廓；当输入图像中不包含行人时，所生成三分图中已知前景区域对应非行人物体，经抠图获得的透明度遮罩中前景物体表现出的轮廓与行人轮廓不相符。利用深度学习分类算法可通过具有清晰轮廓特征的抠图透明度遮罩有效地区分行人目标与非行人目标。

考虑到计算代价过高会影响提出的红外行人分类算法在工业界的应用，本节比较了多个具有代表性的基于深度神经网络的表征学习算法。如表 8-1 所示，网络层数的增加伴随着计算时间及存储空间的增加。经过在分类性能与计算代价之间权衡，基于抠图透明度遮罩的深度红外行人分类算法选用 AlexNet 神经网络[157] 作为行人表征学习算法，并采用预训练模型提高其训练的精度。

表 8-1 现有的三个先进的深度神经网络关键性能指标

深度神经网络	网络层数	预测耗时/s	模型大小/MB
AlexNet[157]	8	0.243	227.5
VGG[36]	16	1.435	537.1
ResNet[40]	152	1.153	241.4

本节通过 5 个实验验证提出的基于全自动抠图增强的红外行人分类算法的有效性。实验在一台配有 Intel Corei5 3.1GHz 处理器及 8GB 内存的计算机上进行。深度神经网络使用 Caffe 平台[160] 实现，提出的自动抠图算法使用 C++语言实现。

实验在三个大型的远红外图像数据集上进行，分别是传感器信息学实验室（laboratory for sensor informatics，LSI）远红外行人数据集[161]、可见光图像与远红外（RGB-image and far-infrared，RIFIR）远红外数据集[162] 及 KAIST 多光谱行人检测基准数据集[163]。其中，LSI 数据集通过车载摄像头采集了 81592 幅远红外图像，每幅图像对应一个行人检测的感兴趣区域，图像大小为 32×64 像素。其中，53598 幅作为训练集，27994 幅作为测试集。训练集包含 10208 幅正样本及 43390 幅负样本，测试集包含 5944 幅正样本及 22050 幅负样本。RIFIR 数据集包含 24395 对由车载摄像头采集的远红外及可见光图像，图像大小为 48×96 像素。RIFIR 数据集中训练集包含 34810 幅图像，其中，9202 幅为正样本，25608 幅为负样本；测试集包含 26477 幅图像，其中，2034 幅为正样本、24443 幅为负样本。KAIST 数据集在 95324 对远红外及可见光图像上标记了 30970 个行人区域（即正样本）。其中 12856 个用于训练，18114 个用于测试，标记的行人区域大小不固定。由于该数据集未提供负样本标记，实验中在不包含行人的远红外图像中随机裁剪两个大小为 32×64 像素的图像，共计 43626 幅图像作为负样本。其中，18882 幅作为训练集的负样本，其余的作为测试集的负样本。值得一提的是，实验中仅使用了远红外图像，可见光图像不参与实验。

实验中采用精度（precision）[164]、召回率（recall）[165]、准确率（accuracy）[166-167] 及 F 值（F-measure）[168] 四个机器学习中常用的评价指标来定量评价不同方法在红外行人分类任务上的性能。评价指标的值越大表示分类器性能越好。

提出的基于全自动抠图增强的红外行人分类算法中 AlexNet 按文献 [157] 中推荐的随机梯度下降方式训练；其中，动量（momentum）设置为 0.9，重量衰减（weight decay）设置为 0.0005。训练中批尺寸（batch size）设置为 32。

首先通过实验讨论基于全自动抠图增强的红外行人分类算法中三分图自动生成所涉及的 λ 参数。

表 8-2 汇总了在 LSI 数据集上提出的基于全自动抠图增强的红外行人分类算法在取不同 λ 值情况下的性能指标。从表中可以发现参数 λ 取值对提出的算法的分类性能影响很小，这说明提出的算法对 λ 参数的设置并不敏感。鉴于在 $\lambda = 3$ 的情况下提出的算法在四个评价指标中的三个评价指标上取得了最佳的性能，接下来的实验中取 $\lambda = 3$。

表 8-2　在 LSI 数据集上基于全自动抠图增强的红外行人分类算法在 λ 取不同值情况下的分类性能定量比较

	λ 取值		
	$\lambda = 1$	$\lambda = 3$	$\lambda = 5$
精度	99.49%	**99.68%**	99.64%
召回率	**99.14%**	99.09%	99.04%
准确率	99.32%	**99.39%**	99.34%
F 值	99.32%	**99.38%**	99.34%

注：表中粗体表示不同 λ 取值中性能最好的结果。

1. 基于全自动抠图增强的红外行人分类算法分类性能验证实验

第一个实验的实验目的是验证提出的基于全自动抠图增强的红外行人分类算法在红外行人分类任务上的性能。

本实验采用四个现有的红外行人分类算法作为性能基准。其中包括两个基于预处理的红外行人分类算法：IPS-AlexNet 与 Minmax-ACF[169] 及三个先进的基于深度神经网络的分类算法：AlexNet[157]、VGG[36] 及 ResNet[40]。其中，IPS-AlexNet 通过使用文献 [170] 中提出的自动红外行人分割结果预处理结果作为 AlexNet 分类器的输入而产生的红外行人分类算法。

各个分类器的阈值通过在接收器工作特性（receiver operating characteristic，ROC）曲线上选择最大化下方面积（area under curve）的点方式计算得到。在 LSI 数据集中提出的算法、IPS-AlexNet 、MinMax-ACF、AlexNet、VGG、ResNet 的阈值分别为 0.24612、0.47312、0.5、0.18546、0.03798 和 0.61626。在 RIFIR 数据集中提出的算法、IPS-AlexNet、MinMax-ACF、AlexNet、VGG、ResNet 的阈值分别为 0.57476、0.13596、0.5、0.00164、0.00010 及 0.00386。在 KAIST 数据集中，提出的算法、IPS-AlexNet、MinMax-ACF、AlexNet、VGG、ResNet 的阈值分别为 0.29234、0.29156、0.5、0.20496、0.11554 及 0.30958。

表 8-3 汇总了基于全自动抠图增强的红外行人分类算法在 LSI、RIFIR 及 KAIST 数据集上与 5 个现有的红外行人分类算法的分类性能定量比较结果。从表中可以发现，本节提出的基于全自动抠图增强的红外行人分类算法在三个数据集上几乎所有的性能指标均取得了优于其他分类算法的结果。这说明了提出的算法在红外行人分类任务中具有更好的分类性能。实验进一步比较了提出的算法和其性能最近的 ResNet 在多次试验下的平均性能指标。平均性能指标通过重复 5 次实验并对每一个性能指标计算均值与

标准差的方式获得。与 ResNet 相比，提出的算法四个性能指标的均值更高且标准差更小，表示提出的算法不仅获得了更好的红外行人分类性能，而且训练结果较 ResNet 稳定。该实验结果进一步证明了提出的基于全自动抠图增强的红外行人分类算法在红外行人分类任务中的有效性。

表 8-3　基于全自动抠图增强的红外行人分类算法在 LSI、RIFIR 及 KAIST 数据集上与 5 个现有的红外行人分类算法的分类性能定量比较

性能指标(数据集)	提出的算法	IPS-AlexNet [170]	MinMax-ACF [169]	AlexNet [157]	VGG [36]	ResNet [40]
精度(LSI)	**99.61%** (99.68% ± 0.13%)	92.49%	99.50%	97.78%	95.76%	97.96% (99.21% ± 0.76%)
召回率(LSI)	99.33% (99.06% ± 0.18%)	81.63%	74.16%	99.26%	99.14%	**99.38%** (98.65% ± 0.77%)
准确率(LSI)	**99.77%** (99.43% ± 0.19%)	87.50%	94.43%	99.36%	98.89%	99.43% (99.09% ± 0.37%)
F 值(LSI)	**99.47%** (99.37% ± 0.07%)	86.72%	84.98%	98.51%	97.42%	98.66% (98.93% ± 0.35%)
精度(RIFIR)	97.05%	87.93%	76.47%	90.51%	**97.41%**	94.73%
召回率(RIFIR)	**98.72%**	90.22%	84.66%	92.82%	94.40%	96.41%
准确率(RIFIR)	**97.86%**	88.92%	96.82%	91.55%	95.94%	95.53%
F 值(RIFIR)	**97.88%**	89.06%	80.35%	91.65%	95.88%	95.57%
精度(KAIST)	**98.36%**	86.33%	95.16%	94.29%	93.06%	93.47%
召回率(KAIST)	**95.05%**	77.82%	73.78%	94.32%	92.99%	94.98%
准确率(KAIST)	**96.73%**	82.75%	87.33%	94.31%	93.03%	94.17%
F 值(KAIST)	**96.68%**	81.85%	83.11%	94.31%	93.02%	94.22%

注：提出的算法及与其性能最接近的 ResNet 在 LSI 数据集中重复运行了 5 次实验以获得性能指标的均值及标准差，表示方式为（均值 ± 标准差）；粗体表示 6 个算法中性能最好的结果。

2. 基于全自动抠图的红外行人预处理带来的分类性能提升分析

第二个实验用于讨论提出的算法获得性能提升的原因。由于提出的算法所采用的 AlexNet 神经网络的结构与经典 AlexNet 是完全一样的，区别在于经典 AlexNet 采用原始的远红外图像作为输入，而提出的算法采用了基于全自动抠图的红外行人预处理所产生的抠图透明度遮罩作为 AlexNet 网络的输入。因此其性能提升是由基于全自动抠图的红外行人预处理所生成的抠图透明度遮罩带来的。

考虑到行人在远红外图像中呈现的亮度随天气及季节的变化而变化，这是红外行人分类的重要挑战，实验中采用了三种类型的数据：第一类是整个行人区域都比背景亮的正样本图像；第二类是部分行人区域比背景暗的正样本图像；第三类是不包含行人的负样本图像。图 8-8 展示了提出的基于全自动抠图增强的红外行人分类算法中 AlexNet 的输入图像（即抠图透明度遮罩）与经典 AlexNet 输入图像（即原始的远红外图像感兴趣区域）的

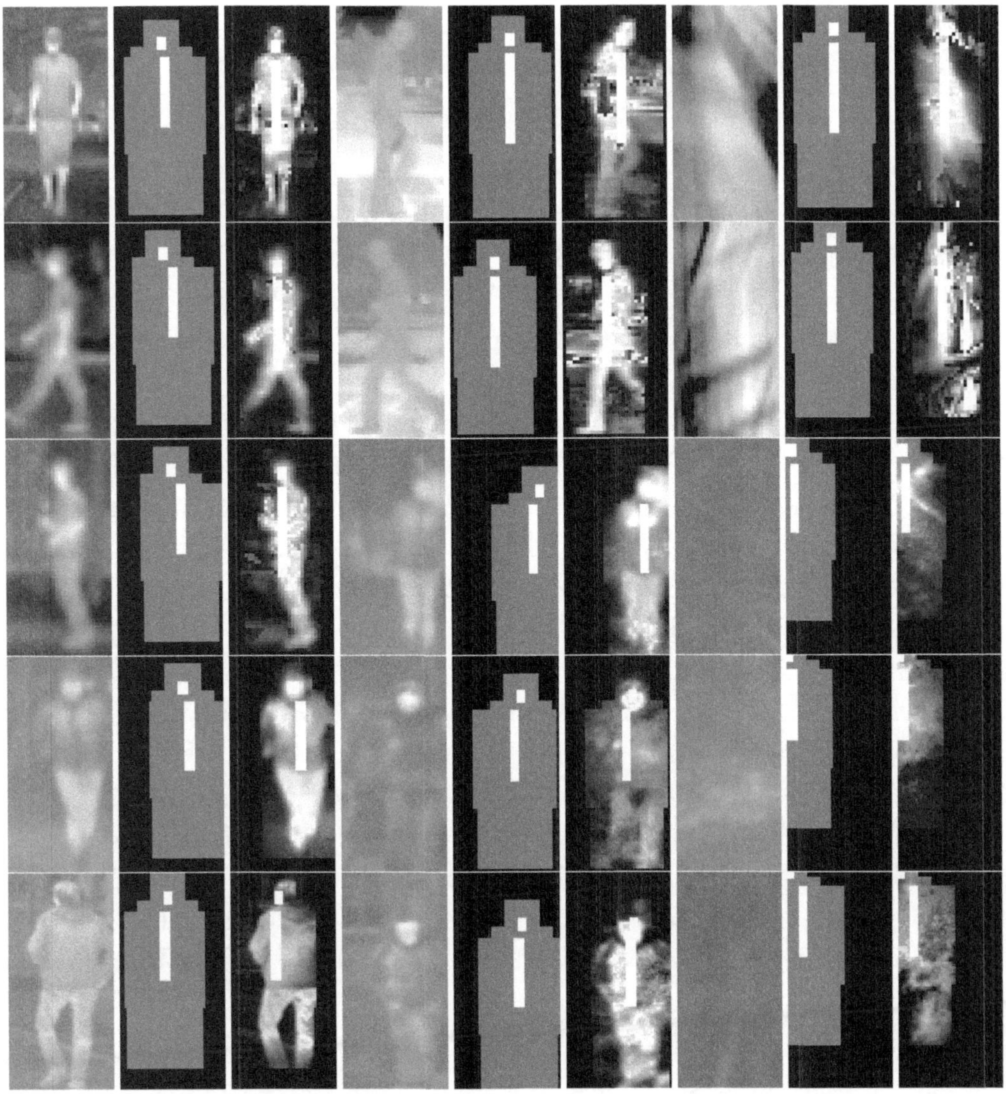

图 8-8　提出的基于全自动抠图增强的红外行人分类算法中 AlexNet 的输入图像（即抠图透明度遮罩）与经典 AlexNet 输入图像（即原始的远红外图像感兴趣区域）的对比

(a) 行人区域比背景区域亮的正样本样例；(b)、(e)、(h) 红外行人三分图自动生成算法分别在 (a)、(d) 和 (g) 上生成的三分图；(c)、(f)、(i) 基于全自动抠图的红外行人预处理分别在 (a)、(d) 和 (g) 上计算得到的抠图透明度遮罩图像数据来源于 LSI[161] 及 RIFIR[162] 数据集；(d) 部分行人区域比背景区域暗的正样本样例；(g) 负样本。

对比。从图 8-8(c)、(f) 可以发现，经过基于全自动抠图的红外行人预处理后得到的抠图透明度遮罩中，行人的轮廓得到显著增强，而杂乱的背景得到了有效抑制。即使在部分行人区域比背景暗的样例中，本节提出的预处理算法依然能输出一致的增强行人且抑制背景的预处理结果。在负样本中，预处理获得的抠图透明度遮罩中呈现出的清晰的轮廓特征与行人有明显差别，如图 8-8(i) 所示。这是由于生成的三分图上已知前景区域对应于非行人物体，抠图透明度遮罩中所提取的前景为非行人物体，其轮廓与行人存在差别。由于提出的预处理算法对不同情况下的正样本、负样本均能输出具有显著轮廓特征的抠图透明度遮罩，因此本节提出的分类算法能从预处理结果中准确地分辨行人与非行人目标。经典的基于深度神经网络的分类算法则可能因为行人亮度的变化造成分类错误。

3. 基于全自动抠图的红外行人预处理对深度学习分类算法性能的影响分析

第三个实验的目的是验证本节提出的基于全自动抠图的红外行人预处理是否能帮助深度神经网络提升红外行人分类性能。本实验涉及两类红外行人分类算法：基于全自动抠图的红外行人预处理的深度神经网络分类算法及经典的深度神经网络分类算法。

本实验使用 ROC 曲线作为性能指标。ROC 曲线描述了不同阈值下的分类器的真阳率（true positive rate）及假阳率（false positive rate）。真阳率越高、假阳率越低表示分类性能越好。

图 8-9 ～ 图 8-11 分别展示了基于全自动抠图的红外行人预处理的深度神经网络分类算法及经典的深度神经网络分类算法在三个数据集上的 ROC 曲线对比。图中实线表示基于全自动抠图的红外行人预处理的深度神经网络分类算法，虚线表示经典的神经网络分类算法。相同颜色表示采用的深度神经网络结构相同。三个基于全自动抠图的红外行人预处理的深度神经网络分类算法在 LSI 及 RIFIR 数据集上，曲线下面积（area under the curve，AUC）指标均优于采用相同深度神经网络的经典方法，而且在假阳率较低的情况下基于全自动抠图的红外行人预处理的深度神经网络分类算法的真阳率显著高于对应的经典深度神经网络分类算法。该实验结果可以归因于提出的基于全自动抠图的红外行人预处理增强了红外图像前景目标的轮廓特征，抑制了杂乱的背景，为不同远红外图像上的行人目标提供了一致的标准化增强，有助于行人与非行人之间的分辨。因此基于全自动抠图的红外行人预处理的深度神经网络分类算法获得了更好的分类性能。该实验结果进一步说明了基于全自动抠图的红外行人预处理算法可以有效提高深度神经网络的性能。值得一提的是，在 KAIST 数据集的实验中，基于全自动抠图的红外行人预处理的 ResNet 在假阳率低于 0.068 的情况下真阳率高于经典的 ResNet，而

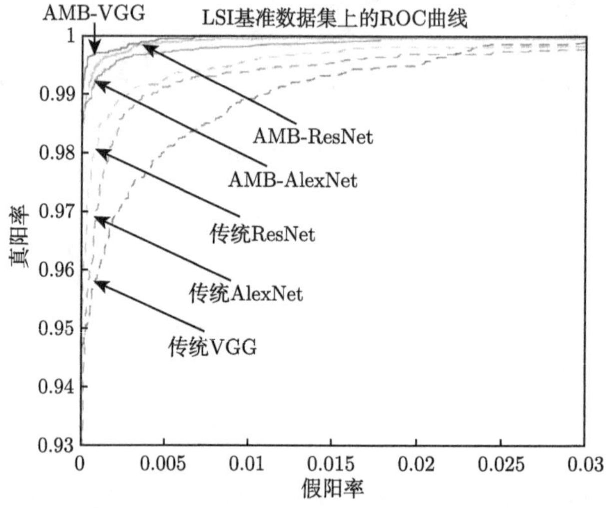

图 8-9　基于全自动抠图的红外行人预处理的深度神经网络分类算法及经典的神经网络分类算法在 LSI 数据集上获得的 ROC 曲线对比

当假阳率高于 0.068 时其真阳率低于经典的 ResNet。网络层数更深的基于全自动抠图的红外行人预处理的 ResNet 在 KAIST 数据集上的分类性能不如基于全自动抠图的红外行人预处理的 VGG 及基于全自动抠图的红外行人预处理的 AlexNet，而在 LSI 及 RIFIR 数据集上其性能优于其余两个基于全自动抠图的红外行人预处理的深度神经网络分类算法。由于三个基于全自动抠图的红外行人预处理的算法均使用相同的数据训练与测试，这个现象可以归因于 KAIST 数据集的复杂性及 ResNet 网络层数过深带来的训练上的困难。一方面 KAIST 数据集上正样本的尺寸较小且尺寸不一，给深度神经网络学习红外行人的表征信息带来了困难。另一方面 ResNet 包含 152 个神经层，在复杂数据集上的训练过程容易陷入局部最优解。

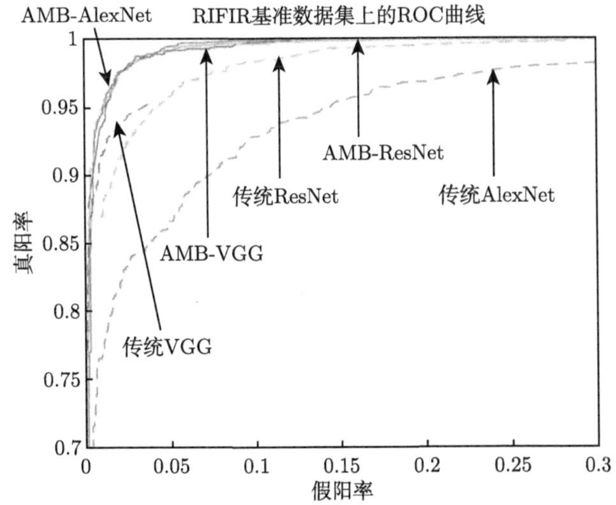

图 8-10　基于全自动抠图的红外行人预处理的深度神经网络分类算法及经典的神经网络分类算法在 RIFIR 数据集上获得的 ROC 曲线对比

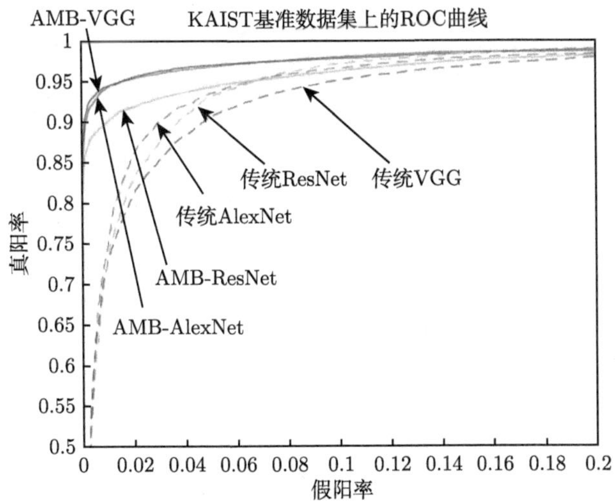

图 8-11　基于全自动抠图的红外行人预处理的深度神经网络分类算法及经典的神经网络分类算法在 KAIST 数据集上获得的 ROC 曲线对比

为了量化基于全自动抠图的红外行人预处理的深度神经网络分类算法与经典的深度神经网络分类算法的性能差异，本实验进一步采用了精度、召回率、准确率、F 值四个评价指标对两类方法在三个数据集上的分类性能进行定量对比。各个分类器的阈值通过在 ROC 曲线上选择最大化下方的面积的点的方式计算得到。经典的深度神经网络分类算法及基于全自动抠图的红外行人预处理的 AlexNet 的阈值设置与实验一相一致。基于全自动抠图的红外行人预处理的 VGG 算法在 LSI、RIFIR 及 KAIST 数据集上的阈值设置分别为 0.00722、0.96278 及 0.28288。基于全自动抠图的红外行人预处理的 ResNet 算法在 LSI、RIFIR 及 KAIST 数据集上的阈值设置分别为 0.46972、0.62296 及 0.30958。实验结果如表 8-4 ～表 8-6 所示。

表 8-4 基于全自动抠图的红外行人预处理的深度神经网络分类算法与经典的深度神经网络分类算法在 LSI 数据集上的定量红外行人分类性能比较

算法	精度	召回率	准确率	F 值
基于全自动抠图的红外行人预处理的 AlexNet	**99.61%**	99.33%	**99.77%**	**99.47%**
基于全自动抠图的红外行人预处理的 VGG	98.89%	99.68%	99.69%	99.28%
基于全自动抠图的红外行人预处理的 ResNet	98.85%	**99.83%**	99.72%	99.34%
经典的 AlexNet [157]	97.78%	99.26%	99.36%	98.51%
经典的 VGG [36]	95.76%	99.14%	98.89%	97.42%
经典的 ResNet [40]	97.96%	99.38%	99.43%	98.66%

注：粗体表示算法中性能最好的结果。

表 8-5 基于全自动抠图的红外行人预处理的深度神经网络分类算法与经典的深度神经网络分类算法在 RIFIR 数据集上的定量红外行人分类性能比较

算法	精度	召回率	准确率	F 值
基于全自动抠图的红外行人预处理的 AlexNet	97.05%	**98.72%**	**97.86%**	**97.88%**
基于全自动抠图的红外行人预处理的 VGG	**98.02%**	97.59%	97.81%	97.81%
基于全自动抠图的红外行人预处理的 ResNet	97.79%	97.74%	97.76%	97.76%
经典的 AlexNet [157]	90.51%	92.82%	91.55%	91.65%
经典的 VGG [36]	97.41%	94.40%	95.94%	95.88%
经典的 ResNet [40]	94.73%	96.41%	95.53%	95.57%

注：粗体表示算法中性能最好的结果。

如上述表所示，除基于全自动抠图的红外行人预处理的 ResNet 在 KAIST 数据集上召回率指标不如经典的深度神经网络分类算法外，基于全自动抠图的红外行人预处理的深度神经网络分类算法在几乎所有的性能指标中均优于对应的经典算法。ROC 曲线及定量对比分析结果均表明通过提出的全自动抠图的红外行人预处理算法增强，深度神经网络的红外行人分类性能可以得到有效提高。基于全自动抠图的红外行人预处理的 AlexNet（即提出的基于全自动抠图增强的红外行人分类算法）在 LSI 数据集上精度、准确率及 F 值指标，在 RIFIR 数据集上的精度、准确率及 F 值指标，在 KAIST 数据集上的精度指标，均优于其余所有的算法。基于全自动抠图的红外行人预处理的 VGG 算法则在 RIFIR 数据集上的精度指标及在 KAIST 数据集上的召回率、准确率及 F 值均优于其他参与实验的算法。虽然提出的基于全自动抠图增强的红外行人分类算法在 KAIST 数据集上部分性能指标不是最好的，但是在这些指标上与最优的基于全自动抠图的红外行人预处理的 VGG 算法之间的性能差异很小。

表 8-6 基于全自动抠图的红外行人预处理的深度神经网络分类算法与经典的深度神经网络分类算法在 KAIST 数据集上的定量红外行人分类性能比较

红外行人分类算法	精度	召回率	准确率	F 值
基于全自动抠图的红外行人预处理的 AlexNet	**98.36%**	95.05%	96.73%	96.68%
基于全自动抠图的红外行人预处理的 VGG	98.11%	**95.40%**	**96.78%**	**96.74%**
基于全自动抠图的红外行人预处理的 ResNet	96.72%	93.00%	94.92%	94.82%
经典的 AlexNet [157]	94.29%	94.32%	94.31%	94.31%
经典的 VGG [36]	93.06%	92.99%	93.03%	93.02%
经典的 ResNet [40]	94.29%	94.32%	94.31%	94.31%

注：粗体表示算法中性能最好的结果。

4. 基于全自动抠图的红外行人预处理效果对比实验

为了验证本节提出的全自动抠图的红外行人预处理算法的预处理效果，实验对提出的算法及现有的红外行人增强方法的预处理结果进行了比较。实验采用极小极大化增强（min-max enhancement）[169] 及基于顶帽变换的模糊增强（fuzzy enhancement with top-hat transform）[171] 这两个最近提出的红外行人增强方法作为性能基准。实验中使用的数据来源于 LSI 及 RIFIR 数据集。

图 8-12 展示了提出的基于全自动抠图的红外行人预处理算法及现有的红外行人增强算法的预处理结果。其中，前两行为行人区域比背景区域亮的样例，第 3~6 行为行人区域较暗的样例。通过观察图 8-12 可以发现，当远红外图像上行人区域比较亮的时候，三个预处理算法均能提供带有清晰行人轮廓的预处理结果。当行人区域比较暗时，本节提出的预处理算法依然能提供带有清晰行人轮廓的预处理结果，而其余两个预处理算法则未能有效地对行人进行增强处理，其预处理结果不仅带有杂乱的背景，且不能保证行人比背景亮，难以从中分辨出行人。本节提出的预处理算法即使在行人区域比背景暗的情况下依然能提供一致的去除杂乱背景的行人增强结果。这个实验结果解释了本节提出的基于全自动抠图的红外行人预处理算法能有效提高深度神经网络在红外行人分类任务上的性能，而其他预处理算法则未能提高其性能的原因。

为了度量本节提出的全自动抠图的红外行人预处理带来红外行人分类性能提高的同时所带来的计算代价，本实验对基于全自动抠图的红外行人预处理的深度神经网络分类算法及经典的深度神经网络算法的计算耗时及内存消耗进行了对比。实验采用从 LSI 数据集上随机选择的 1000 幅图像作为实验数据。不同算法在 1000 幅图像上的平均耗时及平均最大内存消耗量如表 8-7 所示。

基于全自动抠图的红外行人预处理的 AlexNet 及经典的 AlexNet 消耗的内存最少。与经典的 AlexNet 相比，基于全自动抠图的红外行人预处理的 AlexNet 所消耗的内存量没有增加。这是因为全自动抠图的红外行人预处理与神经网络是串行执行的，而前者在实验中最大仅消耗 2.1MB 的内存。得益于 AlexNet 所涉及的神经层数量较少，基于全自动抠图的红外行人预处理的 AlexNet 及经典的 AlexNet 平均计算耗时远小于其余分类算法。与经典的 AlexNet 相比，基于全自动抠图的红外行人预处理的 AlexNet 的

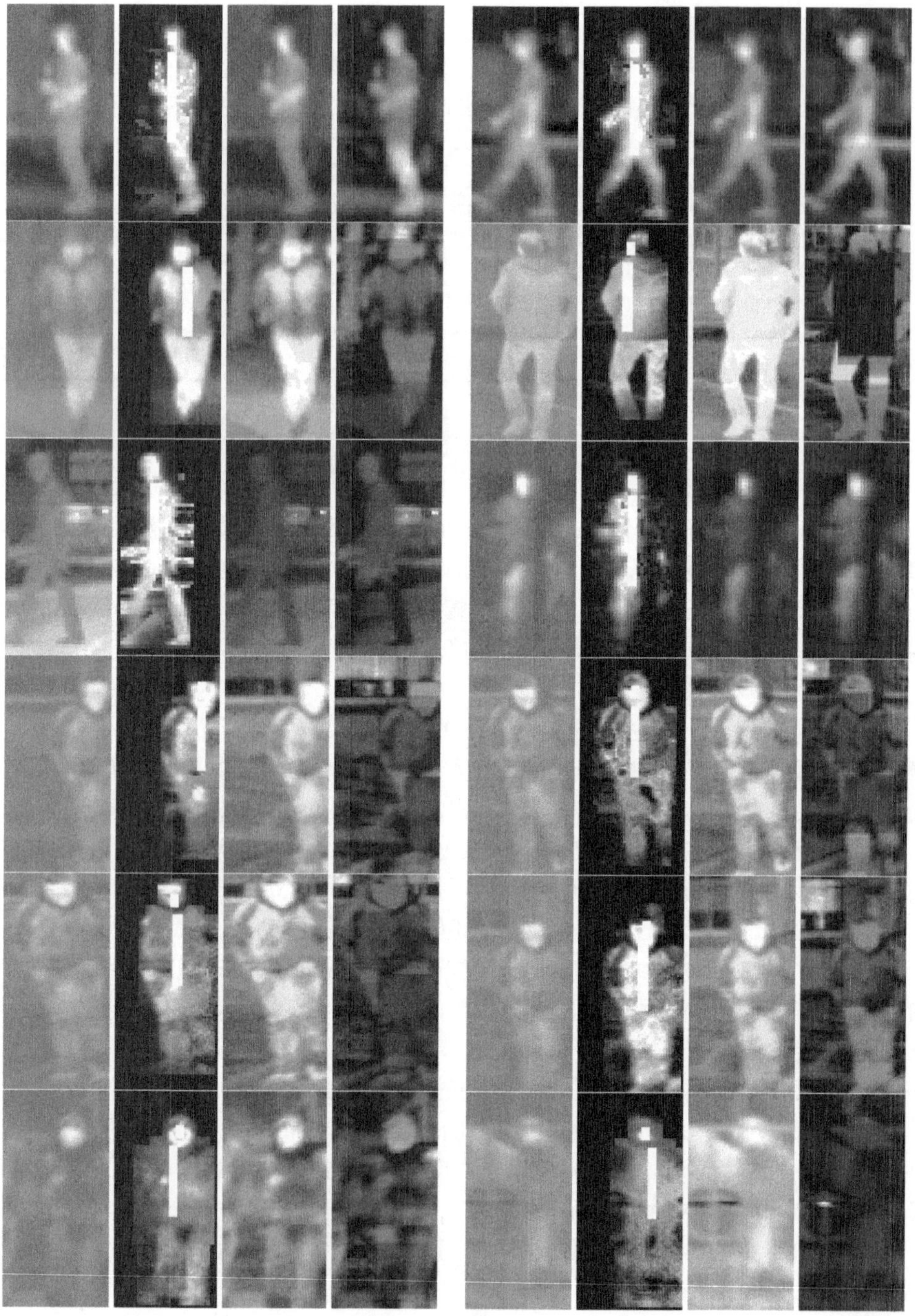

(a)　(b)　(c)　(d)　　(a)　(b)　(c)　(d)

(1)　　(2)

图 8-12　基于全自动抠图的红外行人预处理算法与两个现有的红外行人增强算法的预处理结果比较
(a) 远红外图像感兴趣区域；(b) 基于全自动抠图的红外行人预处理算法的预处理结果；(c) 极小极大化增强[169] 获得的预处理结果；(d) 基于顶帽变换的模糊增强[171] 获得的预处理结果。

平均计算耗时仅增加了不到 0.02s。实验结果说明了，提出的基于全自动抠图的红外行人预处理算法以非常低的计算代价，获得了在红外行人分类性能上的长足进步。值得一提的是，本节提出的基于全自动抠图增强的红外行人分类算法在使用 GPU 加速（GPU 加速实验中使用 NVIDIA GTX1080 显卡）后，平均计算耗时大幅降低，可实现 40 帧/s 的分类速度，完全可满足实时性应用的需要。

表 8-7 基于全自动抠图的红外行人预处理的深度神经网络分类算法及经典的深度神经网络分类算法平均计算耗时及平均最大内存消耗量对比

红外行人分类算法	平均最大内存消耗量/MB	平均计算耗时/s
基于全自动抠图的红外行人预处理的 AlexNet	1051	0.262
基于全自动抠图的红外行人预处理的 VGG	1676	1.454
基于全自动抠图的红外行人预处理的 ResNet	1542	1.175
经典的 AlexNet [157]	1051	0.243
经典的 VGG [162]	1676	1.435
经典的 ResNet [163]	1542	1.153
基于全自动抠图的红外行人预处理的 AlexNet（GPU 加速）	1044	0.025

然而，本节提出的基于全自动抠图增强的红外行人分类算法也存在一些不足。图 8-13 展示了一些基于全自动抠图增强的红外行人分类算法分类错误的例子。基于全自动抠图增强的红外行人分类算法在这些样例中失效的主要原因是这些复杂的例子不满足红外行人三分图自动生成算法的基本假设——正样本中仅有一个行人行走且头部区域较背景区域亮。在图 8-13(a) 中存在两个行人，在红外行人三分图自动生成算法生成的三分图上，一个行人的头部区域被错误标记为已知背景区域，如图 8-13(b) 所示。在图 8-13(e) 中，由于人头定位的偏差在红外行人三分图自动生成算法生成的三分图上，行人的头部区域被错误标记为已知背景区域，而背景中的物体则被标记为前景区域，如图 8-13(f) 所示。在第三个例子 [图 8-13(h)] 对应的三分图上，属于背景的紫色、粉色及红色的物体被部分标记为已知前景区域和已知背景区域。上述例子中，三分图的错误标记导致获得的抠图透明度遮罩不能有效地刻画前景物体的轮廓，造成分类器预测错误，如图 8-13(c)、图 8-13(f) 和图 8-13(i) 所示。

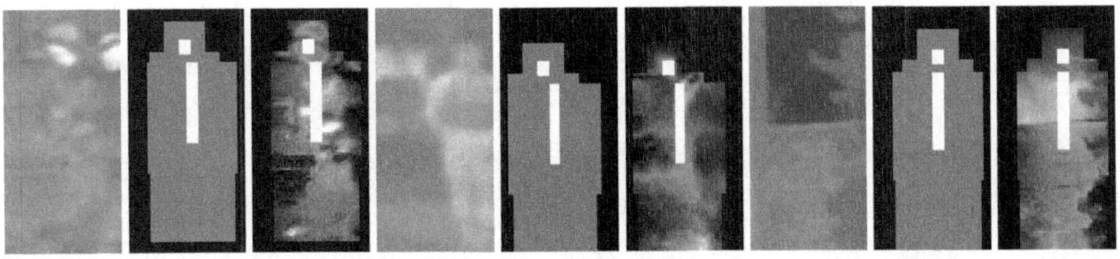

(a) (b) (c) (d) (e) (f) (g) (h) (i)

图 8-13 基于全自动抠图增强的红外行人分类算法分类错误的例子

(a)、(d) 正样本；(g) 负样本；(b)、(e)、(h) 红外行人三分图自动生成算法在 (a)、(d)、(g) 上生成的三分图；(c)、(f)、(i) 基于全自动抠图增强的红外行人分类算法在 (a)、(d)、(g) 上获得的抠图透明度遮罩。

8.2 基于抠图的证件照生成软件

8.2.1 应用需求概述

证件照为证件上用来证明身份的照片，由于证件种类繁多从而导致证件照需求量大。不同的证件所要求的证件照标准不一致，这使得证件照可复用性差。人们往往会因种种因素，如缺乏对证件照拍摄要求的认识、周围环境的限制，导致难于方便快捷地获得符合要求的证件照。这种情况下，人们不得不前往专业的照相馆进行拍摄。最令人头疼的是对底色的不同要求导致人们不得不多次进行证件照拍摄，单一背景色的证件照原件可复用性较差，为了获得不同底色的证件照多次消费，费时费力。

部分人群会使用专业抠图软件为自己的证件照更换底色。抠图使用最广泛的软件是 Adobe Photoshop，简称 PS。该软件是由 Adobe Systems 开发和发行的图像处理软件，主要用于处理由像素构成的数字图像。使用其内置的众多编修与绘图工具，可以有效地进行图片编辑工作。PS 有很多功能，在图像、图形、文字、视频、出版等各方面都有涉及。抠图对于不会使用 PS 的人来说难度系数较高，不易上手，如果仅仅为了给证件照更换底色而去学习功能强大、操作复杂的 PS 软件，学习成本会很高。

综上，证件照换底是一件常见且比较烦琐的事情，传统的证件照换底软件处理速度慢，鉴于此，本节设计实现一款基于加速抠图算法的证件照自动快速换底软件工具。该软件使非图像编辑专业的用户也可以在照片中人物不失真的条件下更换照片的底色，以满足不同证件照的要求。同时，本工具还解放了用户双手，能够全自动对证件照中的人物进行精确提取，最后将提取的人物与新的指定背景颜色合成，达到快速换底的目的。

8.2.2 应用工具的设计与实现

本节提出的加速抠图算法的证件照自动快速换底软件工具是基于超像素关联的抠图算法设计的，该方法的前提假设为图像的平滑性原理，对相邻超像素之间的关联进行挖掘，并设计了一个用于度量超像素之间关联性强弱的评价准则。图 8-14 演示了本节提出的基于超像素关联的加速抠图算法的基本流程，下面对快速换底软件的核心算法进行讲解。

1. 建立超像素关联

超像素是对图像进行分割的一种技术，将原始图像分割为一组相似的像素块，这些像素块在颜色、纹理等方面具有相似性，并且相邻超像素之间有较强的连通性。

针对超像素之间的相似度度量问题，本节提出了一种同时考虑超像素在颜色和距离上的相似度度量算法。该度量算法需要将图像从 RGB 颜色空间转换到 CIELAB 颜色空间进行计算，如图 8-15 所示。与 RGB 颜色空间不同，CIELAB 颜色空间模型根据人对颜色的感觉进行设计。其中分别衡量从绿色到红色的颜色分量和从蓝色到黄色的颜色分量。这种颜色空间模型能表示自然界中的任意一种颜色，因此其所能表示的色彩范围要远大于 RGB 空间。使用 CIELAB 颜色空间模型可以很方便地对图像的亮度和色彩平衡进行数字化的调整。

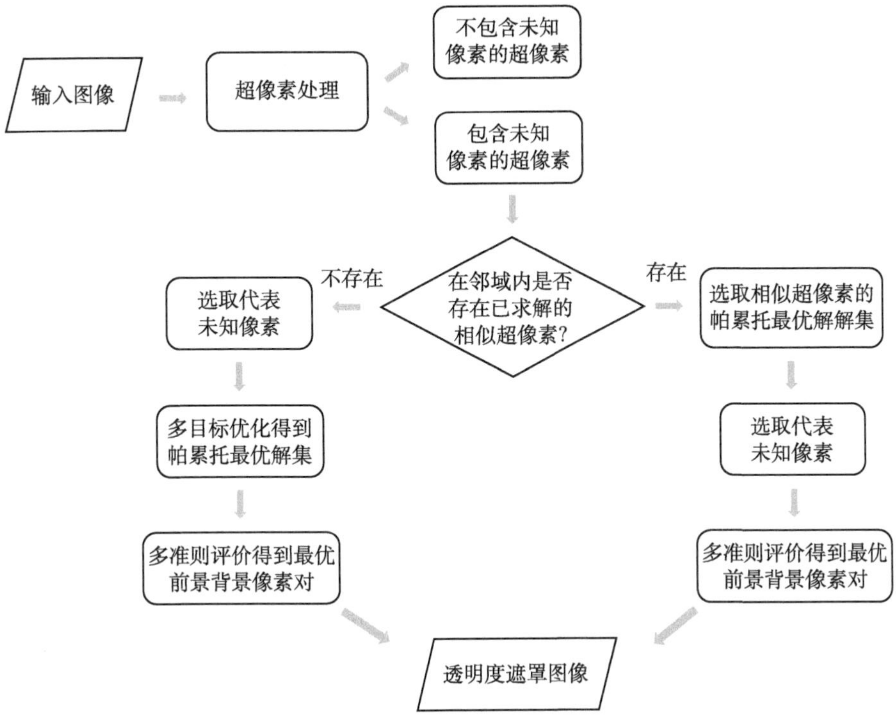

图 8-14 基于超像素关联的加速抠图方法流程图

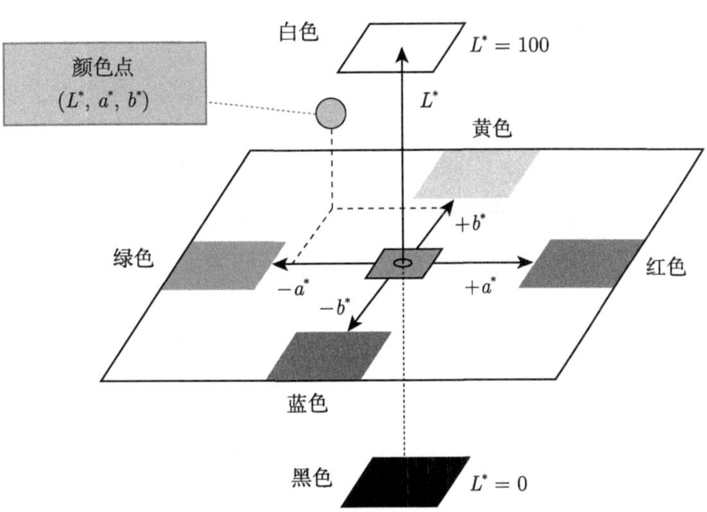

图 8-15 RGB 颜色空间转换到 CIELAB 颜色空间

建立超像素关联的关键步骤如下：给定一个包含未知像素的超像素，将其从 RGB 颜色空间转换为 CIELAB 颜色空间一般需要经过两个阶段：先将 RGB 颜色空间转换为 XYZ 颜色空间，再将 XYZ 颜色空间转换为 CIELAB 颜色空间。获得超像素在 CIELAB 颜色空间下的值后，本节使用超像素中所有像素在各分量上的均值作为该超像素新的颜色值。

假设包含未知像素的所有超像素中第 n 个超像素由 N 个像素组成，则第 n 个超像素的颜色信息 C_n 由式(8-9)计算得到。

$$C_n = \frac{1}{N}\sum_{i=1}^{N} C_{ni} \tag{8-9}$$

式中，$C_{ni} = (L_{ni}, a_{ni}, b_{ni})$ 表示第 n 个超像素所包含的第 i 个像素分别在 CIELAB 颜色空间三个分量上的值，计算超像素中所有像素在三个分量上的颜色平均值构成代表超像素的新的颜色信息 $C_n = (L_n, a_n, b_n)$。超像素的位置信息计算公式如下。

$$p_n = \frac{1}{N}\sum_{i=1}^{N} p_{ni} \tag{8-10}$$

式中，计算结果 $p_n = (x_n, y_n)$ 表示为第 n 个超像素的中心，即其位置信息，$p_{ni} = (x_{ni}, y_{ni})$ 表示第 n 个超像素中第 i 个像素的位置信息，x_{ni} 表示该像素在图像上的 x 坐标，y_{ni} 为其 y 坐标。

在获得超像素的颜色信息和位置信息后，就可以求得两个超像素之间的相似度了。本节将两个超像素之间的相似度定义为带负权重的颜色分量与空间距离的平方和，其计算公式如下：

$$s(i,j) = -\{w_L(L_i - L_j)^2 + w_a(a_i - a_j)^2 + w_b(b_i - b_j)^2 + w_p[(x_i - x_j)^2 + (y_i - y_j)^2]\} \tag{8-11}$$

式中，i 和 j 分别表示为两个超像素的下标，$s(i,j)$ 表示第 i 个超像素与第 j 个超像素之间的相似度，w_L、w_a、w_b 分别代表 CIELAB 颜色空间三个通道上的权重，L_i 和 L_j、a_i 和 a_j、bi 和 b_j 分别表示第 i 个超像素和第 j 个超像素在三个颜色分量上的值，x_i 和 y_i、x_j 和 y_j 分别表示第 i 个超像素和第 i 个超像素的位置信息，w_p 代表其权重。四个权重值类似于对相应分量的惩罚因子，权重越大代表对应分量与超像素之间的相似性关系越大。为了保持 CIELAB 颜色空间与人眼视觉之间的关系，w_L、w_a、w_b 三者的取值需维持一定的平衡。本节将 w_L、w_a、w_b 分别取值为 3、10、10，w_p 取值为 15。

2. 缩减问题规模

与传统超像素内部直接共享最优前景背景像素对的思想不同，本节通过共享相似超像素所对应的部分帕累托解集来减少多目标优化算法执行的次数。图 8-16 显示了本节提出的基于超像素关联的协同多目标优化策略。假设某窗口内包含已求解超像素 A_1、A_2、A_3、A_4，未求解超像素 B_1、B_2，仅包含前景像素和背景像素的超像素未标出。在求解超像素 B_1 时，首先计算它与同组内所有已求解超像素之间的相似性。假设其中 B_1 与 A_1、A_2 不相似，与 A_3、A_4 相似，算法将 A_3 对应的帕累托解集和 A_4 对应的帕累托最优解集各取一半组合为新的帕累托最优解集。算法最后使用多准则前景背景像素对评价对新帕累托最优解集中的所有前景背景像素对进行评价，得出超像素 B_1 的最优解。因此当未求解超像素在窗口内存在相似的其他已求解超像素时，便能够节省单独为该未求解超像素进行多目标优化的时间。

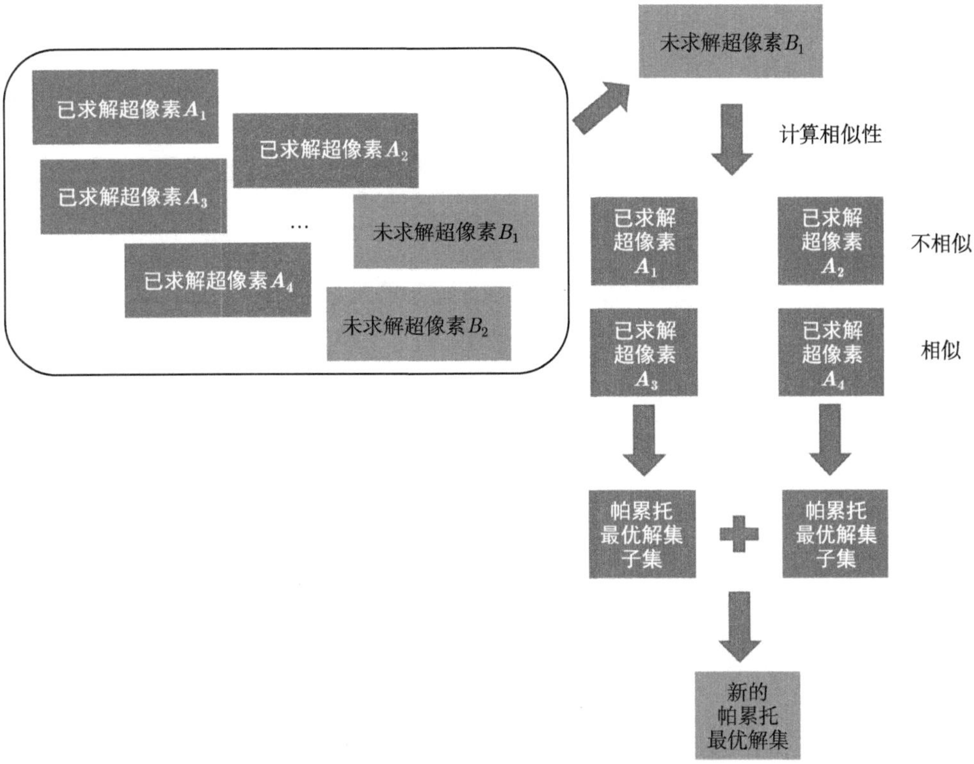

图 8-16　基于超像素关联的协同多目标优化策略

本节没有在所有已求解超像素集合中搜索具有强关联的超像素，而是使用固定尺寸的滑动窗口策略，原因在于考虑图像所具有的局部平滑特性。该特性表现在图像局部区域中的未知像素所对应的最优前景背景像素对之间的差异较小。如果在整幅图像的范围内进行相似超像素的寻找，则有可能错误地将非相邻区域的超像素认定为强关联超像素，导致抠图结果精度的下降。将搜索范围限制在可控的局部窗口内有利于保留透明度遮罩提取结果的精确度。

本节将提出的基于超像素关联的自然图像加速抠图算法应用在证件照自动换底领域。该证件照自动快速换底软件工具的功能性需求及描述如表 8-8 所示，其对该应用工具包含的两个主要功能进行了描述。表 8-9 为本工具的非功能性需求描述。

表 8-8　基于加速抠图算法的证件照自动快速换底软件工具的功能性需求

功能	详细描述
证件照自动快速换底	用户通过上传已有的证件照原件，选择目标底色，无须用户交互，实现证件照自动快速更换底色
自主选择证件照底色	软件需提供常见的证件照底色供用户选择：白底、红底、蓝底、灰底

图 8-17 展示了参与者为用户的用例图。其主要包含三个用例，分别为上传原证件照、选择目标底色、获得目标证件照。

表 8-9　基于加速抠图算法的证件照自动快速换底软件工具的非功能性需求

非功能性需求	详细描述
正确性	需在照片中人物不失真的条件下更换照片的底色，使其符合不同证件照的要求
易用性	换底过程无须与用户进行交互，全自动换底
性能、效率	对于一张输入尺寸为 260×378 像素的证件照，算法总执行时间不超过 4s
用户界面需求	换底过程无须与用户进行交互，全自动换底
安全性	工具不被恶意使用或者攻击进而造成用户信息资产损失

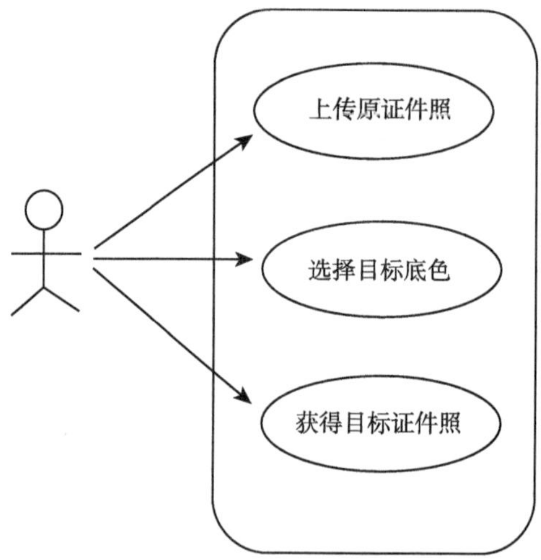

图 8-17　参与者为用户的用例图

3. 总体框架

本节针对该软件的需求分析进行总体的架构设计和工具界面的设计，并详细描述了本软件的具体工作流程。

本应用工具的总体框架如图 8-18 所示。本应用工具考虑到便携性，客户端界面采用 PyQT5 进行图形用户接口（graphical user interface，GUI）的桌面端开发，其优势在于强大的跨平台性。PyQT5 内部提供的原生 API 均基于 C++ 语言，运行效率高。本软件工具的使用主要分为两个步骤，一是使用初始化三分图生成较为精细化的三分图，二是使用原图和三分图作为输入执行证件照快速换底软件算法。

本应用工具的实现建立在事件响应机制的基础上，程序的操作由事件进行驱动。当用户使用本工具时，通过监听鼠标的单击事件将事件送到用于处理的对象中。本应用工具使用信号与槽机制对事件进行处理，这些事件包括上传原证件照、目标底色的选择、生成新证件照和保存到本地。在工具实现过程中，本书选择 Python 脚本作为槽的调用者。当上述事件发生时，与槽相连接的信号会调用相应的 Python 脚本，从而实现证件照的快速换底操作。

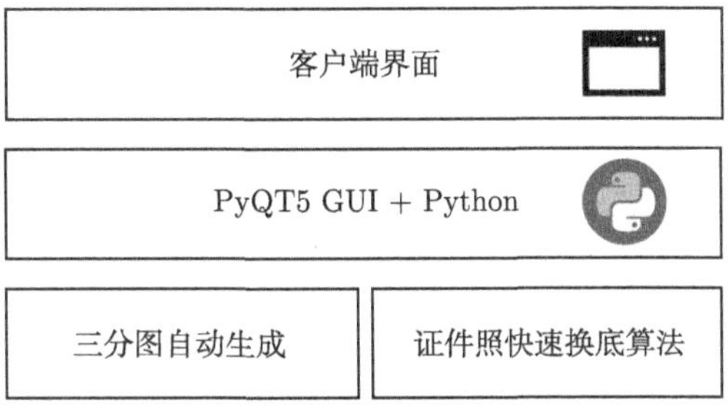

图 8-18　证件照自动快速换底软件工具的总体框架

4. 工作流程

本节所提出的自然图像加速抠图方法是在基于启发式优化抠图算法的基础改进的，作者将其封装为软件开发工具包（software development kit，SDK）。使用本工具所需的硬件设备和软件环境如表 8-10 所示。

表 8-10　证件照自动快速换底软件工具所需的硬件设备和软件环境

硬件设备	软件环境
CPU：推荐 i5-6500 及以上	Opencv 3.4.1
RAM：推荐 8GB 及以上	PyQT5 5.15.1
硬盘空间：推荐 8GB 及以上	Python 3.6
GPU：推荐 NVIDIA GTX 1050 及以上	操作系统：Windows 10, 64 位操作系统

证件照自动快速换底软件工具的工作流程如图 8-19 所示。

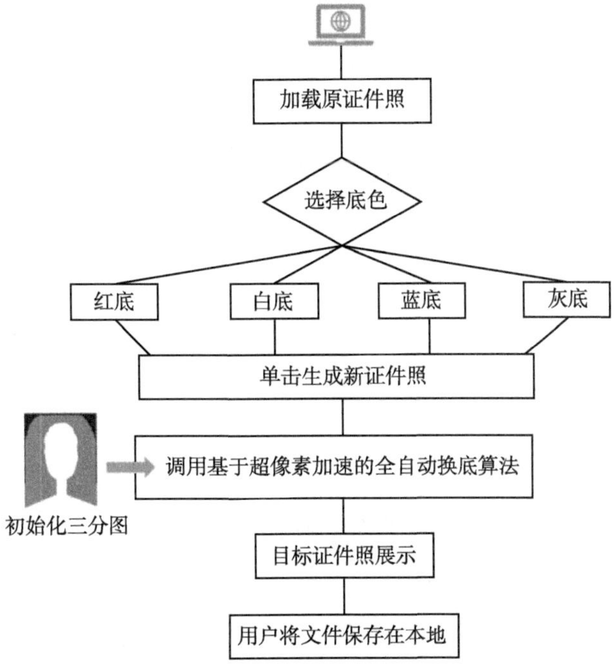

图 8-19　证件照自动快速换底软件工具的工作流程

用户在客户端界面上加载原证件照，加载成功后根据界面提示选择目标底色。目标底色有四种，分别为红底、白底、蓝底和灰底，均为各类证件照中常见的底色。用户单击“生成证件照”按钮调用全自动快速换底算法。全自动快速换底算法首先使用初始化三分图生成精细化三分图，然后生成一张新的符合背景颜色要求的证件照，并在客户端界面的右侧与原证件一起进行展示。如果用户想要生成其他背景色的证件照，可以直接单击四种颜色按钮中的任一个重新进行换底操作。在获得满意的新证件照之后，用户单击“保存照片至”按钮弹出本地文件夹，可将新的证件照保存到本地供用户以后使用。该软件不需要联网，从而保证了用户的隐私。

5. 工具界面展示

图 8-20 展示了该工具的使用界面。界面设计遵循快捷便利的实用原则，整体看上去简洁、清晰、美观。单击图中的方框上传存储在本地的原证件照文件，待上传完成后方框中会进行照片的展示，方框下方可以根据需要选择需要更换的底色。本工具默认将底色更换为蓝色。上传好原始证件照和选择好目标底色之后，用户单击底部的“生成证件照”按钮便可提交请求。

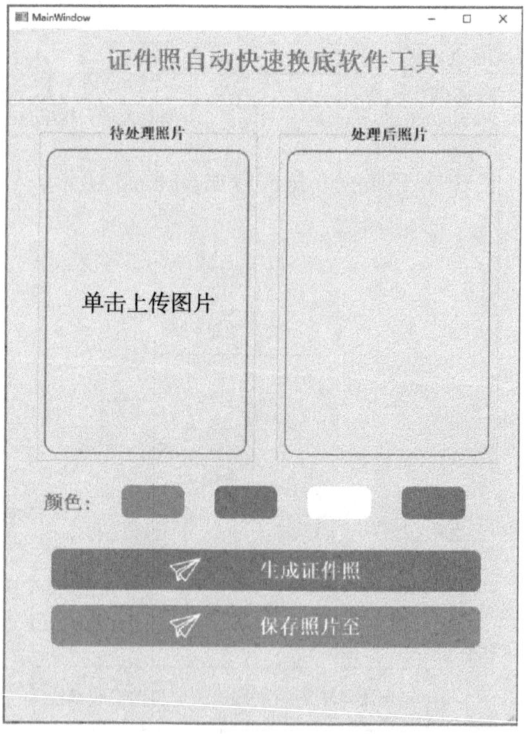

图 8-20　证件照自动快速换底软件工具的使用界面

用户单击上传图片按钮会弹出本地文件选择框，用户选择待处理的证件照后照片会显示在左侧待处理照片框中，同时选择目标背景底色为蓝色。用户单击工具下方的“生成证件照”按钮，软件弹出等待的动画界面。换底后的新证件照会展示在工具右方的处理后照片方框内，此时的软件工具界面如图 8-21 所示。用户可以单击下方的“保存照片至”按钮将新证件照保存到本地。

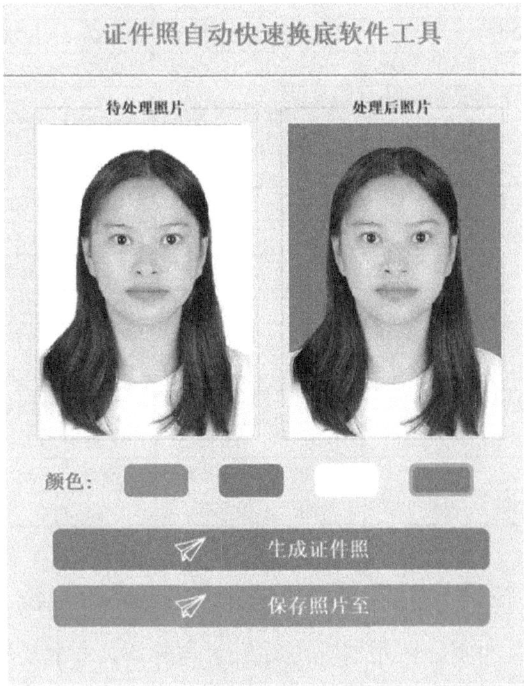

图 8-21　处理后的软件工具界面

表 8-11 展示了本软件工具改进前后在所有自建数据集上的平均运行速度。从实验数据得知，对于一张输入尺寸为 260×378 像素的证件照，原基于启发式优化抠图算法平均需耗时 10.69s 对一张证件照进行抠图换底色操作。在结合加速抠图算法后，平均每张证件照的抠图换底色操作仅需 3.61s，相较于加速前的工具提升了 66.2%。由于获取标准透明度遮罩图像的人力成本较大，本节选择原基于启发式优化抠图工具的透明度遮罩图像作为抠图质量评价的基准，并选取均方误差（MSE）作为评价指标。均方误差反映了工具提速后的抠图质量与提速前抠图质量之间的差异。表 8-12 显示了改进后的抠图算法在所有测试图像上的均方误差。相较于改进前的抠图结果，提速后的抠图结果的平均均方误差为 0.02195。该实验结果表明提速后的抠图质量与提速前相比差异较小，平均每个未知像素的透明度遮罩预测的差异控制在 0.15 以下，在平均意义上验证了本节提出的加速抠图方法对证件照换底算法的抠图质量影响较小，达到了实际应用要求。

表 8-11　自动换底软件工具在加速前后的平均运行速度　（单位：s）

加速抠图算法	平均运行时间
原自动换底软件工具	10.69
基于加速抠图的自动换底软件工具	3.61

表 8-12　自动换底软件工具加速后对比加速前的透明度遮罩均方误差

编号	MSE	编号	MSE	编号	MSE	编号	MSE	编号	MSE
S01	0.02533	S16	0.01228	S31	0.06376	S46	0.002797	S61	0.001384
S02	0.01936	S17	0.01837	S32	0.005489	S47	0.03092	S62	0.0459
S03	0.00628	S18	0.08376	S33	0.01492	S48	0.01922	S63	0.004682
S04	0.01263	S19	0.009366	S34	0.008638	S49	0.002832	S64	0.02622
S05	0.01275	S20	0.007362	S35	0.03762	S50	0.008635		
S06	0.02556	S21	0.04282	S36	0.02837	S51	0.006726		
S07	0.02283	S22	0.02715	S37	0.08792	S52	0.003528		
S08	0.03462	S23	0.006352	S38	0.06376	S53	0.08731		
S09	0.02762	S24	0.008759	S39	0.02733	S54	0.009836		
S10	0.01825	S25	0.009638	S40	0.01526	S55	0.002099		
S11	0.02871	S26	0.007483	S41	0.01425	S56	0.001829		
S12	0.01376	S27	0.01259	S42	0.02834	S57	0.006775		
S13	0.007224	S28	0.02561	S43	0.008735	S58	0.003563		
S14	0.02435	S29	0.02287	S44	0.006391	S59	0.009164		
S15	0.008776	S30	0.009427	S45	0.007237	S60	0.02645		

8.2.3　证件照自动快速换底软件工具的应用结果与分析

本节主要对本工具的实际应用情况进行展示与分析。本节观察并分析了所有测试证件照在原抠图算法和加速改进后的算法下的生成结果，对两者生成的新证件照的细节及平均运行时间进行对比，验证本工具在工程领域的实际作用。

本节所使用的数据集由自行拍摄和网络渠道获得，共获得 64 幅不同背景底色的证件照。实验在一台配有 Intel Corei5 3.1GHz 处理器及 16GB 内存的计算机上进行。图 8-22 展示了人像抠图算法的输入示例，输入包括两部分，一个为用户输入的原证件照，另一个为算法需使用到的初始三分图。

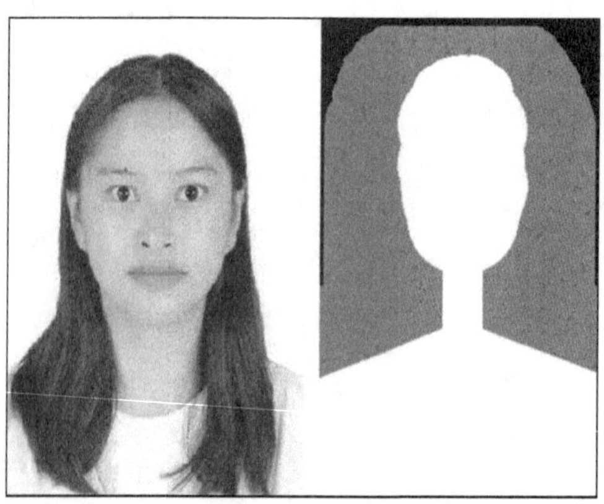

(a)　　(b)

图 8-22　人像抠图算法输入示例

(a) 原证件照；(b) 初始三分图。

本节使用该软件工具对收集到的证件照进行全自动换底操作，将证件照从 S01 编号至 S64。表 8-13 展示了本工具改进前后在每张证件照上的运行时间。

表 8-13　工具提速前后的自动换底时间对比　（单位：s）

证件照编号	S01	S02	S03	S04	S05	S06	S07	S08
加速前	11.23	12.86	14.83	9.03	10.92	7.93	7.22	9.02
加速后	3.89	3.78	4.02	3.64	3.51	7.93	2.29	2.67
证件照编号	S09	S10	S11	S12	S13	S14	S15	S16
加速前	7.98	14.87	12.9	6.32	9.06	10.87	10.36	12.35
加速后	2.98	4.22	3.43	1.17	3.19	3.35	4.21	3.76
证件照编号	S17	S18	S19	S20	S21	S22	S23	S24
加速前	10.34	11.32	12.89	11.03	12.28	11.98	10.23	12.73
加速后	3.92	4.33	4.83	4.74	3.42	4.23	3.1	3.62
证件照编号	S25	S26	S27	S28	S29	S30	S31	S32
加速前	12.23	12.32	10.23	7.34	10.23	7.21	9.34	11.98
加速后	3.45	3.23	4.81	2.52	3.73	2.1	3.12	3.63
证件照编号	S33	S34	S35	S36	S37	S38	S39	S40
加速前	7.76	8.21	10.32	10.89	11.38	10.03	8.94	10.29
加速后	2.8	2.97	3.4	3.92	4.91	4.32	3.1	3.21
证件照编号	S41	S42	S43	S44	S45	S46	S47	S48
加速前	12.76	11.28	11.87	8.3	7.9	11.92	11.23	12.76
加速后	12.76	3.11	4.29	2.83	2.45	4.72	4.39	3.02
证件照编号	S49	S50	S51	S52	S53	S54	S55	S56
加速前	13.43	11.87	10.02	12.98	12.89	12.87	12.76	13.91
加速后	3.34	5.12	2.53	3.61	4.63	3.32	4.4	5.14
证件照编号	S57	S58	S59	S60	S61	S62	S63	S64
加速前	11.13	14.33	12.71	11.02	6.73	9.11	8.34	12.28
加速后	3.27	4.82	4.88	4.3	1.97	3.2	2.94	3.46

本章小结

本章介绍了抠图技术在红外行人分类和证件照自动快速换底两个领域的应用。以红外行人分类任务为例讨论了抠图三分图的自动生成问题，探索了利用红外行人分类领域的专家知识实现面向红外行人目标的三分图自动生成研究思路，扩展了自然图像抠图技术在红外行人分类领域的应用前景。在自然图像抠图的基础上，通过基于人体头部及躯干定位的三分图的自动生成实现了基于全自动抠图的红外行人预处理，并将其与数据驱动的红外行人分类算法有机结合，提出了基于全自动抠图增强的红外行人分类算法。实验结果表明，基于全自动抠图的红外行人预处理可以有效地增强前景的轮廓特征，同时抑制无关的背景，为行人目标提供了一致的显著轮廓特征。基于全自动抠图增强的红外行人分类算法在多个数据集上几乎所有的性能指标均优于现有的数据驱动的红外行人分类算法及专家驱动的行人分类算法。此外，通过将基于全自动抠图的红外行人预处理得到的透明度遮罩作为训练的输入数据，现有的先进深度神经网络在红外行人分类任务上的性能可以得到显著提高，且预处理带来的计算开销非常低。基于全自动抠图的红外行人预处理在红外行人三分图自动生成的基础上通过抠图提供的一致的行人轮廓特性，实现了一种低成本的提升深度神经网络性能的解决方案。

同时，基于本章提出的基于超像素的自然图像加速抠图算法设计了一款证件照自动快速换底软件工具，该软件工具框架主要包括前端界面、PyQT5 框架和基于超像素加速的自然图像抠图算法。本书使用该软件工具在 64 张证件照数据上进行了实验，在结合加速抠图算法后平均每张证件照的运行时间仅需 3.61s，相较于加速前的工具提升了 66.2%，在抠图质量上，提速后的抠图结果平均均方误差为 0.02195，达到了实际应用要求。

图8-7(彩图)　图8-8(彩图)　图8-12(彩图)　图8-13(彩图)　图8-15(彩图)

第 9 章　研究前沿与展望

1. 面临的挑战

目前，自然场景下图像抠图技术的研究已经取得一定的成果，从早期的基于采样和传播的抠图算法，到后来基于采样和传播结合的抠图算法，再到目前基于优化和深度学习的抠图算法，图像抠图的研究已经取得了突出的成果。虽然自然场景下的抠图算法的研究在过去的几十年已在学术界、工业界取得了丰硕的成果，但是其未来发展依然面临着以下几个挑战。

1）复杂场景和细节处理：自然图像中的复杂场景和细节对抠图算法提出了挑战。例如，抠图算法可能在处理复杂的背景纹理、细小的前景边缘或半透明对象时遇到困难。解决这些问题需要进一步改进算法的感知能力和对细节的处理能力。

2）前景–背景语义分割：自然图像抠图通常需要对前景和背景进行准确的语义分割。然而，前景和背景之间的语义边界可能模糊或不明显，这增加了抠图算法的挑战性。改进前景–背景语义分割的准确性和鲁棒性是一个重要的研究方向。

3）实时性和效率：自然图像抠图通常需要处理大尺寸的图像，对实时性和效率提出了要求。在实时应用和移动设备上进行高质量抠图的挑战是如何在保持准确性的前提下提高算法的速度和效率。

4）数据质量和多样性：自然图像抠图算法的性能往往受训练数据的质量和多样性的限制。大规模、高质量的标注数据的获取和标注成本仍然是一个挑战。缺乏多样性的训练数据可能导致算法的泛化能力不足，难以适应新的场景和数据集。

5）鲁棒性和泛化能力：自然图像抠图算法需要具备鲁棒性和泛化能力，能够处理不同光照条件、视角变化、对象形状变化等情况。改进算法的鲁棒性和泛化能力，使其能够适应多样的输入条件，是一个重要的挑战。

6）用户交互和可控性：自然图像抠图通常需要用户进行交互或提供指导，以获得准确的分割结果。如何设计用户友好的交互界面和提供直观的控制方式，以提高用户体验和抠图结果的可控性，是一个具有挑战性的问题。

7）隐私和安全性：自然图像抠图技术也带来了一些隐私和安全方面的挑战。自然图像抠图技术可用于隐私侵犯、虚假信息制作等不当用途。因此，确保自然图像抠图技术的合法、道德和安全使用，需要制定相应的政策和控制措施。

面对这些挑战，未来的研究将集中在改进算法的准确性、效率和泛化能力，提高用户交互和可控性，解决数据质量和多样性的问题，同时也需要关注隐私和安全问题，以推动自然图像抠图技术的发展和应用。因此，自然图像抠图未来的发展趋势集中于以下几点。

2. 发展趋势

1）深度学习模型的改进：深度学习在自然图像抠图中已经取得了显著的成果，但仍有改进的空间。未来的趋势是设计更强大的深度学习模型，以提高自然抠图的准确性和鲁棒性。这可能涉及新的网络架构、更有效的训练策略及更好的数据增强方法。

2）弱监督和无监督学习：传统的自然图像抠图算法通常需要像素级别的标注数据，但这种标注过程耗时且昂贵。未来的发展趋势是利用弱监督学习和无监督学习技术，以降低对标注数据的依赖。这可能涉及使用辅助信息、注释弱监督标签或使用少量的标注数据等方法。

3）多模态抠图：自然图像抠图不仅限于 RGB 图像，还可以利用其他传感器或模态的信息进行辅助。例如，深度图像、红外图像等可以提供额外的深度和纹理信息，有助于更好地区分前景和背景。未来的发展趋势是将多模态信息引入自然图像抠图，从而提高抠图的质量和鲁棒性。

4）实时性和效率：自然图像抠图通常需要处理大尺寸的图像，因此实时性和效率是一个重要的关注点。未来的发展趋势是设计更高效的算法和优化策略，以实现实时抠图的要求，并降低计算资源的需求。

5）跨域和泛化能力：自然图像抠图算法通常在特定数据集上进行训练和评估，对于新的场景和数据集可能泛化能力较差。未来的趋势是关注跨域的抠图算法，能够在不同数据集和场景下表现出良好的泛化能力。

6）用户交互和用户体验：自然图像抠图算法可以通过与用户的交互来进行进一步的改进和调整。未来的发展趋势是改进交互式抠图的用户体验，提供更直观、高效的交互方式，并将人的主观意见融入到抠图结果中。

7）应用领域拓展：自然图像抠图在图像编辑、虚拟现实、增强现实等领域有广泛的应用。未来的发展趋势是将自然图像抠图技术应用到更多的领域中，如计算摄影、医学图像分割、自动驾驶等，以满足不同领域的需求。

这些发展趋势将推动自然图像抠图领域的研究和应用，为图像处理和计算机视觉领域提供更强大和高效的工具及算法。

9.1　关键技术

1）深度学习和卷积神经网络。深度学习技术在自然图像抠图中发挥了重要作用。卷积神经网络（CNN）是目前最常用的深度学习模型，可以学习图像的特征表示，并用于前景–背景分割。通过设计和训练深度学习模型，可以提高抠图的准确性和鲁棒性。

2）前景–背景分割。前景–背景分割是自然图像抠图的核心任务，关键技术包括语义分割、实例分割和边缘检测等。语义分割算法可以将图像上的每个像素分配到前景或背景类别，实例分割算法可以将不同的前景对象分割为独立的实例，而边缘检测算法可以准确提取前景对象的边界。

3）弱监督和无监督学习。减少对精确标注数据的依赖是一个重要的技术方向。弱监督学习和无监督学习方法可以利用辅助信息、弱标签或未标注数据进行训练，从而降低标注数据的需求。这些方法可以通过生成对抗网络（GAN）、自监督学习、半监督学习等技术实现。

4）多模态信息融合。利用多模态信息可以改善自然图像抠图的效果。例如，深度图像、红外图像等辅助信息可用于提取前景–背景边界或处理透明对象。多模态信息融合技术可以将不同模态的信息融合在一起，从而提高抠图的准确性和鲁棒性。

5）注意力机制。注意力机制可以使模型在图像上关注重要的区域，从而提高抠图的准确性。通过引入注意力机制，模型可以自动学习图像上前景和背景的重要性，并将更多注意力放在关键区域上，从而提高抠图的精细度和效果。

6）用户交互和优化。自然图像抠图通常需要用户交互或进行后处理优化。用户交互可以通过交互界面、标记工具等方式提供准确的前景和背景区域，从而指导抠图过程。后处理优化技术，如边缘平滑、填充孔洞等，可以改善抠图的质量。

这些关键技术相互交织并相互影响，共同推动自然图像抠图的发展和进步。随着技术的不断演进，未来还有可能涌现更多创新的关键技术，以改善自然图像抠图的准确性、效率和用户体验。

9.2 应用领域

图像抠图是一种致力于精确提取前景的图像处理技术。该技术是数字图像、数字视频非线性编辑等数字合成技术的基础。传统的色键抠图已在影视传媒行业中得到了广泛的应用。色键抠图为了解决图像抠图问题，研究人员提出了自然图像抠图。自然图像抠图没有指定图像背景的约束，可免去布设纯色幕布的步骤，使得其应用不再局限于摄影棚内，实现了在任意自然场景下的抠图。色键抠图可以认为是自然图像抠图的一种特例；同时，由于自然图像抠图问题先验知识的减少，透明度遮罩估计难度增大。自然图像抠图技术克服了色键抠图布设纯色幕布的局限性，极大地扩大了抠图技术的应用范围。因此，自然图像抠图的研究具有重要的现实意义。目前的应用领域包括以下几类。

1）图像合成[172-173]：自然图像抠图在图像编辑和合成中扮演着重要的角色。通过将前景对象从背景下准确地提取出来，可以实现图像的背景替换、物体复制粘贴、图像合成等编辑效果。自然图像抠图在广告设计、电影后期制作、艺术创作等领域都有广泛应用，如图 9-1 所示。

2）人像美化和社交媒体：自然图像抠图可用于人像美化和社交媒体应用中。通过将人物从原始照片中分割出来，可以实现背景虚化、人像特效、滤镜应用等效果，提升照片的质量和吸引力。这在个人摄影、社交媒体平台等方面很常见，如图 9-2 所示。

3）医学影像处理[174-175]：自然图像抠图技术在医学图像分割中具有重要作用。通过将感兴趣的解剖结构从医学图像中分割出来，可以帮助医生进行病灶检测、手术规划、疾病诊断等，如图 9-3 所示。

4）视频处理和动态效果的生成：通过将视频序列中的前景对象分割出来，可以实现视频背景替换、特效添加、动态合成等效果，如电影特效、视频广告等；以及在包括目标分类、目标跟踪、增强现实在内的高层视觉任务中进行自然图像抠图的应用探索。

5）虚拟数字人：如图 9-4 所示，在虚拟数字人的创建过程中，自然图像抠图可以用于将真实世界中的人物或对象提取出来，作为虚拟数字人的基础。通过抠图技术，可以将人物或对象的外观及动作与虚拟环境进行融合，从而创造出逼真的虚拟数字人。

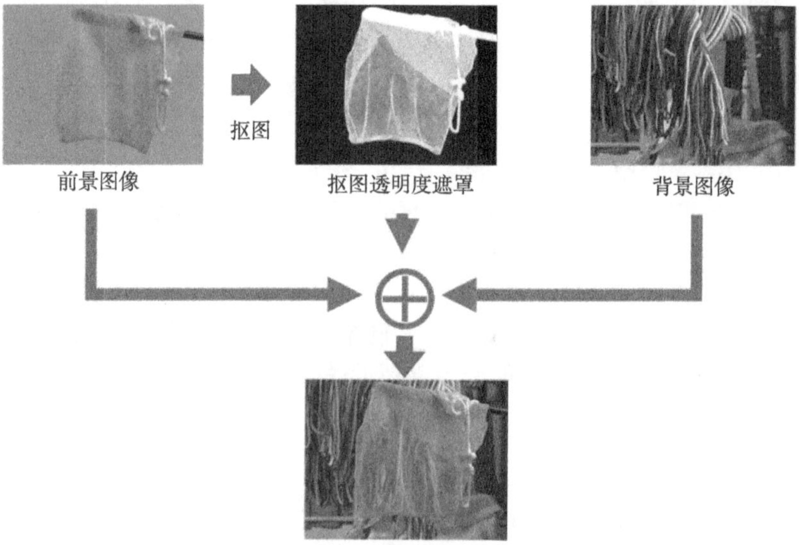

图 9-1 自然图像抠图在图像合成中的应用示例

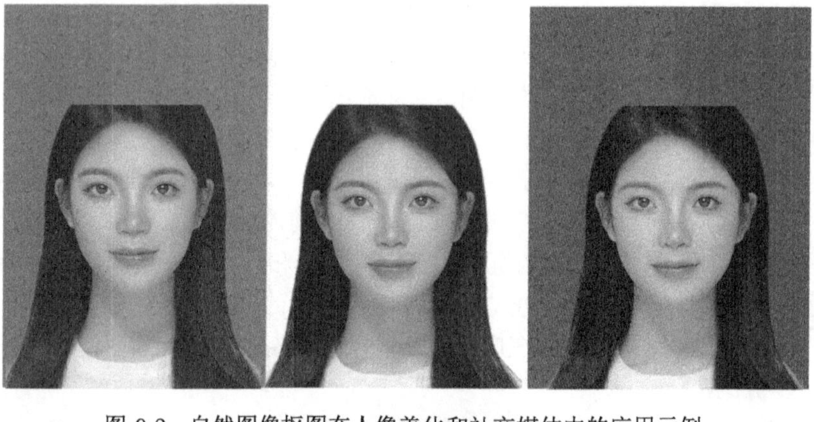

图 9-2 自然图像抠图在人像美化和社交媒体中的应用示例

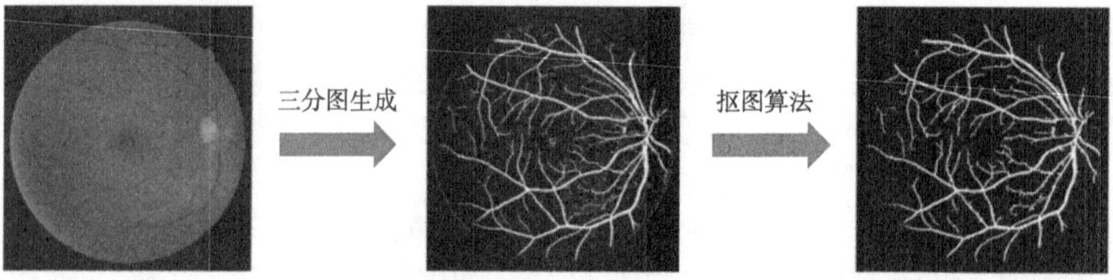

图 9-3 自然图像抠图在医学影像处理中的应用示例

图 9-4　自然图像抠图在虚拟数字人中的应用示例

6）元宇宙等环境的使用：自然图像抠图可用于虚拟角色的个性化定制。用户可以提供自己的照片或图像，通过抠图技术将其提取出来，并应用于虚拟角色的外观设计。这样，用户就可以在元宇宙中扮演自己或与自己相似的虚拟角色了。

本章小结

本章介绍自然图像抠图的发展趋势、关键的技术，以及自然图像抠图的应用领域，探索了自然图像抠图目前存在的问题与挑战，其仍面临的抠图精度不高（即透明度遮罩精度不高）的问题。抠图精度不高的原因在于自然图像抠图任务免去了传统色键抠图布设纯色背景的约束，先验知识的减少造成了抠图精度提升的困难。对于图像抠图的单个任务求解来说，目前的方法的局限性在于使用采样的方法缩小搜索空间，不可避免地会导致最优样本丢失的问题。对于多个任务求解来说，目前的方法局限于对每个任务单独求解，没有充分利用任务间相似的特性，导致算法计算复杂度较高，无法实现快速的自然抠图。因此，作者从多任务优化的研究角度出发，探究快速的图像抠图问题。面对这些挑战，未来的研究将集中在改进算法的准确性、效率和泛化能力，提高用户交互和可控性，解决数据质量和多样性的问题，同时也需要关注隐私和安全问题，以推动自然图像抠图技术的发展和应用。

参考文献

[1] Liang Y, Huang H, Cai Z, et al. Multiobjective evolutionary optimization based on fuzzy multicriteria evaluation and decomposition for image matting[J]. IEEE Transactions on Fuzzy Systems, 2019, 27(5): 1100–1111.

[2] 管宇. 图像和视频的便捷抠图技术研究 [D]. 杭州: 浙江大学, 2008.

[3] Rhemann C, Rother C, Gelautz M. Improving color modeling for alpha matting[C]. British Machine Vision Conference, Ledds, 2008: 1155–1164.

[4] Liang Y, Gou H, Feng F, et al. Natural image matting based on surrogate model[J]. Applied Soft Computing, 2023, 143: 110407.

[5] Porter T, Duff T.Compositing Digital Images[C]//Proceedings of the 11th Annual Conference on Computer Graphics and Interactive Techniques, New York, 1984, 18(3): 253–259.

[6] Rhemann C, Rother C, Wang J, et al. A perceptually motivated online benchmark for image matting[C]//IEEE Conference on Computer Vision and Pattern Recognition, Miami, 2009: 1826–1833.

[7] Sun J, Jia J, Tang C K, et al. Poisson matting[J]. ACM Transactions on Graphics, 2004, 23(3): 315–321.

[8] Du Z, Lin H, Qin X, et al. Oriented poisson matting[C]//IEEE International Conference on Image Processing, Genova, 2005, 2: 315–321.

[9] Levin A, Lischinski D, Weiss Y. A closed-form solution to natural image matting[J]. IEEE Transactions on Pattern Analysis and Machine Intelligence, 2007, 30(2): 228–242.

[10] Levin A, Rav-Acha A, Lischinski D. Spectral matting[J]. IEEE Transactions on Pattern Analysis and Machine Intelligence, 2008, 30(10): 1699–1712.

[11] Singaraju D, Rother C, Rhemann C. New appearance models for natural image matting[C]//IEEE Conference on Computer Vision and Pattern Recognition, Miami, 2009: 659–666.

[12] Chen Q, Li D, Tang C K. KNN matting[J]. IEEE Transactions on Pattern Analysis and Machine Intelligence, 2013, 35(9): 2175–2188.

[13] Shi Y, Au O C, Pang J, et al. Color clustering matting[C]//IEEE International Conference on Multimedia and Expo, San Jose, 2013: 1–6.

[14] He B, Wang G, Shi C, et al. Iterative transductive learning for alpha matting[C]//IEEE International Conference on Image Processing, Melbourne, 2013: 4282–4286.

[15] Ruzon M A, Tomasi C. Alpha estimation in natural images[C]//IEEE Conference on Computer Vision and Pattern Recognition, Hilton Head, 2000, 1: 18–25.

[16] Chuang Y Y, Curless B, Salesin D H, et al. A bayesian approach to digital matting[C]//IEEE Conference on Computer Vision and Pattern Recognition, Kauai, 2001, 2: 264–271.

[17] Wang J, Cohen M F. Optimized color sampling for robust matting[C]//IEEE Conference on Computer Vision and Pattern Recognition, Minneapolis, 2007: 1–8.

[18] Gastal E S, Oliveira M M. Shared sampling for real-time alpha matting[J]. Computer Graphics Forum, 2010, 29(2): 575–584.

[19] He K, Rhemann C, Rother C, et al. A global sampling method for alpha matting[C]//IEEE

Conference on Computer Vision and Pattern Recognition, Colorado Springs, 2011: 2049–2056.

[20] Feng X, Liang X, Zhang Z. A cluster sampling method for image matting via sparse coding[C]//European Conference on Computer Vision, Amsterdam, 2016, 9906: 204–219.

[21] Shahrian E, Rajan D. Weighted color and texture sample selection for image matting[J].IEEE Transactions on Image Processing, 2013, 22(11): 4260–4270.

[22] Karacan L, Erdem A, Erdem E. Alpha matting with kl-divergence-based sparse sampling[J]. IEEE Transactions on Image Processing, 2017, 26(9): 4523–4536.

[23] Johnson J, Varnousfaderani E S, Cholakkal H, et al. Sparse coding for alpha matting[J]. IEEE Transactions on Image Processing, 2016, 25(7): 3032–3043.

[24] Achanta R, Shaji A, Smith K, et al. SLIC superpixels compared to state-of-the-art superpixel methods[J]. IEEE transactions on pattern analysis and machine intelligence, 2012, 34(11): 2274–2282.

[25] Liang L, Han H, Zhao Q C, et al. Using particle swarm large-scale optimization to improve sampling-based image matting[C]//In Proceedings of the Companion Publication of the 2015 Annual Conference on Genetic and Evolutionary Computation, New York, 2015: 957–961.

[26] Cai Z Q, Lv L, Huang H, et al. Improving sampling-based image matting with cooperative coevolution differential evolution algorithm[J]. Soft Computing, 2017, 21(15): 4417–4430.

[27] Liang Y, Huang H, Cai Z. PSO-ACSC: a large-scale evolutionary algorithm for image matting[J]. Frontiers of Computer Science, 2020, 14: 1–12.

[28] Liang Y H, Feng T J, Zhao Q C. Pyramid Matting: A resource-adaptive multi-scale pixel pair optimization framework for image matting[J]. IEEE Access, 2020, 8: 93487–93498.

[29] 冯夫健, 杨圆, 谭棉, 等. 基于微搜索的高分辨率图像前景遮罩提取算法 [J]. 模式识别与人工智能, 2023, 36(6): 530–543.

[30] 冯夫健, 黄翰, 吴秋霞, 等. 基于群体协同优化的高清图像前景遮罩提取算法 [J]. 中国科学: 信息科学, 2020, 50(3): 424–437.

[31] Yang Y, Gou H, Tan M, et al. Multi-Criterion sampling matting algorithm via Gaussian process[J]. Biomimetics, 2023, 8(3): 301.

[32] Yang C, Duraiswami R, Gumerov N A, et al. Improved fast gauss transform and efficient kernel density estimation[C]//IEEE International Conference on Computer Vision, Nice, 2003, 1: 664–671.

[33] Zheng Y, Kambhamettu C, Yu J, et al. Fuzzymatte: A computationally efficient scheme for interactive matting[C]//IEEE Conference on Computer Vision and Pattern Recognition,Anchorage, 2008: 1–8.

[34] Li X, Li J, Lu H. A survey on natural image matting with closed-form solutions[J]. IEEE Access, 2019, 7: 136658–136675.

[35] Xu N, Price B, Cohen S, et al. Deep image matting[C]//IEEE Conference on Computer Vision and Pattern Recognition, Honolulu, 2017: 311–320.

[36] Simonyan K, Zisserman A. Very deep convolutional networks for large-scale image recognition[J]. arXiv e-prints, 2014: 1409.1556.

[37] Ronneberger O, Fischer P, Brox T. U-net: Convolutional networks for biomedical image segmentation[C]//Medical Image Computing and Computer-Assisted Intervention, Munich, 2015, 9351: 234–241.

[38] Long J, Shelhamer E, Darrell T. Fully convolutional networks for semantic segmentation[J]. IEEE Transactions on Pattern Analysis and Machine Intelligence, 2015, 39(4): 640–651.

[39] Forte M, Pitié F. F, B, Alpha Matting[J]. CoRR, 2020, abs/2003.07711: 1–17.

[40] He K, Zhang X, Ren S, et al. Deep residual learning for image recognition[C]//IEEE Conference on Computer Vision and Pattern Recognition, Las Vegas, 2016: 770–778.

[41] Sebastian Lutz K A, Smolic. A. Alphagan: Generative adversarial networks for natural image matting[J]. arXiv e-prints, 2018: 1807.10088.

[42] Park G, Son S, Yoo J, et al. Matteformer: Transformer-based image matting via priortokens[C]//IEEE/CVF Conference on Computer Vision and Pattern Recognition, New Orleans, 2022: 1696–11706.

[43] Karras T, Laine S, Aila T. A style-based generator architecture for generative adversarial networks[J]. IEEE Transactions on Pattern Analysis and Machine Intelligence, 2021, 43(12): 4217–4228.

[44] Liu Z, Lin Y, Cao Y, et al. Swin transformer: Hierarchical vision transformer using shifted window[C]//IEEE/CVF International Conference on Computer Vision, Montreal, 2021: 9992–10002.

[45] Yang X, Qiao Y, Chen S, et al. Smart scribbles for image matting[J]. ACM Transactions on Multimedia Computing, Communications, and Applications (TOMM), 2020, 16(4): 1–21.

[46] Cai H, Xue F, Xu L, et al. Transmatting: Enhancing transparent objects matting with transformers[C]//European Conference on Computer Vision, TelAviv, 2022, 13689: 253–269.

[47] Li Y, Lu H. Natural image matting via guided contextual attention[C]//AAAI Conference on Artificial Intelligence, California, 2022, 34(07): AAAI-20 Technical Tracks 7.

[48] Lu H, Dai Y, Shen C, et al. Indices matter: Learning to index for deep image matting[C]//IEEE/CVF International Conference on Computer Vision, Seoul, 2019: 3265–3274.

[49] Wang Y, Niu Y, Duan P, et al. Deep propagation based image matting[C]//International Joint Conference on Artificial Intelligence, Stockholm, 2018: 999–1006.

[50] Sun Y, Tang C K, Tai Y W. Semantic image matting[C]//IEEE/CVF Conference on Computer Vision and Pattern Recognition, Nashville, 2021: 11115–11124.

[51] Zheng Y, Yang Y, Che T, et al. Image matting with deep gaussian process[J]. IEEE Transactions on Neural Networks and Learning Systems, 2022.

[52] Liu Y, Xie J, Shi X, et al. Tripartite information mining and integration for image matting[C]//IEEE/CVF International Conference on Computer Vision, Montreal, 2022: 2380–7504.

[53] Hou Q, Liu F. Context-aware image matting for simultaneous foreground and alpha estimation[C]//IEEE/CVF International Conference on Computer Vision, Seoul, 2019: 4129–4138.

[54] Tang J, Aksoy Y, Oztireli C, et al. Learning-based sampling for natural image matting[C]//IEEE/CVF Conference on Computer Vision and Pattern Recognition, Long Beach, 2019: 3050–3058.

[55] Cai S, Zhang X, Fan H, et al. Disentangled image matting[C]//IEEE/CVF International Conference on Computer Vision, Seoul, 2019: 8818–8827.

[56] Dai Y, Price B, Zhang H, et al. Boosting robustness of image matting with context assembling and strong data augmentation[C]//IEEE/CVF Conference on Computer Vision and Pattern Recognition, New Orleans, 2022: 11697–11706.

[57] Yu H, Xu N, Huang Z, et al. High-resolution deep image matting[C]//AAAI Conference on Artificial Intelligence, 4: AAAI-21 Technical Tracks 4.

[58] Li Y, Xu Q, Lu H. Hierarchical opacity propagation for image matting[J]. CoRR, 2020, abs/2004.03249: 1–7.

[59] Liu C, Ding H, Jiang X. Towards enhancing fine-grained details for image matting[C]//IEEE/CVF Winter Conference on Applications of Computer Vision, Waikoloa,

2021: 385–393.
[60] Liu Q, Xie H, Zhang S, et al. Long-range feature propagating for natural image matting[C]//The 29th ACM International Conference on Multimedia,Chengdu, 2021: 526–534.
[61] Sengupta S, Jayaram V, Curless B, et al. Background matting: The world is your green screen[C]//IEEE/CVF Conference on Computer Vision and Pattern Recognition, Seattle, 2020: 2288–2297.
[62] Lin S, Ryabtsev A, Sengupta S, et al. Real-time high-resolution background matting[C]//IEEE/CVF Conference on Computer Vision and Pattern Recognition, Nashville, 2021: 8758–8767.
[63] Cho D, Tai Y W, Kweon I. Natural image matting using deep convolutional neural networks[C]//European Conference on Computer Vision, Amsterdam, 2016, 9906: 626–643.
[64] Yu Q, Zhang J, Zhang H, et al. Mask guided matting via progressive refinement network[C]//IEEE/CVF Conference on Computer Vision and Pattern Recognition, Nashville, 2021: 1154–1163.
[65] Dai Y, Lu H, Shen C. Learning affinity-aware upsampling for deep image matting[C]//IEEE/CVF Conference on Computer Vision and Pattern Recognition, Nashville, 2021: 6837–6846.
[66] Yang X, Xu K, Chen S, et al. Active matting[J]. Advances in Neural Information Processing Systems, 2018: 31.
[67] Wei T, Chen D, Zhou W, et al. Improved image matting via real-time user clicks and uncertainty estimation[C]//IEEE/CVF Conference on Computer Vision and Pattern Recognition, Nashville, 2021: 15374–15383.
[68] Ding H, Zhang H, Liu C, et al. Deep interactive image matting with feature propagation[J]. IEEE Transactions on Image Processing, 2022, 31: 2421–2432.
[69] Cheng H, Xu S, Jiang X, et al. Deep image matting with flexible guidance input[J]. Computer Vision and Pattern Recognition, 2021. 2110.10898, 2021.
[70] Fang X, Zhang S H, Chen T, et al. User-guided deep human image matting using arbitrary trimaps[J]. IEEE Transactions on Image Processing, 2022, 31: 2040–2052.
[71] Graves A, Graves A. Long short-term memory[J]. Supervised Sequence Labelling with Recurrent Neural Networks, 2012: 37–45.
[72] Williams R J. Simple statistical gradient-following algorithms for connectionist reinforcement learning[J]. Machine Learning, 1992, 8: 229–256.
[73] Li J, Zhang J, Tao D. Referring image matting[C]//IEEE/CVF Conference on Computer Vision and Pattern Recognition, Nashville, 2021: arXiv: 2206.05149.
[74] Radford A, Kim J W, Hallacy C, et al. Learning transferable visual models from natural language supervision[C]//International Conference on Machine Learning, 2021: 8748–8763.
[75] van der Ploeg T, Austin P C, Steyerberg E W. Modern modelling techniques are data hungry: a simulation study for predicting dichotomous endpoints[J]. BMC medical research methodology, 2014, 14(1): 1–13.
[76] Qiao Y, Liu Y, Yang X, et al. Attention-guided hierarchical structure aggregation for image matting[C]//IEEE/CVF Conference on Computer Vision and Pattern Recognition, 2020: 13676–13685.
[77] Zhang Y, Gong L, Fan L, et al. A late fusion cnn for digital matting[C]//IEEE/CVF Conference on Computer Vision and Pattern Recognition, Long Beach, 2019: 7469–7478.
[78] Shahrian E, Price B, Cohen S, et al. Temporally coherent and spatially accurate video matting[J].Computer Graphics Forum, 2014, 33(2): 381–390.

[79] Lin T Y, Maire M, Belongie S, et al. Microsoft coco: Common objects in context[C]//European Conference Computer Vision, Zurich, 2014: 6–12.

[80] Everingham M, Van G L, Williams C K, et al. The pascal visual object classes (voc) challenge[J]. International journal of computer vision, 2010, 88: 303–338.

[81] Chen G, Han K, Wong K Y K. Tom-net: Learning transparent object matting from a single image[C]//IEEE conference on computer vision and pattern recognition, Salt Lake, 2018: 9233–9241.

[82] Li J, Zhang J, Maybank S J, et al. Bridging composite and real: towards end-to-end deep image matting[J]. International Journal of Computer Vision, 2022, 130(2): 246–266.

[83] Sun Y, Tang C K, Tai Y W. Human instance matting via mutual guidance and multiinstance refinement[C]//IEEE/CVF Conference on Computer Vision and Pattern Recognition, 2022: 2647–2656.

[84] Shen X, Tao X, Gao H, et al. Deep automatic portrait matting[C]//European Conference on Computer Vision, Amsterdam, 2016: 92–107.

[85] Chen Q, Ge T, Xu Y, et al. Semantic human matting[C]//26th ACM international conference on Multimedia, Seoul, 2018: 618–626.

[86] Liu J, Yao Y, Hou W, et al. Boosting semantic human matting with coarse annotations[C]//IEEE/CVF Conference on Computer Vision and Pattern Recognition, Seattle, 2020, 8563–8572.

[87] Li J, Ma S, Zhang J, et al. Privacy-preserving portrait matting[C]//29th ACM International Conference on Multimedia, Chengdu, 2021: 3501–3509.

[88] Li J, Zhang J, Tao D. Deep automatic natural image matting[J]. arXiv preprint arXiv: 2107.07235, 2021.

[89] Ke Z, Sun J, Li K, et al. Modnet: Real-time trimap-free portrait matting via objective decomposition[C]//AAAI Conference on Artificial Intelligence,2022, 36: 1140–1147.

[90] Blau Y, Michaeli T. The perception-distortion tradeoff[C]//IEEE conference on computer vision and pattern recognition, Salt Lake City, 2018: 6228–6237.

[91] Swaminathan A, Wu M, Liu K R. Digital image forensics via intrinsic fingerprints[J]. IEEE Transactions on Information Forensics and Security, 2008, 3(1): 101–117.

[92] Xu B, Xie J, Huang H, et al. Situational perception guided image matting[C]//30th ACM International Conference on Multimedia, Lisbon, 2022: 5283–5293.

[93] De Carvalho T J, Riess C, Angelopoulou E, et al. Exposing digital image forgeries by illumination color classification[J]. IEEE Transactions on Information Forensics and Security, 2013, 8(7): 1182–1194.

[94] Huh M, Liu A, Owens A, et al. Fighting fake news: Image splice detection via learned selfconsistency[C]//European conference on computer vision, Munich, 2018: 101–117.

[95] Smith A R, Blinn J F. Blue screen matting[C]//ACM 23rd Annual Conference on Computer Graphics and Interactive Techniques, New York, 1996: 259–268.

[96] Rhemann C, Rother C, Rav-Acha A, et al. High resolution matting via interactive trimap segmentation[C]//IEEE Conference on Computer Vision and Pattern Recognition, Anchorage, 2008: 1–8.

[97] Zhang H, Fritts J E, Goldman S A. Image segmentation evaluation: A survey of unsupervised methods[J]. Computer Vision and Image Understanding, 2008, 110(2): 260–280.

[98] Yao G, Zhao Z, Liu S. A Comprehensive Survey on Sampling-Based Image Matting[J]. Computer Graphics Forum, 2017, 36(8): 613–628.

[99] Feng F, Huang H, Liang Y. Graph-Order Optimization Algorithm Based on Equal-in-Space

Distance Model for High-Resolution Image Matting[C]//IEEE 7th International Conference on Cloud Computing and Intelligent Systems, 2021: 122–127.

[100] Liang L, Han H, Zhaoquan C, et al. Using Particle Swarm Large-Scale Optimization to Improve Sampling-Based Image Matting[C]//2015 Annual Conference on Genetic and Evolutionary Computation, New York, 2015, 15.

[101] Liang Y, Gou H, Feng F, et al. Natural image matting based on surrogate model[J]. Applied Soft Computing, 2023, 143: 110407.

[102] Yang Y, Gou H, Tan M, et al. Multi-Criterion Sampling Matting Algorithm via Gaussian Process[J]. Biomimetics, 2023, 8(3): 301.

[103] Huang Q, Liu Y, Feng F, et al. Adaptive Pixel Pair Evaluation Method for Image Matting[C]//15th International Congress on Image and Signal Processing, BioMedical Engineering and Informatics, Beijing, 2022: 1–8.

[104] Yaman D, Ekenel H K, Waibel A. Alpha Matte Generation from Single Input for Portrait Matting[C]//IEEE/CVF Conference on Computer Vision and Pattern Recognition, New Orleans, 2022: 695–704.

[105] Shahrian E, Rajan D, Price B, et al. Improving image matting using comprehensive sampling sets[C]//IEEE Conference on Computer Vision and Pattern Recognition, 2022: 696–705.

[106] Wang W, Liu X. Intuitionistic fuzzy information aggregation using Einstein operations[J]. IEEE Transactions on Fuzzy Systems, 2012, 20(5): 923–938.

[107] Huang H, Liang Y, Yang X, et al. Pixel-level discrete multiobjective sampling for image matting[J]. IEEE Transactions on Image Processing, 2019, 28(8): 3739–3751.

[108] Varnousfaderani E S, Rajan D. Weighted color and texture sample selection for image matting[J]. IEEE Transactions on Image Processing, 2013, 22(11): 4260–4270.

[109] Chuang Y Y, Curless B, Salesin D, et al. A Bayesian approach to digital matting[C]//2001 IEEE Computer Society Conference on Computer Vision and Pattern Recognition, Kauai, 2: 264–271.

[110] Liu B, Zhang Q, Gielen G G E. A Gaussian Process Surrogate Model Assisted Evolutionary Algorithm for Medium Scale Expensive Optimization Problems[J]. IEEE Transactions on Evolutionary Computation, 2014, 18(2): 180–192.

[111] Villalobos M, Zhang Y. A trust-region interior-point method for nonlinear programming[C]//2005 Richard Tapia Celebration of Diversity in Computing Conference, Albuquerque, 2005: 7–9.

[112] He W, Yu R, Zheng Y, et al. Image Denoising Using Asymmetric Gaussian Mixture Models[C]//2018 International Symposium in Sensing and Instrumentation in IoT Era(ISSI), Shanghai, 2018: 1–4.

[113] Fan R E, Chen P H, Lin C J. Working Set Selection Using Second Order Information for Training Support Vector Machines[J]. J. Mach. Learn. Res., 2005, 6: 1889-1918.

[114] Manfredi P, Grivet-Talocia S. Fast Stochastic Surrogate Modeling via Rational Polynomial Chaos Expansions and Principal Component Analysis[J]. IEEE Access, 2021, 9: 102732–102745.

[115] Rasmussen C E, Williams C K I. Gaussian Processes for Machine Learning[M]. Cambridge The MIT Press, 2005.

[116] Yihui L, Fujian F, Zhaoquan C. Pyramid Matting: A Resource-Adaptive Multi-Scale Pixel Pair Optimization Framework for Image Matting[J]. IEEE Access, 2020, 8: 93487–93498.

[117] Prabhujit M, Kedar N D, Santanu R. A modified competitive swarm optimizer for large scale optimization problems[J]. Applied Soft Computing, 2017, 59: 340–362.

[118] Sun W, Luo S, Wu L. An improved Bayesian matting method based on image statistic characteristics[C]//International Conference on Graphic and Image Processing, Singapore, 2014: 1–5.

[119] Huang H, Liang Y, Yang X, et al. Pixel-Level Discrete Multiobjective Sampling for Image Matting[J]. IEEE Transactions on Image Processing, 2019, 28(8): 3739–3751.

[120] Liu S, Feng F, Gou H, et al. Grouping optimization algorithm for natural image matting[C]// 2021 IEEE International Conference on Computer Science, Electronic Information Engineering and Intelligent Control Technology, Fuzhou, 2021: 421–426.

[121] Karacan L, Erdem A, Erdem E. Alpha Matting With KL-Divergence-Based Sparse Sampling[J]. IEEE Transactions on Image Processing, 2017, 26(9): 4523–4536.

[122] Kennedy J, Eberhart R. Particle swarm optimization[C]//International Conference on Neural networks, Perth, 1995, 4: 1942–1948.

[123] Cheng R, Jin Y. A competitive swarm optimizer for large scale optimization[J]. IEEE Transactions on Cybernetics, 2015, 45(2): 191–204.

[124] Shahrian E, Rajan D, Price B, et al. Improving image matting using comprehensive sampling sets[C]//IEEE Conference on Computer Vision and Pattern Recognition, Portland, 2013: 636–643.

[125] Aksoy Y, Ozan Aydin T, Pollefeys M. Designing effective inter-pixel information flow for natural image matting[C]//IEEE Conference on Computer Vision and Pattern Recognition, Honolulu, 2017: 29–37.

[126] Tan G, Chen H, Qi J. A novel image matting method using sparse manual clicks[J]. Multimed Tools Appl, 2015, 75: 10213–10225.

[127] Eiben A E, Smith J E. Introduction to evolutionary computing[M]. Berlin: Springer, 2003.

[128] Achanta R, Shaji A, Smith K, et al. SLIC Superpixels Compared to State-of-the-Art Superpixel Methods[J]. IEEE Transactions on Pattern Analysis and Machine Intelligence, 2012, 34(11): 2274–2282.

[129] Cao G, Li J, He Z, et al. Divide and Conquer: A Self-Adaptive Approach for High-Resolution Image Matting[C]//International Conference on Virtual Reality and Visualization, Hangzhou, 2016: 24–30.

[130] Chen Q, Li D, Tang C K. KNN matting[J]. IEEE Transactions on Pattern Analysis and Machine Antelligence, 2013, 35(9): 2175–2188.

[131] Yao G L. A survey on pre-processing in image matting[J]. Journal of Computer Science and Technology, 2017, 32(1): 122–138.

[132] Deb K, Jain H. An evolutionary many-objective optimization algorithm using reference-point-based nondominated sorting approach, part I: Solving problems with box constraints.[J]. IEEE Transactions Evolutionary Computation, 2014, 18(4): 577–601.

[133] Chomicki J, Godfrey P, Gryz J, et al. Skyline with presorting[C]//IEEE International Conference on Data Engineering, Bangalorel, 2003: 717–719.

[134] Huang H, Lv L, Ye S, et al. Particle swarm optimization with convergence speed controller for large-scale numerical optimization[J]. Soft Computing, 2018: 1–17.

[135] Chen H C, Wang S J, et al. The use of visible color difference in the quantitative evaluation of color image segmentation[C]//IEEE International Conference on Acoustics, Speech, and Signal Processing, 2004, Montrea, 2004: 593–596.

[136] Kennedy J. Particle swarm optimization[J]. Encyclopedia of Machine Learning, 2010: 760–766.

[137] Eberhart R, Kennedy J. A new optimizer using particle swarm theory[C]//The Sixth Inter-

national Symposium on Micro Machine and Human Science, Nagoya, 1995: 39–43.
[138] Li X, Yao X. Cooperatively coevolving particle swarms for large scale optimization[J]. IEEE Transactions on Evolutionary Computation, 2012, 16(2): 210–224.
[139] Levin A, Lischinski D, Weiss Y. A closed-form solution to natural image matting[J]. IEEE Transactions on Pattern Analysis and Machine Intelligence, 2008, 30(2): 228–242.
[140] Zhu Q, Shao L, Li X, et al. Targeting accurate object extraction from an image: A comprehensive study of natural image matting[J]. IEEE Transactions on Neural Networks and Learning Systems, 2015, 26(2): 185–207.
[141] Cho D, Kim S, Tai Y W, et al. Automatic Trimap Generation and Consistent Matting for Light-Field Images[J]. IEEE Transactions on Pattern Analysis and Machine Intelligence, 2017, 39(8): 1504–1517.
[142] Deb K, Pratap A, Agarwal S, et al. A fast and elitist multiobjective genetic algorithm: NSGA-II[J]. IEEE Transactions on Evolutionary Computation, 2002, 6(2): 182–197.
[143] Zhang Q F, Li H. MOEA/D: A multiobjective evolutionary algorithm based on decomposition[J]. IEEE Transactions on Evolutionary Computation, 2007, 11(6): 712–731.
[144] Coello C C, Lechuga M S. MOPSO: A proposal for multiple objective particle swarm optimization[C]//IEEE Congress on Evolutionary Computation, //IEEE Congress on Evolutionary Computation, Honolulu, 2: 1051–1056.
[145] Omidvar M N, Yang M, Mei Y, et al. DG2: A faster and more accurate differential grouping for large-scale black-box optimization[J]. IEEE Transactions on Evolutionary Computation, 2017.
[146] Liu Y, Xie J, Qiao Y, et al. Prior-induced information alignment for image matting[J]. IEEE Transactions on Multimedia, 2021, 24: 2727–2738.
[147] Lutz S, Amplianitis K, Smolic A. Alphagan: Generative adversarial networks for natural image matting[J]. arXiv preprint arXiv: 1807.10088, 2018.
[148] Yu J, Lin Z, Yang J, et al. Generative image inpainting with contextual attention[C]//IEEE conference on computer vision and pattern recognition, Salt Lake City, 2018: 5505–5514.
[149] Kingma D P, Ba J. Adam: A method for stochastic optimization[J]. arXiv preprint arXiv: 1412.6980, 2014.
[150] Ehrlich M, Davis L S. Deep residual learning in the jpeg transform domain[C]//IEEE/CVF International Conference on Computer Vision, Seoul, 2019: 3484–3493.
[151] Lu H, Dai Y, Shen C, et al. Index networks[J]. IEEE Transactions on Pattern Analysis and Machine Intelligence, 2020, 44(1): 242–255.
[152] Chen L C, Zhu Y, Papandreou G, et al. Encoder-decoder with atrous separable convolution for semantic image segmentation[C]//European Conference on Computer Vision, Munich, 2018: 801–818.
[153] Yang X, Mei H, Zhang J, et al. DRFN: Deep recurrent fusion network for single-image super-resolution with large factors[J]. IEEE Transactions on Multimedia, 2018, 21(2): 328–337.
[154] Xu K, Yang X, Yin B, et al. Learning to restore low-light images via decomposition-andenhancement[C]//IEEE/CVF Conference on Computer Vision and Pattern Recognition, 2020: 2281–2290.
[155] Zheng Y, Kambhamettu C. Learning based digital matting[C]//2009 IEEE 12th International Conference on Computer Vision, Kyoto, 2009: 889–896.
[156] Collobert R, Weston J, Bottou L, et al. Natural language processing (almost) from scratch[J]. Journal of Machine Learning Research, 2011, 12: 2493–2537.
[157] Krizhevsky A, Sutskever I, Hinton G E. Imagenet classification with deep convolutional

neural networks[J]. Communications of the ACM, 2017, 60(06): 84–90.

[158] Lee M W, Cohen I. A model-based approach for estimating human 3D poses in static images[J]. IEEE Transactions on Pattern Analysis and Machine Intelligence, 2006, 28(6): 905–916.

[159] Otsu N. A threshold selection method from gray-level histograms[J]. IEEE Transactions on Systems, Man, and Cybernetics, 1979, 9(1): 62–66.

[160] Jia Y, Shelhamer E, Donahue J, et al. Caffe: Convolutional architecture for fast feature embedding[C]//ACM International Conference on Multimedia, Orlando, 2014: 675–678.

[161] Khellal A, Ma H, Fei Q. Pedestrian Classification and Detection in Far Infrared Images[C]//International Conference on Intelligent Robotics and Applications, United Kingdom, 2015: 511–522.

[162] Miron A D, Rogozan A, Ainouz S, et al. An evaluation of the pedestrian classification in a multi-domain multi-modality setup[J]. Sensors, 2015, 15(6): 13851–13873.

[163] Hwang S, Park J, Kim N, et al. Multispectral pedestrian detection: Benchmark dataset and baseline[C]//IEEE Conference on Computer Vision and Pattern Recognition, Boston, 2015: 1037–1045.

[164] Zhang X, Chao W, Li Z, et al. Multi-modal kernel ridge regression for social image classification[J]. Applied Soft Computing, 2018, 67: 117–125.

[165] Dollar P, Wojek C, Schiele B, et al. Pedestrian detection: An evaluation of the state of the art[J]. IEEE Transactions on Pattern Analysis and Machine Intelligence, 2012, 34(4): 743–761.

[166] Vailaya A, Figueiredo M A, Jain A K, et al. Image classification for content-based indexing[J]. IEEE Transactions on Image Processing, 2001, 10(1): 117–130.

[167] Wang G, Liao T W. Automatic identification of different types of welding defects in radiographic images[J]. Ndt & E International, 2002, 35(8): 519–528.

[168] Han J, Zhang D, Hu X, et al. Background prior-based salient object detection via deep reconstruction residual[J]. IEEE Transactions on Circuits and Systems for Video Technology, 2015, 25(8): 1309–1321.

[169] Kim T, Kim S. Pedestrian detection at night time in FIR domain: Comprehensive study about temperature and brightness and new benchmark[J]. Pattern Recognition, 2018, 79: 44–54.

[170] He F, Guo Y, Gao C. An improved pulse coupled neural network with spectral residual for infrared pedestrian segmentation[J]. Infrared Physics & Technology, 2017, 87: 22–30.

[171] Soundrapandiyan R, Mouli P C. Adaptive pedestrian detection in infrared images using fuzzy enhancement and top-hat transform[J]. International Journal of Computational Vision and Robotics, 2017, 7(1-2): 49–67.

[172] Chen Y, Guan J, Cham W K. Robust multi-focus image fusion using edge model and multi-matting[J]. IEEE Transactions on Image Processing, 2018, 27(3): 1526–1541.

[173] Kim S H, Tai Y W, Park J, et al. Multi-view object extraction with fractional boundaries[J]. IEEE Transactions on Image Processing, 2016, 25(8): 3639–3654.

[174] Fan Z, Lu J, Wei C, et al. A hierarchical image matting model for blood vessel segmentation in fundus images[J]. IEEE Transactions on Image Processing, 2019, 28(5): 2367–2377.

[175] Kotera J, Rozumnyi D, Šroubek F, et al. Intra-Frame Object Tracking by Deblatting[C]//IEEE/CVF International Conference on Computer Vision Workshop, Seoul, 2019: 2300–2309.